航空类专业职业教育系列"十三五"规划教材

DIANXING MINHANGFEIJI TONGXINXITONG

典型民航飞机通信系统

李　航　叶宝玉　编著

西北工业大学出版社

【内容简介】 本书结合作者对现代航空通信新技术的跟踪及应用情况,系统地介绍了现代民航飞机的高频通信系统、甚高频通信系统、卫星通信系统、飞机通信寻址与报告系统、机载数据总线、语音记录器系统、机载应急示位发射机等相关知识,包括组成、工作原理、功能、特点、未来发展趋势等内容,给出了现代典型民航飞机通信系统的全貌。

本书可作为民航飞机电子设备维修专业及相关专业教材,也可供无人机操作及维修人员,飞机维修企业一线维修人员参考。

图书在版编目(CIP)数据

典型民航飞机通信系统/李航,叶宝玉编著.—西安:西北工业大学出版社,2015.11
(2023.7 重印)

航空类专业职业教育系列教材

ISBN 978-7-5612-4657-3

Ⅰ.①典…　Ⅱ.①李…②叶…　Ⅲ.①民用飞机—航空通信—通信系统—职业教育—教材　Ⅳ.①V24

中国版本图书馆 CIP 数据核字(2015)第 275739 号

出版发行:西北工业大学出版社
通信地址:西安市友谊西路 127 号　邮编:710072
电　　话:(029)88493844　88491757
网　　址:www.nwpup.com
印 刷 者:陕西天意印务有限责任公司
开　　本:787 mm×1 092 mm　1/16
印　　张:11.75
字　　数:263 千字
版　　次:2016 年 3 月第 1 版　2023 年 7 月第 3 次印刷
定　　价:42.00 元

前　言

　　随着民航飞机的数量和载客量不断增加,地面航管人员和航空公司管理人员对于实时掌握飞行中飞机参数的需求越来越多。传统的依靠地面人员与飞行员之间通过语音对话了解双方状态、实现信息沟通的语音通信方式使飞行员难以集中精力,在飞行中容易造成飞行安全隐患,即语音通信已无法满足地-空交流需要,数据通信的优势越发凸显,民航飞机的通信技术是在现代通信技术基础上逐步发展完善的。

　　通信技术是现代发展最迅速的技术之一,对人类生产力的发展和人类社会的进步起着直接的推动作用。民航飞机通信系统是民航机载电子系统的一个重要分支,是民航飞机之间、民航各部门之间利用通信设备进行联系,用以传递飞机飞行动态、空中交通管制指示、气象情报和航空运输业务信息等的一种飞行安全保障体系。飞机通信技术随着现代通信技术的高速发展而迅速进步,更新换代速度快,是集成了通信基础、网络技术、移动通信技术的综合技术。

　　本书的知识结构适合于民航飞机电子维修类专业的高职高专学生,航空维修单位的本、专科新员工及一线工作人员的需求,为适应该类人员的理论基础,本书在内容上减少了对技术理论的探讨和数学公式推导,大量采用物理工作过程说明及工作示意图表述,并借用大量机务一线工作经验案例和日常生活中的手机等通信设备的使用情况进行类比说明,以帮助读者理解相关通信技术的理论知识,认识民航飞机通信系统的工作原理、使用方法和机务维修思路。

　　本书内容共分为 5 章。

　　第 1 章民航飞机通信系统概述。在阐述民航飞机通信发展及意义基础上,介绍民航飞机通信技术定义及系统组成,对民航飞机无线电通信系统的频谱、天线,民航飞机模拟/数字通信基础知识,通信数据传输方式及传输介质进行较详细说明,最后介绍了民航飞机航空电子系统的主要标准和规范。

　　第 2 章民航飞机数据通信系统。首先介绍数据通信与数据链,接着介绍民航飞机对外数据通信——飞机通信寻址与报告系统(ACARS),然后以 B777、A380 等新机型为例,对民航飞机内部数据通信、第三代综合模块式机载电子系统(IMA)进行介绍,并对 ARINC429 数据总线、ARINC629 总线、全双工交换式以太网(AFDX)进行对比分析。

　　第 3 章民航飞机的语音通信。首先对典型民航飞机通信系统进行概述,接着对其高频通信系统、高频通信系统、选择呼叫系统、音频综合系统分别进行说明,在说明中大量采用图片、以及举例类比的方式进行介绍。

　　第 4 章民航飞机机载卫星通信系统。首先对卫星通信系统进行概述,接着分别介绍国际移动卫星组织(INMARSAT)的海事卫星系统、铱星公司的铱星系统,然后对海事卫星系统和铱星系统进行比较分析,并对航空移动卫星系统的近况以及典型机载卫星通信系统进行探讨分析。

第 5 章机载事故调查通信设备。详细介绍航空事故调查系统语音记录器、机载应急示位发射机,同时针对现代机载事故调查通信设备的不足提出改进措施。

本书由广州民航职业技术学院李航副教授、叶宝玉讲师编写,其中,第 1 章、第 2 章和第 4 章由李航编写,第 3 章和第 5 章由叶宝玉编写。

在编写本书的过程中,得到了广州飞机维修公司培训部陈亚东经理、广州白云国际机场地勤服务公司机务工程部黄杰文经理、中国南方航空公司机务工程部培训中心高岷经理的指导与帮助。编写本书曾参阅了相关文献资料,在此,谨向其作者以及给予指导与帮助的领导及专家同行深表谢意。

由于知识水平与经验有限,书中难免存在错漏和不妥之处,殷切希望广大读者批评指正。

编　者

2015 年 10 月

目　录

第1章 民航飞机通信系统概述

通信技术是发展最迅速的现代技术之一,对人类生产力的发展和人类社会的进步起着直接的推动作用。通信的目的就是传递信息。从古代的烽火台、书信、驿站到现代的电报、电话、互联网、移动通信等都是传递信息的方式。现代通信技术是指18世纪以来的以电磁波为信息传递载体的技术,从1838年莫尔斯发明电报开始,通信技术经历了从架空明线、同轴电缆到光导纤维,从步进制、纵横制到数字程控交换机,从固定电话、卫星通信到移动电话,从模拟通信技术到数字通信技术的演化。

在现代社会中,通信技术与每个人的生活密不可分,例如:很多人日夜不离手的智能手机,此外还有电话机、电视机、收音机、计算机等,我们几乎每天都离不开短信、Email、QQ、MSN、微信等现代数字通信工具,出行、购物、学习、甚至工作都可以通过智能手机等移动通信终端完成。

民航飞机通信系统是民航飞机之间、民航各部门之间利用通信设备进行联系,用以传递飞机飞行动态、空中交通管制指示、气象情报和航空运输业务信息等的一种飞行安全保障体系。民航飞机的通信技术是在现代通信技术基础上逐步发展和完善的。按照国际惯例,航空通信业务一般使用英语,因此英语是目前民航行业的通用语言。

1.1 民航飞机通信技术的发展简介

20世纪的第一次世界大战,飞机作为一种战争工具进入世界舞台。第一次世界大战后,大量的军用飞机由军事用途转变为商业用途,专门运输人员和货物的航空公司也开始成立。航空公司拥有多架飞机后,地面人员就需要经常与空中的飞行员进行通信,因此飞机通信技术就此开始发展起来。

早期的地空通信曾经使用目视的方法,例如,灯光、旗帜(模仿自航海用的旗语),甚至于篝火(最早的夜航通信手段),但采用这些方法进行地空通信显然是远远无法满足航空业快速发展的需求。随着20世纪初,无线电通信技术的广泛应用和推广,无线电通信技术也开始应用在飞机上。早期是采用莫尔斯电码进行通信,这是在飞机上最早的数据通信方式。当时在飞机驾驶舱内需要配备一名专职的报务员用来收发电报,后来随着无线电模拟调制技术的发展,飞机逐步开始采用模拟语音通信,并取代了莫尔斯电码通信。语音通信简单来说就是用对话来实现双方的通信交流,如同我们相互打电话聊天;数据通信传输的是文字、图片等信息,如同我们用手机发送短信和彩信。

模拟通信技术直观且易于实现,但存在保密性差、抗干扰能力弱等缺点,而且这些缺点难克服。近30年来,随着计算机和网络技术的发展和成熟,数字通信技术在越来越多领域逐步取代了模拟通信技术。数字通信技术具有频谱利用率高,抗干扰能力强,纠错机制完善,便于采用计算机处理等许多优点,因此成为现代通信技术的主流。现代民航飞机上,无论是语音通信设备还是数据通信设备,多数设备实现了从模拟通信技术向数字通信技术的转变。

在某些方面,数据通信具有较大的优势,例如,如果有朋友要告诉你10个手机号码,你希望他用语音告诉你?还是希望他直接把这10个手机号码发个短信给你?如果这位朋友说话带有浓重的地方方言口音,让他用语音通信告诉你10个手机号码,要做到准确传递该信息基本上是件让人崩溃的事。如果这种情况的对话发生在地面航管人员和飞行员之间,则极易造成理解错误,难以保证飞行安全。因此,对于民航的地空通信双方都希望所传递的信息能够及时而且准确,而通过数据通信,一方面可以有信息记录留底备案,另一方面可以避免语种、口音、语言习惯等多种原因造成的沟通误会,能够较好地满足这种需求。

随着民航飞机的数量和载客量不断增加,地面航管人员和航空公司管理人员对于实时掌握飞行中飞机参数的需求越来越多,传统的依靠地面人员与飞行员之间通过语音对话了解双方状态、实现信息沟通的语音通信方式,使飞行员难以集中精力,在飞行中容易造成飞行安全隐患,即语音通信已无法满足地-空交流需要,数据通信的优势越发凸显。从1987年起,美国的航空公司开始使用一种甚高频数据链:飞机通信寻址与报告系统(ACARS),从此现代数据通信业务在民航地-空通信中发挥着越来越重要的作用,ACARS在飞机上自动生成数据信息并自动发送给地面接收站,信息经地面中继站传送到航空公司的计算机系统保留和分析,该系统目前已广泛应用在我国的各航空公司。

1.2 典型的民航飞机通信系统组成

典型的民航飞机通信系统一般包括以下一些子系统,如图1.1所示。

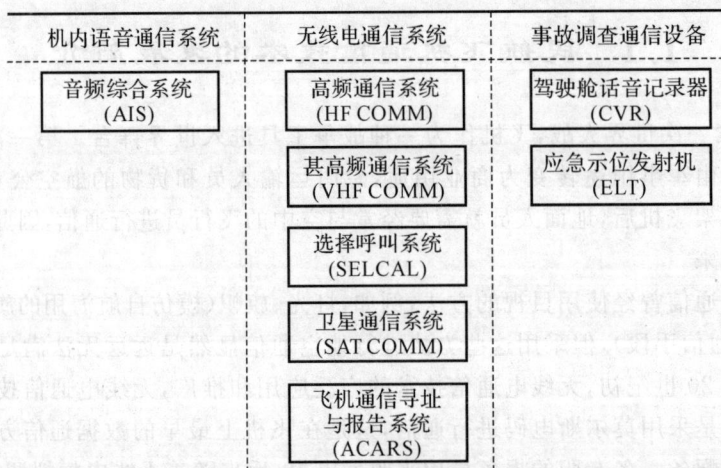

机内语音通信系统	无线电通信系统	事故调查通信设备
音频综合系统 (AIS)	高频通信系统 (HF COMM)	驾驶舱话音记录器 (CVR)
	甚高频通信系统 (VHF COMM)	应急示位发射机 (ELT)
	选择呼叫系统 (SELCAL)	
	卫星通信系统 (SAT COMM)	
	飞机通信寻址与报告系统 (ACARS)	

图1.1 典型民航飞机通信系统组成

1.甚高频通信系统(VHF COMM)

VHF COMM系统是一种近距离使用的通信系统,用于飞机起飞、着陆期间以及飞机通过管制空域时与地面交通管制人员之间的双向语音通信。民航飞机上通常装备3套VHF COMM系统。随着ACARS等数据通信系统的使用,VHF COMM系统成为飞机上首选的数据通信信道。

2.高频通信系统(HF COMM)

HF COMM 系统是一种机载远程通信系统,通信距离可达数千公里,用于在远程飞行时保持与基地间的通信联络。民航飞机上通常装备 1～2 套 HF COMM 系统。现代机载 HF COMM 系统可工作于单边带(SSB)通信方式和调幅(AM)通信方式,单边带通信可以大大压缩所占用的频带,节省发射功率。收发机组件由于功率较大,需要采取特殊的通风散热措施。民航飞机的 HF COMM 系统一般需要通过天线耦合器的调谐组件来实现天线和发射机输出级之间的阻抗匹配。

3.选择呼叫系统(SELCAL)

选择呼叫系统的功用是当地面呼叫指定飞机时,以灯光和谐音的形式通知机组进行联络,从而免除机组对地面呼叫的长期守候。它不是一种独立的通信系统,是配合高频通信系统和甚高频通信系统工作的。为了实现选择呼叫,机上的高频和甚高频通信系统必须调谐在指定的频率上,并且把机上选择呼叫系统的代码调定为指定的飞机(或航班)代码。

4.音频综合系统(AIS)

音频综合系统泛指机内所有通话、广播、录音等音频系统,这些系统的主要作用是实现机内各类人员(包括机组、乘务员、旅客以及飞机停场时的地面维修人员等)之间的语音信息交换以及驾驶舱内话音的记录。包括以下几方面。

(1)客舱广播系统(PA),供驾驶员或机上乘务员通过客舱喇叭向旅客进行广播和播放音乐。

旅客娱乐系统(PES),用于向旅客播放音乐、录像及伴音信号,最新型号的民航飞机上,旅客娱乐系统可以实现旅客点播音乐、录像,玩游戏等交互功能。

(2)勤务内话系统(service interphone system),用于飞机停在地面维护期间,在飞机上不同维护站位之间的地面机务维护人员通话(例如:前起落架舱站位与发动机吊架站位之间),和地面机务维护人员与飞行机组之间的通话。

(3)飞行内话系统(flight interphone system),用于飞行员之间通话,因为飞机飞行期间,发动机噪音大,造成飞行员间直接说话交流困难。飞机停地面维护时,地面机务人员可以通过吊架式耳机,连接前起落架舱的维护面板,与驾驶舱人员联络。

(4)客舱内话系统(cabin interphone system),用于飞机上不同乘务工作站位之间的乘务员通话(例如:前舱乘务员与后舱乘务员之间通话),乘务员与驾驶舱人员通话,因为飞机飞行期间,发动机噪音大,造成乘务员间直接交流说话困难。

为了便于说明,一般把勤务内话系统、飞行内话系统和客舱内话系统统称为内话系统。

5.卫星通信系统(SATCOMM)

卫星通信系统是指利用空间的人造地球卫星作为中继站转发无线电信号,以实现两个或多个地球站之间的通信。地球站是指设在地球表面(包括地面、海洋和大气中)上的无线电(收/发)通信站,包括地面地球站(GES)和飞机上的机载地球站(AES)。而用于转发无线电信号来实现通信目的的这种人造卫星叫作通信卫星。航空移动卫星通信(AMSS)业务提供全球范围内的,包括双向语音通信、传真和数据通信服务。目前,AMSS 通信业务主要用于向机组人员、旅客提供卫星电话、传真,向航空公司提供用于航空运营管理(AOC)的数据链通信服务。

6. 飞机通信寻址报告系统（ACARS）

飞机通信寻址报告系统在中国民航各航空公司的飞机上应用非常广泛，用于自动或人工向地面发送所产生的报告或从地面接收指令信息，是一个可寻址的空/地数字式数据通信网络，它一般通过飞机上第三套甚高频通信系统（VHF-3）实现空地之间的数据和信息的自动传输交换。

7. 语音记录器系统（CVR）

语音记录器系统是一个非常重要的系统，用于记录飞行机组人员的通信联络声音，当飞机发生意外事故后，可以通过该系统评估飞机当时的情况。

8. 应急示位发射机（ELT）

当飞机发生意外事故后，应急示位发射机按3个国际上规定的紧急频率发射无线电信号，帮助搜救人员查找飞机的下落。

1.3 民航飞机无线电通信系统的频谱

1.3.1 无线电射频频率分类

无线电通信设备理论上可使用的无线电频率（也称为射频）范围为 30 Hz ～ 300 GHz，在这个范围内的无线电频率统称无线电频谱，国际电信联盟将这个频谱划分为不同的频段（也称为频带），这些频段划分见表1.1。

表 1.1 国际电信联盟的无线电频段划分情况

国际电信联盟波段号码	频段的中文名称	频段的英文简写	频段范围
1	极低频	ELF	3～30 Hz
2	超低频	SLF	30～300 Hz
3	特低频	ULF	300～3 kHz
4	甚低频	VLF	3～30 kHz
5	低频	LF	30～300 kHz
6	中频	MF	300～3 000 kHz (3 MHz)
7	高频	HF	3～30 MHz
8	甚高频	VHF	30～300 MHz
9	特高频	UHF	300～3 000 MHz (3 GHz)
10	超高频	SHF	3～30 GHz
11	极高频	EHF	30～300 GHz

由于频谱资源有限，而用户众多，为了充分、合理、有效地利用无线电频谱资源，防止各种无线电业务、无线电台站和系统之间的相互干扰，我国对于无线电频谱管理主要参照《中华人民共和国无线电管理条例》，以及国际电信联盟发布的《无线电规则（2008 年版）》相关规则。无线电设备如需要使用某一频段的频率，需要通过本国政府授权使用，由专门的政府频谱管理机构分配。

民航飞机的 HF COMM 系统占用 2～30 MHz 的高频频段，波道间隔为 1 kHz。HF 通信信号利用天波传播，因此信号可以传播很远的距离，即所谓"超视距通信"，传播距离远是 HF COMM 系统的优势，但代价就是语音通信质量不可靠，太阳活动和昼夜变化都会对 HF 频段的信号造成影响，导致通话双方听不清对方说话的内容，这有点类似于我们日常使用手机与朋友通话，如果有一方的手机信号不好，则对方听到的声音是断断续续的，难以听清。此外，HF COMM 系统所使用的频段不是航空专用频段，许多地面电台也允许使用该频段工作，相互之间很容易出现信号串扰。因此除了特殊情况以外，飞行员与空中交通管制人员通话，一般不采用 HF COMM 系统，所以 HF COMM 系统不是最低设备清单（MEL）中的一类设备，MEL 清单对于民航机务维修工作，特别是外场（过站）维修岗位是最重要的工作文档之一。

民航飞机的 VHF COMM 系统根据设备的型号和用途不同，一般分为两类：一类设备工作频率为 118.000～135.975 MHz，波道间隔为 25 kHz，可提供 720 个通信波道；另一类设备工作频率为 118.000～136.975 MHz，波道间隔为 25 kHz，可提供 760 个通信波道。VHF 通信信号只能以直达波的形式传播，所以它的通信距离较近，即所谓"视距通信"。VHF COMM 系统所使用的频段是航空专用频段，在这个频段上的任何与安全和飞行规则无关的无线电发射都是禁止的，这就有效减少了航空通信的干扰，也使 VHF COMM 系统成为飞行员与空中交通管制人员之间通话，以及飞机通信寻址报告系统（ACARS）实现地空数据通信的首选设备。因此，VHF COMM 系统是 MEL 清单中的一类设备。

以波音 737NG 飞机为例，按 MEL 清单规定：每架飞机需安装 3 套 VHF 通信设备（VHF -1，VHF -2，VHF -3），除 1 号 VHF 通信设备（VHF -1）外，允许 2 号和 3 号中有一套 VHF 通信设备失效，条件是同时工作的两套 VHF 通信设备能保证与交通管制人员进行语音通信功能。由于 ACARS 进行数据通信一般是通过 3 号 VHF COMM 系统（VHF -3）进行，因此需要注意：ACARS 工作时不能用 VHF -3 与交通管制人员通话，如果需要用 VHF -3 与交通管制人员通话，则 ACARS 必须停止工作或调整至使用 VHF -1 通信系统或 VHF -2 通信系统提供信道工作。

民航飞机的机载应急示位发射机（ELT）使用 3 个专用的紧急频率，分别是 VHF 频段的 121.5 MHz，UHF 频段的 243 MHz 和 406 MHz，其中 406 MHz 为后来新增加的，主要用于卫星搜索和救援。

1.3.2　微波波段

业界一般将频率为 300 MHz～300 GHz 的无线电波称为微波。微波与其他频段的无线电波相比，具有一些不同的特性。简单的说，这些特性通常表现在穿透、反射、吸收三方面。对于玻璃、塑料和瓷器，微波几乎是穿越过而不被吸收。对于水和食物等就会吸收微波而使自身发热，而对金属类东西，则会反射微波。为了便于说明不同频段的微波，根据 IEEE 521 - 2002 标准，将微波细分为多个波段，见表 1.2。

表 1.2 微波的波段划分情况

波段名称	频率范围	波段名称	频率范围
L 波段	1～2 GHz	U 波段	40～60 GHz
S 波段	2～4 GHz	E 波段	60～90 GHz
C 波段	4～8 GHz	F 波段	90～140 GHz
X 波段	8～12 GHz	Q 波段	30～50 GHz
Ku 波段	12～18 GHz	V 波段	50～75 GHz
K 波段	18～27 GHz	W 波段	75～110 GHz
Ka 波段	27～40 GHz	D 波段	110～170 GHz

不同的卫星通信系统使用的工作波段各不相同,目前常见的机载卫星通信设备主要使用 L 波段、S 波段、C 波段、Ku 波段和 Ka 波段。这些用于卫星通信的波段是由国际电信联盟 (ITU)确定和分配,ITU 是联合国的一个重要专门机构,负责分配和管理全球无线电频谱与卫星轨道资源,制定全球电信标准,向发展中国家提供电信援助,促进全球电信发展。ITU 确定的卫星工作波频段分为以下三类。

(1)UHF(Ultra High Frequency)或分米波频段,频率范围为 300 MHz～3 GHz。该频段对应于 IEEE 的 UHF(300 MHz～1 GHz)、L(1～2 GHz)、以及 S(2～4 GHz)频段。UHF 频段无线电波已接近于视线传播,易被山体和建筑物等阻挡,室内的传输衰耗较大。

(2)SHF(Super High Frequency)或厘米波频段,频率范围为 3～30 GH。该频段对应于 IEEE 的 S(2～4 GHz)、C(4～8 GHz)、Ku(12～18 GHz)、K(18～27 GHz)以及 Ka(26.5～40 GHz)频段。分米波,波长为 1 cm～1 dm,其传播特性已接近于光波。

(3)EHF(Extremely High Frequency)或毫米波频段,频率范围为 30～300 GHz。该频段对应于 IEEE 的 Ka(26.5～40 GHz)、V(40～75 GHz)等频段。发达国家已开始计划,当 Ka 频段资源也趋于紧张后,高容量卫星固定业务(HDFSS)将使用 50/40 GHz 的 Q/V 频段。

例如:海事卫星的机载卫星通信设备工作在 L 波段,接收频率:1 525～1 559 MHz;发送频率:1 626.5～1 660.5 MHz。铱星系统的机载卫星通信设备工作在 L 波段,卫星与终端用户之间信号工作频率:1 616～1 626.5 MHz。

1.4 民航飞机通信系统天线

飞机翱翔在天空中,无线电通信成为飞机与地面之间通信的唯一手段,无论是语音信号还是数据信号均需要通过无线电通信系统所提供的信道才能传输,而无线电信号必须通过天线才能从发射机发射出去,也才能被接收机接收。

机载无线电系统天线是天线学领域中的一个重要分支,这与飞机上空间狭小,各种无线电通信和导航设备密集、天线密布的特点有关。随着机载电子设备数量和功能不断扩充,所需要的天线数量也不断增加,导致机上天线可安装空间日益不足,这就要求机载无线电设备的天线要小型化和共用化。随着空地数据通信业务量不断增大,对机载通信系统的信道带宽需求不断扩充,这就要求机载通信设备天线要宽带化。因此,小型化、共用化和宽带化是机载无线电设备天线的发展方向。

1.4.1   典型机型民航飞机的天线

以波音 737 飞机的外部天线为例,如图 1.2 所示。VHF COMM 系统的天线安装在飞机的背部和腹部的中心对称线上,其中 VHF-1 系统天线安装在飞机背部,VHF-2 系统天线安装在飞机腹部前段,VHF-3 系统天线安装在飞机腹部后段;HF COMM 系统天线安装在垂直安定面前缘,埋入蒙皮内安装;SAT COMM 系统天线的天线类型较多,取决于航空公司所选择的卫星通信服务商,例如:海事卫星系统、铱星系统等;安装固定式 ELT 的机型才安装外置天线。

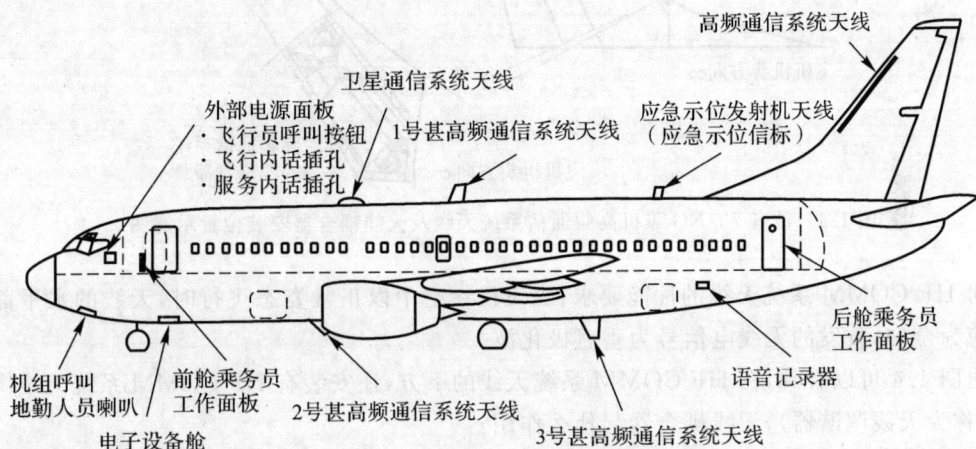

图 1.2   波音 737 型飞机外部天线布局示意图

1.4.2   鞭形天线

鞭形天线如图 1.3 所示,是一种垂直杆状天线,其长度一般为 1/4 波长。半波振子天线是一种鞭形天线,是使用最广泛的一种天线。该天线的每臂长度为 1/4 波长、全长为 1/2 波长的振子,称半波对称振子,这种构型的天线称为半波振子天线。电磁场和天线理论以及工程实践均表明:当天线的长度为无线电信号波长的 1/4 时,天线的发射和接收转换效率最高。

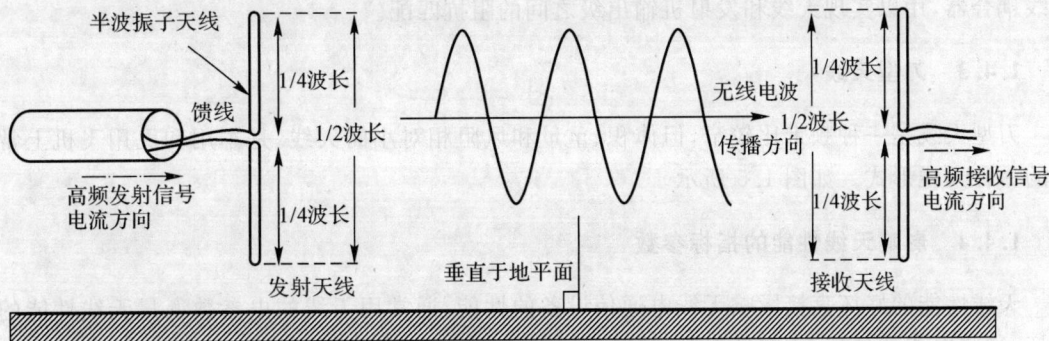

图 1.3   半波振子天线和垂直极化波

由上述说明可知,鞭形天线的长度决定于所接收和发射的无线电信号波长。民航飞机上的高频(HF)通信系统天线是一种鞭形天线,安装在飞机垂直安定面的前沿,图 1.4 所示为 B737 飞机 HF COMM 系统天线样式及其安装位置情况。HF COMM 系统天线是一种缺口安装天线,在飞机垂直安定面前沿开个凹槽,将天线安装进凹槽内部,外部再盖上蒙皮,其他主流型号民航飞机的 HF COMM 系统天线样式及安装位置与其类似。

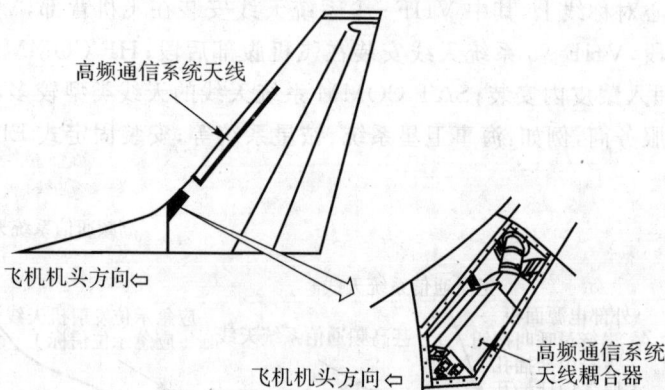

图 1.4 波音 737NG 飞机高频通信系统天线及天线耦合器安装位置示意图

对 HF COMM 系统天线的性能要求:当飞机在空中以正常姿态飞行时,天线的水平面方向图应为全向,收发的无线电信号为垂直极化波。

由图 1.4 可以看到,在 HF COMM 系统天线的下方,还安装有 HF COMM 系统天线耦合器(也称为天线调谐器),天线耦合器起什么作用?

根据频率与波长的换算公式:波长=光速/频率,对于 HF COMM 系统,要获得较理想的通信效果,其天线长度应该为波长的 1/4 长度,即当工作频率在 2～30 MHz 范围内变化时,天线长度(电长度)应在 37.5～2 m 之间变化。显然,改变飞机上天线的物理长度是很困难的,但可以用技术手段改变天线的电长度,即在天线输入端加装一台天线耦合器,天线耦合器相当于一条虚拟天线,这样:

天线的总电长度=天线的物理长度+(耦合器)虚拟天线的长度

当工作频率改变时,调节天线耦合器内的参数,使天线的总电长度满足 1/4 波长的要求,达到阻抗匹配的目的,这个过程称为天线耦合器的调谐过程。因此,HF COMM 系统需要装天线耦合器,用以实现天线和发射机输出级之间的阻抗匹配。

1.4.3 刀型天线

刀型天线是一种频带比较窄,但体积、重量和风阻相对小的天线,是军用和民用飞机上常见的一种天线形式。如图 1.5 所示。

1.4.4 影响天线性能的指标参数

天线性能的好坏直接影响无线电通信设备的性能,通常用天线的电参数衡量天线性能的好坏,这些电参数包括:方向性系数、增益、效率、输入阻抗、方向图、有效面积等,下面仅对与民航飞机通信系统直接相关的几个技术指标进行简单介绍。

1. 天线的输入阻抗

天线的输入阻抗是指天线在馈电点处电压与电流的比值。输入阻抗会随着输入天线的信号工作频率变化而变化,它还受天线本身的结构以及周围物体的情况等因素影响,因此大多数情况下仅能近似计算。计算出天线的输入阻抗后,才能根据输入阻抗设计出输送电磁波的传输线尺寸,以达到天线与传输线的匹配。

传输线(馈线)是一种输送电磁波信号的导线(设备),用来把载有信息的电磁波,沿着规定的路径从一点输送到另一点。飞机上常见的传输线有同轴电缆(例如:从固定式 ELT 发射机将 406 MHz 求救告警信号传输到天线发射)、波导(例如:从气象雷达收发机将微波信号传输到机头平板天线发射)等。在日常生活中,同轴电缆用来给电视提供闭路电视节目信号,波导用在微波炉中传输微波信号。

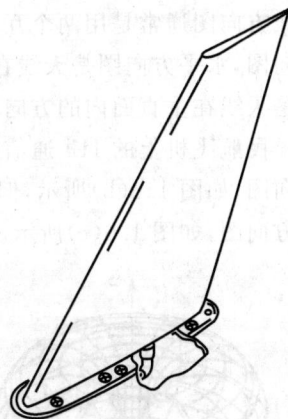

图 1.5　波音 737 飞机刀型天线

民航飞机上大部分无线电通信设备和导航设备天线的输入阻抗为 50 Ω,自动定向机(ADF)、空中防撞系统(TCAS)等少数设备除外。

2. 电压驻波比(VSWR)

如果天线与传输线不匹配,即天线的输入阻抗与传输线(馈线)的输出阻抗不匹配,电磁波在传输线上传输时,将形成驻波。在民航飞机的 HF COMM、VHF COMM 系统中,常用电压驻波比(VSWR)来描述天线与传输线(馈线)的匹配程度。VSWR 是指驻波波腹电压与波节电压幅度之比,又称为驻波系数、驻波比,反映了反射功率与输入功率之比,见表 1.3。

VSWR＝1 时,表示传输线和天线的阻抗完全匹配,此时高频电磁能量全部被天线辐射出去,没有能量的反射损耗,只有理想情况下才能达到完全匹配;VSWR 为无穷大时,表示电磁能量完全没有辐射出去,全反射回传输线和发射机;$1 < \mathrm{VSWR} < \infty$ 则表示有部分电磁能量不能发射出去,产生了反射波,实际无线电设备都是这种情况,VSWR 越大,表示反射波越大,匹配越差,发射效率越低。

表 1.3　电压驻波比、反射系数与天线效率对应关系

电压驻波比 (VSWR)	反射系数 (反射功率/入射功率)	天线效率 (天线辐射出去的功率/输入天线的有功功率)
1.0	0.00	100%
1.1	0.23	99.87%
1.2	0.83	99.27%
1.3	1.70	98.30%
1.5	4.00	96.00%

说明:表中天线效率为理想状态的情况。

3. 天线的方向图

天线的方向图反映了天线辐射电磁波的功率或场强在空间各个方向的分布图形,即天线在空间各个方向上所具有的发射或者接收电磁波能力的图形。由于实际天线处于立体空间中,所以天线的方向图应该是个立体图。天线的立体方向图形象、直观,但是画起来复杂,因此

天线方向图通常是用两个互相垂直的平面内的方向图来表达。最常用的是水平方向图和垂直方向图,水平方向图是天线在水平面内的方向图,即和地平面平行平面内的方向图;垂直方向图是天线在垂直面内的方向图,即垂直于地平面的方向图。

民航飞机上的 HF 通信系统和 VHF 通信系统天线是全向天线,即在水平面内具有全向方向图,如图 1.6(b)所示,但这两种天线的立体方向图如图 1.6(a)所示,垂直方向图是 8 字形的方向图,如图 1.6(c)所示。

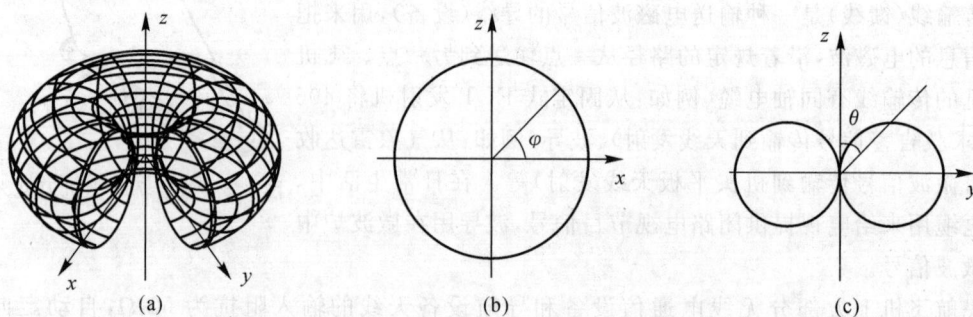

图 1.6　HF 通信系统的鞭形天线和 VHF 通信系统的刀型天线方向图
(a)三维方向图;　(b)水平方向图;　(c)垂直方向图

4.天线的极化方向

天线的极化方向,在民航飞机通信系统中,主要指垂直极化波和水平极化波。按照经典电磁场理论,无线电波传播时包含相互垂直的交变电场分量和交变磁场分量。如果其中的交变电场分量的空间矢量始终在一个平面内传播,则称为线极化波,线极化波又分水平极化波和垂直极化波。当交变电场分量的方向垂直于地平面时就称为垂直极化波,如图 1.3 所示。当交变电场分量的方向平行于地平面时就称为水平极化波。

电波的极化特性取决于发射天线的极化特性。如图 1.3 所示,如果半波振子天线垂直于地平面,则其所发射的电磁波为垂直极化波。接收天线必须与发射天线具有相同的极化和方向特性时,才能实现极化匹配,从而接收全部能量。例如图 1.3 中,如果发射天线和接收天线同是半波振子天线时,接收天线也是垂直地平面对称安装时,则接收效率最高;若部分匹配,即发射天线垂直于地平面,而接收天线倾斜于地平面安装时,则只能接收部分能量;若完全不匹配,即发射天线垂直于地平面,而接收天线平行于地平面安装时,则几乎不能接收到能量了。

目前民航飞机上的 HF COMM 系统、VHF COMM 系统、SATCOM 系统的天线均是接收和发送垂直极化波的天线。

5.天线的带宽

天线的带宽指的是其主要电指标,如输入阻抗、增益、主瓣宽度、极化、相位等均满足设计要求时的频率范围。通常情况下,天线的各项指标是随频率而变化的,因此天线带宽决定于各项指标的频率特性。若同时对几项指标都作具体要求时,应以其中最窄的带宽作为天线的带宽。

天线的带宽类似于我们日常生活中的公路,假设是 4 车道公路,在上下班高峰期,车流量激增,则很容易就塞车了;但如果是加宽一倍的 8 车道公路,则就不那么容易塞车。天线的带宽也是类似情况,带宽窄,当用户数量多的时候,信息就很容易拥堵,造成传输速度很慢;带宽比较宽,则信息拥堵概率就比较小,信息传输的速度就很快。

目前民航飞机上的很多地空通信功能,例如机上向普通旅客开放 WIFI、飞机上打电话等功能都受限于天线的带宽和传输速率,导致速度很慢,且费用很高。

1.4.5　民航飞机通信系统天线的排故案例分析

某航空公司波音 737 型飞机飞行机组反映 2 号 VHF COMM 通话噪音大,按照工作单操作,机务人员先后对 2 号 VHF COMM 的收发机、控制面板、遥控电子组件(REU)等进行换件处理,都没有解决问题,于是怀疑是天线问题,拆下 2 号 VHF COMM 天线后,发现天线底座导电使其表面已经完全被腐蚀,密封圈也严重老化,天线底座和同轴电缆馈线表面都腐蚀严重。

故障原因分析:由于馈线与天线表面腐蚀导致接触不良,飞机飞行中的不断振动导致馈线与天线的接触时好时坏,产生干扰噪音,使通话噪音大。

故障处理结果:清洁天线底座并更换 VHF COMM 天线后故障排除。

案例总结:天线安装在飞机机身外部,工作环境恶劣,常年日晒雨淋,飞行中振动不断,飞机不断在高空低温低压环境和地面高温高压环境之间变化,在海面潮湿高盐环境和沙漠干燥环境之间转换,这都会加速天线座上的密封胶和其内部的密封圈老化失效,引起严重腐蚀,使天线和馈线接触不良。

安装在飞机腹部中心线上的通信系统天线尤其容易被腐蚀,例如 VHF-2 COMM 和 VHF-3 COMM 天线,如图 1.2 所示,由于是处于机身的最低点,离地面较近,在飞机起降阶段,地面的雨水、冰霜、灰尘很容易附着在天线上导致腐蚀;在清洗机身时,水和洗涤剂往往汇聚到飞机腹部最低点的天线才流到地面,而且飞机腹部上方一般是货仓,货仓中装运海鲜之类含液体的货物时,也难免有液体流出,通过货舱门渗出并流经天线后流到地面,也会造成腐蚀。此外,飞机飞行中,偶尔会遇到雷击、冰雹和飞鸟撞击等事故,也会造成机身上天线的损伤。

总之,飞机通信系统天线最常见的故障是由于腐蚀造成的,特别是机龄较长的飞机,其次是外部损伤,在日常维护中需要特别关注。

1.5　民航飞机模拟通信基础知识

通信技术发展至今,经历了从模拟通信到数字通信的发展过程。说起模拟通信,就不能不提到莫尔斯,其发明的莫尔斯电码至今还在使用。1844 年,经过 12 年的努力,莫尔斯电报在美国华盛顿国会大厦联邦最高法院会议厅诞生了,这是人类第一次有目的地利用电流进行信息传递。电报发明后,自然有许多人想到,能不能用电流传递声音? 这就要提到贝尔,他是公认的电话之父,以他名字命名的贝尔实验室更是因为一直引领先进通信技术潮流而享誉世界。1876 年 5 月,美国在费城举办纪念独立一百年博览会,贝尔把刚发明的电话机带到了博览会,经过专家们的鉴定,电话机成了这届博览会最重要的成果。从此,人们足不出户就能将欢声笑语传送到千万里以外的朋友耳中。

在贝尔先生发明的电话机中,核心部分是把用户说话产生的机械振动转化为随说话声音大小的变化而变化的电信号,我们把这种电信号称为“音频信号”。类似于音频信号这样无论在时间上还是在幅度上都是连续的信号称为“模拟信号”,将音频信号经过模拟调制、传输、模拟解调后送到接听方的信号传输通道称为"模拟信道"。信道可以是电缆、光纤、电磁波等,其中用电磁波传递信息的信道由于没有物理导线也称为无线电信道。在信道中采用模拟信号形式传输信息的通信方式称为"模拟通信"。

1.5.1 模拟通信系统模型

如图 1.7 所示,电话机产生的音频信号经过模拟调制、信道传输、模拟解调后送到接听方,这样就完成了信息传输的全过程,这种完成信息传输完整过程的技术系统称为"通信系统"。借助电磁波在自由空间传播实现信息传输的通信系统称为"无线电通信系统",借助电缆、光纤等媒介实现信息传输的通信系统称为"有线通信系统"。民航飞机上的 VHF COMM 系统和 HF COMM 系统是无线电通信系统,旅客广播系统(PA)和内话系统是有线通信系统。在电话系统中,发起通话的一方称为"信源",接听电话的一方称为"信宿"。

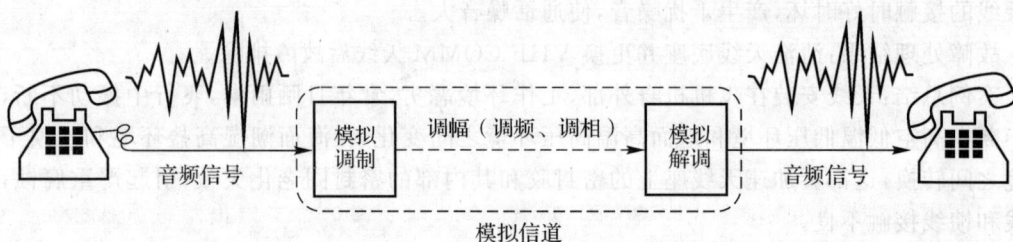

图 1.7　模拟式电话通信工作示意图

采用模拟通信方式传输信息的通信系统称为"模拟通信系统",如图 1.8 所示为模拟通信系统模型。从通信系统的信源输出的电信号称为"基带信号",在模拟通信系统中,信源输出的为"模拟基带信号",基带信号通常是含有直流分量和频率很低的电信号,例如电话机输出的音频信号。

含有直流分量和频率很低的基带信号不适合远距离传输。对于光纤和电磁波类型的信道,直流电信号无法直接传输,根据 1.4.2 节相关知识:天线的长度取决于所收发无线电信号的波长,很低频率的电信号需要非常巨大尺寸的天线系统才能通过电磁波信道实现无线电传输,传输代价太高昂。对于金属电缆类型的信道,直流电信号和低频电信号均可以传输,但由于电缆带有电阻,传输距离越远,线路越长则电阻越大,导致信号衰减非常严重,在到达信宿前就可能衰减得无法识别了;此外,基带信号在金属信道内传输时,同一个时刻只能传输一个信源的信号,只有等这个占线的信源信号传输完毕,另一个信源的信号才能使用该信道,类似于我们打电话给朋友,如果对方正在通话,则会提示对方占线,只有等对方通话完毕,才能打通对方的电话,如果同时有两个信源信号占用信道,相互会叠加干扰使信宿无法识别信息来源,这就导致信道利用率非常低。

含有直流分量和频率很低的基带信号如果需远距离传输,信号要经过调制。"调制"是指用基带信号去控制另一作为载体的信号(载波信号),让载波的某一个参数(幅值、频率、相位等)按前者的值变化。信号调制中通常以一个较高频率的正弦信号作为载波信号,模拟通信系统中常用的调制方式有调幅(AM)、调频(FM)、调相(PM)等。如图 1.8 所示,框图中画出了基带信号采用调幅方式在模拟通信系统中传输时的信号波形变化情况。模拟基带信号和载波信号在调制器中实现调制,经过调制器调制后输出的信号叫作"已调信号"。已调信号有 3 个基本特性：一是携带有信息，二是适合在信道中传输，三是频谱具有带通性质，且中心频率远离零频。经过调幅调制的已调信号为"调幅信号"，经过调频调制的已调信号为"调频信号"。已调信号需要经过解调才能将载波和基带信号分离，还原出基带信号，解调是调制的逆过程。典型的调幅信号调制器为"乘法器"，解调器为"包络检波器"，例如民航飞机上的 VHF COMM 系统为采用调幅调制方式的模拟通信系统。

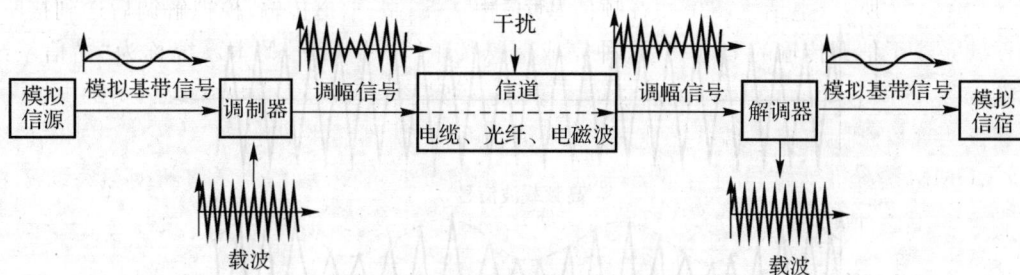

图 1.8　采用调幅调制方式的模拟通信系统模型

基带信号用光波作为载波进行调制，通过光纤作为传输媒质，可以实现光纤通信。光纤信道具有传输频带宽、抗干扰能力强和信号衰减小等优点，远优于电缆、电磁波等信道，现在已成为通信领域主要信道传输方式。1966 年英国籍华人高锟发表论文提出用石英基玻璃纤维制作光纤，可以实现大容量的光纤通信，2009 年高锟为此获得诺贝尔物理学奖。单根光纤比较脆弱，现在都是使用由一捆光纤构成的光纤束。

将基带信号经过调制，信号"搬移"到较高频率的载波上，在电磁波信道中传输，信号频率较高，则收发双方所需要的天线尺寸较小，维护和使用成本低。在电缆信道中传输，因为电阻具有高通频率特性，即在一定范围内，频率越高，其阻抗越低，所以远距离传输的信号衰减较小。此外，信号调制时可以采用频分复用等技术手段，实现在一条信道上同时传递多路信号，解决同一个时刻只能传输一个信源信号的不足。平时家里使用的电视机、收音机等，不同电台的节目是同时传输到电视机或收音机，用户只要调节到不同频率，就可以收到不同电台的节目，这种通过不同频率同时传输多路不同信号的技术称为"频分复用"。民航飞机上的部分旅客娱乐系统就采用该技术。

1.5.2　模拟信号的时域分析和频域分析

在通信系统中最常用的载波是正弦波，因为正弦波是目前最容易产生，振荡电路最简单，便于用集成电路生成的信号波形。在模拟通信系统中，基带信号通过对正弦载波的 3 个主要参数幅值、频率、相位进行调制，可以得到不同的调制方式。民航飞机通信系统中常见的模拟调制方式有：调幅（AM）、单边带（SSB）、调频（FM）。

通信系统中传输的信号为电信号，为了便于理解、描述与分析电信号，一般采用时域分析和频域分析这两种方法。

时域分析研究的是电信号的电压或电流随时间变化的情况，可以用观察电信号波形的方法进行研究，在实验室或生产岗位上，实施时域分析的仪器是示波器。

频域分析法研究的是信号的电压或电流等参数在频域中的分布情况，可以用频谱仪观察信号的频谱，电信号在频域上可以分为基带信号和频带信号（即已调信号）。

如图 1.9 所示为对调幅和调频信号进行时域分析的信号波形,图 1.10 所示为对调幅和调频信号进行频谱分析的波形。

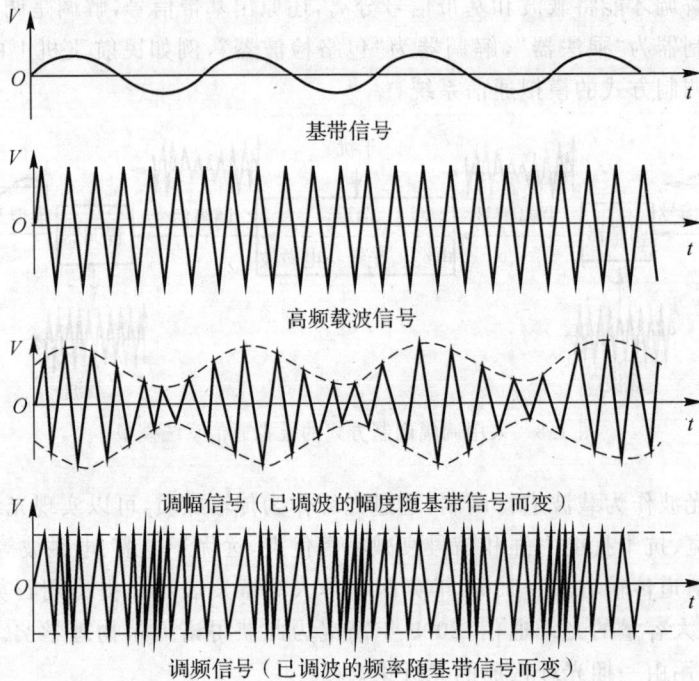

图 1.9　模拟调幅、调频信号的时域分析波形

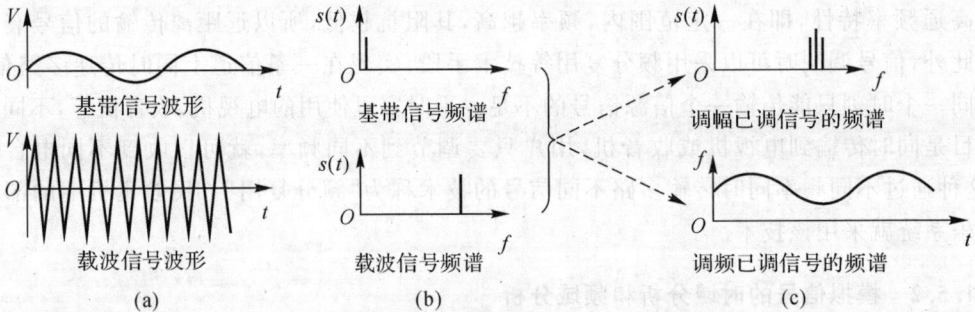

图 1.10　模拟调幅、调频信号的频域分析频谱

1.5.3　复用技术

所谓复用就是将多个模拟信号按一定的规律汇集在一起,用一条信道实现多路传输的模拟通信技术。目前广泛使用的复用技术有频分复用、时分复用等。

1. 频分复用

由于每个调制信号的频谱带宽有限,而可以使用的通信频带远比该信号频带宽,为了节约频带资源,在实际使用中,一般借助频谱搬移技术,实现多路信号同时传送,这种概念就称为频分复用(FDM)。在民航应用上选择呼叫系统(SELCAL)的呼叫信号就是利用 FDM 技术通过高频(HF)或甚高频(VHF)通信系统地面台向飞机呼叫的,机载旅客娱乐系统(PES)也是采用 FDM 技术将多套视频节目和音频节目同时送到旅客座椅的耳机插孔和显示屏,供旅客选择其中之一欣赏。

　　频分复用原理方块图如图 1.11 所示,假设我们要传送 n 个信号,每个信号的频谱宽度限制在 ω_H 内,现在我们将这几个信号分别以 SSB 方式调制在载波 ω_1、ω_2…ω_H 上,为了不使各个频谱重叠,相邻载波间至少相隔 ω_H,显然,这样组合的已调信号至少要占据 $n\omega_H$ 的带宽。然后把占据不同频带的 n 个已调信号组合在一起送入信道中传送。在接收端,通过 n 个中心频率为 ω_1、ω_2…ω_H 的带通滤波器将组合的已调信号进行滤波分离,再通过解调器解调,这种技术方式称为频分复用。

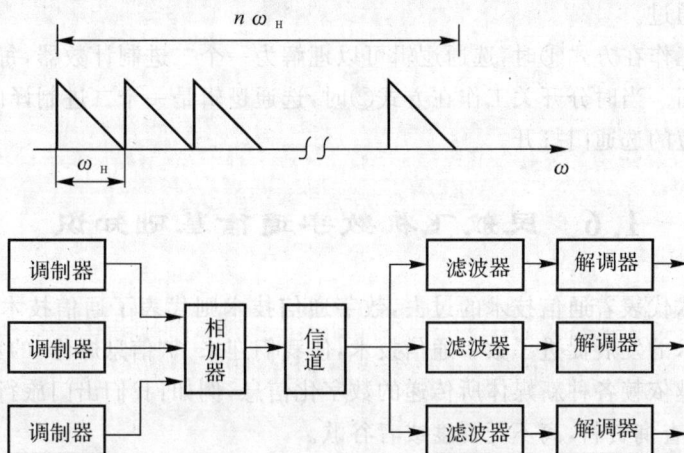

图 1.11　频分复用原理方块图

2. 时分复用

　　时分复用是建立在抽样定理基础上的,通过抽样,使时间上连续的模拟信号变成时间上离散的抽样脉冲,在脉冲之间会留有一些时间空隙,利用这些空隙便可以传输其他信号的抽样值,这样就有可能通过一条信道同时传送多个调制信号。如图 1.12 所示为两个信号 $f_1(t)$ 和 $f_2(t)$ 信号抽样后采用时分复用形成的脉冲群。

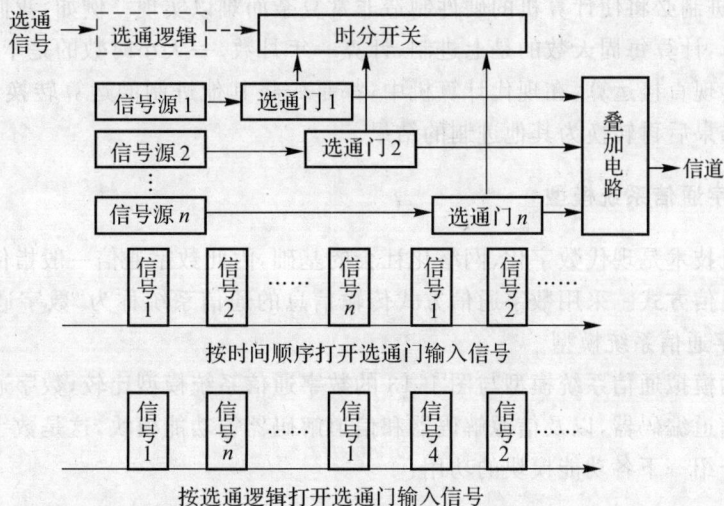

图 1.12　时分复用电路示意图

时分复用是以信号的抽样为基础的,如图 1.12 所示为时分复用电路示意图,多个信号源的信号通过选通门输入和叠加电路输入信道中传输,只有选通门打开时信号源信号才能通过。选通门可以理解为数字电路中的逻辑电门,它由时分开关控制打开。时分开关每个时刻只打开一个选通门,当它打开另一个选通门时,原来打开的选通门自动关闭。时分开关有两种方式打开选通门:①按时间顺序依次打开各选通门;②按选通逻辑信号源优先级打开逻辑选定的选通门。

当时分开关以按时间顺序依次打开选通门方式工作时,各信号源信号从 1~n 按时间顺序依次输入信道。当时分开关以按选通逻辑打开逻辑门方式工作时,只有在选通逻辑上选定的信号源信号才能通过。

当时分开关工作在方式①时,选通逻辑可以理解为一个二进制计数器,每计一个数就选通对应数字的选通门。当时分开关工作在方式②时,选通逻辑是一个二进制译码器,根据输入的选通信号选定相应的选通门打开。

1.6 民航飞机数字通信基础知识

模拟通信技术代表着通信技术的过去,数字通信技术则代表了通信技术的未来。计算机技术和互联网技术的发展促进了数字通信技术,使我们迎来了"信息爆炸"的数字化时代,我们的日常生活越来越依赖各种新媒体所传递的数字化信息,例如:我们出门旅行,离不开 GPS 或者北斗导航引路;查询资料,离不开百度或者谷歌。

"数字通信"是用数字信号作为载体来传输信息的通信方式。"数字信号"是指电压、电流等电信号参数在幅度上和时间上都是离散的信号,例如现代计算机中使用的二进制信号就是典型的数字信号,二进制信号只有 0 和 1 两个数字符号,进位规则是"逢二进一",借位规则是"借一当二",非常简单,易于用电子方式实现运算。利用二极管的"通"、"断"两个开关状态可以表达出 0 和 1,利用三极管和二极管组合形成的逻辑门电路可以实现"与"、"或"、"非"三种二进制的基本逻辑运算,根据《数字电路》所学知识,通过三种逻辑门运算的组合可以实现"加"、"减"、"乘"、"除"等我们熟悉的数学运算,因此现代计算机全部采用二进制实现运算功能,如果用其他进制必将使计算机的硬件制造非常复杂而难以实现。例如:我们日常使用最多的是十进制运算,计算每周天数的是七进制,计算一年月数、一天小时数的是十二进制等,用电子电路均难以实现直接运算,在现代计算机中,都是先将其他进制的运算转换为二进制运算,计算出二进制结果后再转换为其他进制的结果。

1.6.1 数字通信系统模型

由于计算机技术是现代数字化、网络化社会的基础,因此数字通信一般指传输二进制数字信号 0 和 1 的通信方式。采用数字通信方式传输信息的通信系统称为"数字通信系统",如图 1.13 所示为数字通信系统模型。

将图 1.8 的模拟通信系统模型与图 1.13 的数字通信系统模型比较,数字通信系统增加了信源编码器和信道编码器,以及信源解码器和信道解码器等功能模块,这是数字通信特有的功能。下面简单介绍一下各功能模块的功用:

1. 信源

产生基带信号,包括模拟信号和数字信号,例如:手机的信源是数字按键,字母按键或者拍照镜头,民航飞机通信系统中的信源是 HF COMM 系统、VHF COMM 系统的话筒。

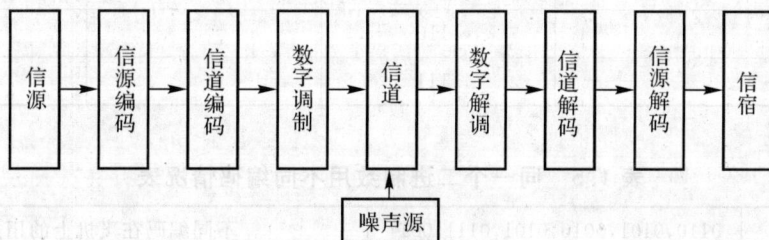

图 1.13　数字通信系统模型

2. 信源编码

①信源基带信号需要转换成数字信号 0 和 1 才能在数字信道中传输,将模拟信号转换为用 0 和 1 表示的数字量的过程称为"模数转换"(A/D),模数转换是信源编码器的功用之一。例如:我们用电脑或手机听音乐时,如果需要调节音量,会看到表示音量大小的数字,如调节到30、还是 40,一般数字越大,表示音量越大,这就是将模拟的音乐声音转换为我们习惯的十进制数字,也是一种模/数转换的形式,在用一定算法将这个十进制数变换为用 0 和 1 表达就可以在数字信道传输了。

②信源编码的第二个作用是将模数转换后的数字信号 0 和 1 组合成可识别的字符,例如:信源基带信号转换成了一串二进制数字"01100101001001010101110011",如果这串数字没有进行编码,没有任何意义;而如果编码后,根据不同的编码规则,将有不同的含义。在民航飞机通信系统中,常见的十进制数的编码有:二-十进制编码(8421BCD 码)、BNR 码、格雷码、五中取二码等,这些编码的规则见表 1.4。

表 1.4　民航飞机通信系统中常见的十进制数编码规则

十进制数	8421BCD 码	BNR 码	典型格雷码	五中取二码
0	0000	0000	0000	01001
1	0001	0001	0001	11000
2	0010	0010	0011	10100
3	0011	0011	0010	01100
4	0100	0100	0110	00110
5	0101	0101	0111	00101
6	0110	0110	0101	00110
7	0111	0111	0100	00011
8	1000	1000	1100	10010
9	1001	1001	1101	10001
10		1010		
11		1011		
12		1100		

续 表

十进制数	8421BCD 码	BNR 码	典型格雷码	五中取二码
13		1101		
14		1110		
15		1111		

表 1.5 同一个二进制数用不同编码情况表

二进制数	0110,0101,0010,0101,0111,0011	不同编码在飞机上的用途
8421BCD 码	6，5，2，5，7，3	在 ARINC429 数据字中表示 VHF COMM 或 HF COMM 的工作频率数。
典型格雷码	4，6，3，6，5，2	飞机导航中的俯仰角、倾斜角等姿态角度数的模/数转换。

结合表 1.4 和表 1.5 可以看出,同一串二进制数"011001010010010101110011",同样要通过编码来表达 0～9 这十进制数,如果采用 BCD 编码,接收端得到的数字为"652573",而采用典型格雷码编码,接收端得到的数字却是"463652",得到完全不同的含义。这个例子也间接反映出数字通信的保密性较好,如果无法知道信号的编码规则,即使能接收全部的二进制数字串,也很难解码出其中的含义。

3. 信道编码

信道编码是为了对抗信道中的噪音和衰减,通过增加冗余,如校验码、监督码等,来提高抗干扰能力以及纠错能力,即是解决信息码元进入信道传输的格式以及数字通信的可靠性问题。

信息发送端对拟传输的信息码元按一定规则(通信双方为准确有效地进行信息传输所约定的通信协议)加入一些冗余码(校验码),形成数据字,数据字经过信道编码后通过信道传输,接收端按照约定好的规则,从数据字中提取信息码元,并进行检错甚至纠错。

例 1:这类似于我们快递物品,邮寄前需要填快递单,按快递单的格式(按一定的规则)留下目的地址、发件人姓名、收件人姓名、双方联系电话等(加入的冗余码);填好单后物品打包(形成数据字),通过交通工具运输(在信道中传输);通过快递单,收件人可以知道该快递是否发送正确,同时可以开包验货(检错),如正确就签收,如不正确就拒收,快递返回发件人(纠错)。

例 2:现代飞机内部电子设备之间均通过数据总线进行通信,民航飞机最经典的数据总线 – ARINC429 总线,应用在 B737、B757、B767 和 A320、A330、A340 等机型上。机载电子设备之间如需要通过 ARINC429 总线通信,发送端必须把拟发送的信息(信息码元),加入一些冗余码后转换为 ARINC429 数据字才能送到总线上传输。即数据字是民航机载数据总线内传输信息的基本单位。

典型的 ARINC429 数据字如表 1.6 所示,由 32 位(bit)构成(按一定的规则),含有五个区,即标号区、源/目的识别区、数据区、符号/状态区和奇偶校验区。其中标号区、源/目的识别区、符号/状态区、奇/偶校验区这几部分为根据通信协议而加入的冗余码,ARINC429 为通信双方所约定的通信协议名称,只有数据位为发送端拟发送的信息码元。

表 1.6　ARINC429 数据字格式

数据位	1～8 位	9～10 位	11～28 位	29～31 位	32 位
数据位含义	标号区	源/目的识别区	数据区	符号/状态区	奇偶校验区
类比含义	邮寄物品名称	收件人地址	邮寄的物品		收到物品是否齐全

4.信道

无论是模拟通信系统还是数字通信系统,信道都一样分为有线信道(如电缆、光纤)和无线信道(如电磁波)两种。

1.6.2　数字调制

数字调制技术的概念:把数字基带信号的频谱搬移到高频处,形成适合在信道中传输的频带信号。数字调制的主要作用:提高信号在信道上传输的效率,达到信号远距离传输的目的。民航飞机的机载通信寻址与报告系统(ACARS),通过机载三号甚高频(VHF-3)通信收发机将 ACARS 报文发送到地面台前,就需要将数字基带信号形式的报文调制到甚高频载波上才能发送出去。

基本的数字调制方式:振幅键控(ASK)、频移键控(FSK)、相移键控(PSK),在数字通信系统中使用最多的是相移键控方式。

1.振幅键控(ASK)

ASK 信号产生的方法有两种:一种是一般的模拟幅度调制法,采用乘法器实现,即用数字信号对载波调幅;另一种是键控信号法,利用开关电路实现,ASK 调制模型和信号波型如图1.14 所示。

ASK 信号是数字调制中出现最早的,也是最简单的,它的抗噪声性能较差。在民航飞机上一般用在无线电导航系统中,如机载应答机系统、测距机(DME)系统和气象雷达(WXR)等。

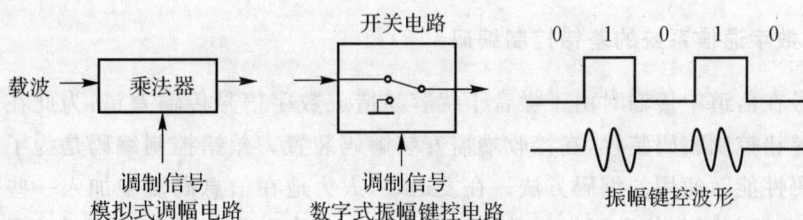

图 1.14　ASK 调制模型和信号波型

2.相移键控(PSK)

PSK 是通过键控方法使载波相位按调制脉冲序列规律改变的一种数字调制方式。PSK应用时一般利用两个相位对应二进制数的"1"和"0",例如用 0 相位表示数"0",用 π 相位表示数"1",这种方法要求发送端和接收端的信号相位严格同步,否则会造成数据错误恢复,对设备要求很高,因此实际使用时一般不采用 PSK 而采用它的改良方法——相对差分移相方式(DPSK)代替它,这种方式是利用前后相邻码元的相对载波相位值去表示数字信息的方式,如下例所示。

例如:假设 $\triangle\varphi=\pi$ → 数字信息"1",$\triangle\varphi=0$ → 数字信息"0",则数字调制脉冲序列与 DPSK 信号之间的相位对应关系见表1.7。

表 1.7　数字调制脉冲序列与 DPSK 信号之间的相位对应关系表

调制脉冲序列	0	0	1	1	1	0	0	1	0	1
DPSK 信号相位 1	0	0	π	0	π	π	π	0	0	π
DPSK 信号相位 2	π	π	0	π	0	0	0	π	π	0

由上例可知,解调 DPSK 信号时只要前后码元的相对相位关系不破坏,则通过鉴别这个相位关系就可以正确恢复原始数字信息,这样对设备的要求就低很多。根据上述原理,可以得出 PSK 和 DPSK 的调制方法,如图 1.15 所示。

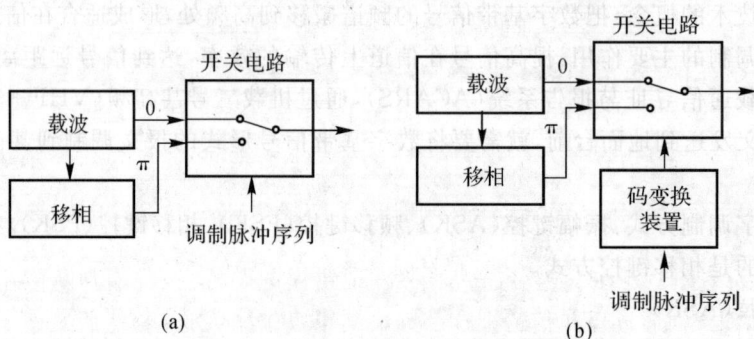

图 1.15　PSK 和 DPSK 调制模型
(a)键控 PSK 调制法;　(b)键控 DPSK 调制法

PSK 和 DPSK 调制系统在抗噪声性能及信道频带利用率等方面比 FSK 和 ASK 等方式优越,因此广泛应用于通信系统,部分机载卫星通信系统的数字信号调制方式采用 PSK 技术的一种改进技术 QPSK(正交相移键控)技术。

1.6.3　数字通信系统的差错控制编码

数字信号在信道中传输时由于噪音干扰容易造成数字信号传输差错,为此在信号的发送端需要安装差错控制编码装置,在接收端需安装解码装置。差错控制编码是为了改善数字通信系统的误码性能而使用的编码方法。在发送端,人为地在信息码流中加入一些"多余"的监督码,并使这些监督码与信息码发生某种确定关系。在接收端,则利用这种确定关系去校验所接收的码是否发生了错码以及错码可能的位置,从而达到发现错码或纠正错码的目的。

在信道中常见的错误有以下 3 种。

(1)随机错误。错误的出现是随机的,一般而言错误出现的位置是随机分布的,即各个码元是否发生错误是互相独立的,通常不是成片地出现错误。这种情况一般是由信道的加性随机噪声引起的。因此,一般将具有此特性的信道称为随机信道。

(2)突发错误。错误的出现是一连串出现的。通常在一个突发错误持续时间内,开头和末尾的码元总是错的,中间的某些码元可能错也可能对,但错误的码元相对较多。这种情况如移动通信中信号在某一段时间内发生衰落,造成一串差错;汽车发动时电火花干扰造成的错误;光盘上的一条划痕等等。这样的信道我们称之为突发信道。

(3)混合错误。既有突发错误又有随机差错的情况,这种信道称之为混合信道。

常用的差错控制方式有 3 种:检错重发、前向纠错、混合纠错。如图 1.16 所示。

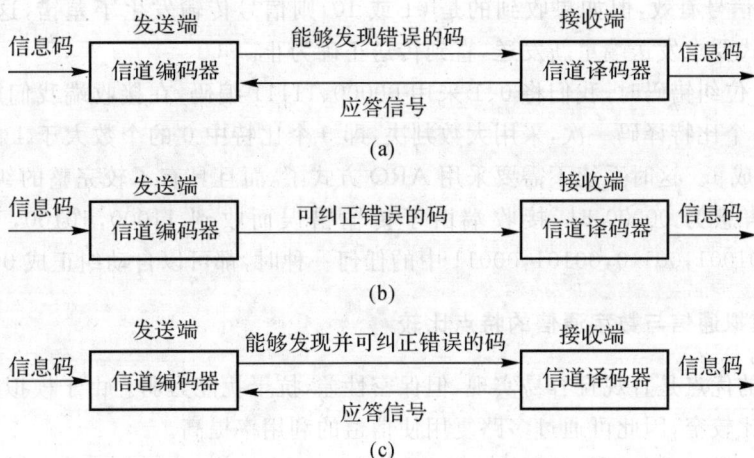

图 1.16　三种差错控制方式示意图

(a)检错重发(ARQ)示意图; (b)前向纠错(FEC)示意图; (c)混合纠错(HEC)示意图

(1)检错重发(ARQ)是在发送端加入能够发现错误的码,由接收端判断传输中有无错误产生,如果发现错误,则通过反向信道把这一判决结果反馈给发送端,然后发送端把接收端认为出错的信息再次重发,从而达到正确传输的目的。其特点是需要反馈信道,译码设备简单,但实时性差。机载通信设备中常用的是奇偶校验方式,在本书第 2 章 ARINC429 总线数据字部分具体介绍。

(2)前向纠错(FEC)是在发送端加入能够纠正错误的码,接收端收到信号后自动地纠正传输中的错误。其特点是单向传输,实时性好,但译码设备较复杂。

(3)混合纠错(HEC)是上述两种方式的结合,发送端具有自动纠错同时又有检错能力的码。接收端收到信息后检查差错情况,如果错误在码的纠错能力范围以内,则自动纠错;如果超过了接收端的纠错能力但能检测出来,则经过反馈信道请求发送端重发。

现在我们以重复编码方法为例来简单地阐述差错控制编码的基本原理。差错编码在相同的信噪比情况下为什么会获得更好的系统性能。假设我们发送的 0、1 等概率出现,且平均接收 1000 个码元中出错一个。当需要传输的信息编码为 10001 时见表 1.8。

表 1.8　采用重复编码方法的差错控制编码情况表

编码情况	发送端	说　明
无纠错编码	1.0.0.0.1	接收端无法判断错误
有 1 位纠错码	11.00.00.00.11	接收端可以判断错误,但出错要重发
有 4 位纠错码	11111.00000.00000.00000.11111	接收端可以判断错误,出错一般不用重发

(1)当没有差错控制编码时,我们将信息 10001 直接发送,如果接收端接收到的信号为

10000,我们将无法判断接收到的信号是对还是错,差错控制编码就是用来帮助接收端判断接收的数据是否正确的。

(2)当有 1 位纠错码时,如果将信息 0 编码成 00,信息 1 编码成 11,则发送的信号为 11. 00.00.00.00.11,如果仍然采用上述系统,那么在接收端可以做出以下判断:如果接收的信号是 00 或 11,则信号有效,但如果收到的是 01 或 10,则信号传输发生了差错,这时采用 ARQ(检错重发)方式要求发送端重新发送,直到传送正确为止。

(3)当有 5 位纠错码时,我们将 0、1 采用 00000、11111 编码,在接收端我们用如下的方法译码:每收到 5 个比特译码一次,采用大数判决,即 5 个比特中 0 的个数大于 1 的个数则译码成 0,反之译码成 1。这时系统不需要采用 ARQ 方式了,而且具有了较完整的纠错编码功能。例如:当发送信息为 00000 时,接收端由于传输错误而收到 11000,10100,10010,10001,01100,01010,01001,00110,00101,00011 中的任何一种时,都可以自动纠正成 00000。

1.6.4 模拟通信与数字通信的特点比较

模拟通信的优点是直观且容易实现,但保密性差,抗干扰能力弱。由于模拟通信在信道传输的信号频谱比较窄,因此可通过多路复用使信道的利用率提高。

数字通信与模拟通信相比具有下述优点。

(1)抗干扰能力强。模拟信号在传输过程中和叠加的噪声很难分离,噪声会随着信号被传输、放大而严重影响通信质量。数字通信中的信息是包含在脉冲的有无之中的,只要噪声绝对值不超过某一门限值,接收端便可判别脉冲的有无,以保证通信的可靠性。

(2)远距离传输仍能保证质量。因为数字通信是采用再生中继方式,能够消除噪音,再生的数字信号和原来的数字信号一样,可继续传输下去,这样通信质量便不受距离的影响,可高质量地进行远距离通信。此外,传输的二进制数字信号能直接被计算机接收和处理,它还具有适应各种通信业务要求(如电话、电报、图像、数据等),便于实现统一的综合业务数字网,便于采用大规模集成电路,便于实现加密处理,便于实现通信网的计算机管理等优点。

(3)保密性能强。由于数字通信系统的基带信号为一串由"0"、"1"组成的数字,对这串数字,我们可以对其加上一串伪随机噪声(理论上可以有无限多种伪随机噪声组合),或者用一个数学算法或算法组合(理论上也可以有无限多种算法组合)来改变这串数字的结构甚至排序。接收方只有采用同样的伪随机噪声、相同的数学算法才可以轻易地读出基带信号。但对于第三方来说,要从无限多种方法中找出该系统所采用的伪随机噪声序列或数学算法,难度是非常大的。加密解密技术是一项专门的技术。

随着微型计算机硬件成本的不断下降,基于计算机技术的数字通信系统实现的成本也越来越低。我们只要回顾一下 3 年前购买一台智能手机的价格和配置,与今天去购买一台同样价格的智能手机比较,其配置差距有多大就可以理解了。

因为数字通信相对于模拟通信,无论在传输质量,还是传输成本上,均有着很大的优势,因此目前越来越多的通信设备采用数字通信的方式。在民航飞机上,卫星通信系统、飞机通信寻址报告系统均采用数字通信技术。

1.6.5 模拟信号的数字传输

模拟信号的数字传输,就是通过模数转换(A/D),将模拟信号数字化,数字化后的信号就可以在数字信道中传输,这样可以利用数字通信的优势实现模拟信号的高质量传输。对于机载通信系统常见的模拟信号是语音信号,将语音模拟信号数字化最常用方法是脉冲编码调制(PCM - Pulse Code Modlllation)。

脉冲编码调制是以奈奎斯特采样定理为基础。该定理从数学上证明:若对连续变化的模拟信号进行周期性采样,只要采样频率大于等于有效模拟信号最高频率或其带宽的两倍,则采样值便可包含原始信号的全部信息,利用低通滤波器可以从这些采样中重新构造出原始信号。

脉冲编码调制的过程是先对模拟信号抽样,再对抽样值的幅度量化,然后再编码的过程。

第一步:抽样,就是对模拟信号进行周期性扫描,把时间上连续的信号变成时间上离散的信号,抽样必须遵循奈奎斯特抽样定理。该模拟信号经过抽样后还应当包含原信号中所有信息,也就是说能无失真的恢复原模拟信号。它的抽样速率的下限是由抽样定理确定的。一般对语音信号的抽样速率采用 8 kHz。

第二步:量化,就是把经过抽样得到的瞬时值将其幅度离散,即用一组规定的电平,把瞬时抽样值用最接近的电平值来表示,通常是用二进制表示。一个模拟信号经过抽样量化后,得到已量化的脉冲幅度调制信号,它仅为有限个数值。

第三步:编码,就是用一组二进制码组来表示每一个有固定电平的量化值。然而,实际上量化是在编码过程中同时完成的,故编码过程也称为模/数变换,可记作 A/D。

1.7 通信数据传输及介质

1.7.1 通信方式

通信方式按照信号的流向可以分为单工、半双工和全双工 3 种通信方式。如图 1.17 所示。

单工通信指消息只能单向传输的工作方式,例如:广播收音机、普通电视机的工作方式,只能单向接收,不能对外发送信息。或者民航飞机上的应急示位发射机,只能对外发射信号,不能接收信号。

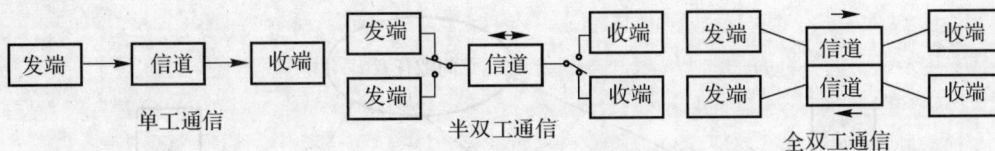

图 1.17 通信方式示意图

半双工通信指通信双方都能收发消息,但不能同时进行收和发的工作方式。例如:警察、机场地面工作人员经常使用的对讲机的工作方式,民航飞机上的 HF COMM 系统和 VHF COMM 系统的工作方式。对外说话时,需要先按通话按钮,才能对外说话,期间不能接听对方说话;松开通话按钮,才能接听对方说话,期间不能对外说话。

全双工通信指通信双方可同时进行双向传输信息的工作方式,例如现在的固定电话和智能手机的工作方式,在听对方的同时也能说话。

1.7.2 串行通信和并行通信

串行通信是将数据按时间顺序一个接一个地在信道中传输的方式;串行通信的特点是易于实现,占用信道少,成本低,数据传输所要的时间较长,适用于远距离通信。并行通信是指数据以成组的方式在多个并行信道上同时传输,且每个组员单独占用一条信道的传输方式;并行通信速度高,成本高,适用于短距离数据通信。如图 1.18 所示为两种通信方式的示意图。

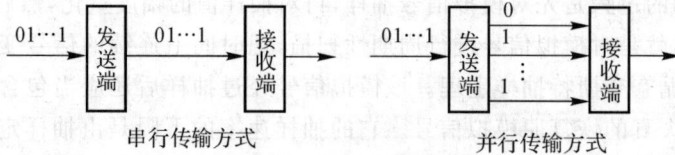

图 1.18　数据信号的通信方式

机载设备中,ARINC429、ARINC629 等数据总线传输方式为典型的串行通信。机载设备内部计算机组件之间信息的传输方式则采用并行通信。

1.7.3 同步通信与异步通信

同步通信指发送方和接收方都按相同的时钟信号变化规律,步调一致地实现数据传输的方式,要求收发双方具有同频同相的同步时钟信号。在同步通信中,发送方除了发送数据,还要传输同步时钟信号,以确保收发双方严格保持同步。

异步通信所传输的基本单位是数据字或数据帧(由多个数据字组成),如图 1.19 所示。例如:ARINC429 总线的 32 位数据字,相邻两个数据字(帧)在信道中传输时,其时间间隔是任意的,不要求收发双方时钟严格同步,但为了防止传输错误,收发双方必须约定好数据字(帧)的格式,双方约定的数据字(帧)的格式是在拟传输的实际数据信息以外,额外增加一些格式数位,用来与前后的数据字(帧)区分开,以及使接收方通过这些格式数位与该组数据字(帧)建立同步,例如:ARINC429 总线的数据字中就包含有标号位、源/目的识别位、符号/状态位、奇偶校验位等额外的格式数位。

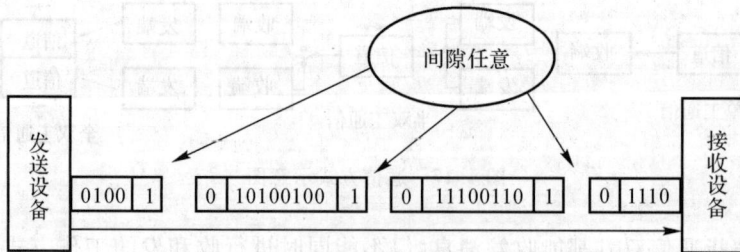

图 1.19　异步通信传输示意图

在机载通信系统中,采用并行通信的设备均是按同步通信方式工作,即收发双方都必须要保持严格同步,而采用串行通信的设备则不一定,可以分为串行同步通信和串行异步通信。串行同步通信指收发双方都严格按固定时钟频率收发数字信息,信号工作频率和相位都保持一致的通信方式,这种方式使用得比较少;串行异步通信是指数据按分组方式传输,每组数据间隔是任意的,每组数据要额外增加一些格式数位,接收方通过这些格式数位与该组数据建立同步,防止传输错误,这种方式是目前在机载设备之间应用最广泛的通信方式。

1.7.4　数据传输介质

传输介质是通信系统中收发双方的物理通路,是通信过程中实际传输信息的载体,传输介质大体可以分成有线介质和无线介质。机载设备中常用的有线介质是双绞线、同轴电缆,光缆的使用还处于试验起步阶段,无线介质是无线电磁波。

1. 双绞线

双绞线由两根相互绝缘的铜导线按一定的规则螺旋绞合在一起而构成。这种结构可以减弱电磁干扰,通常一根双绞线电缆中有一对到几对这样的双绞线。双绞线分为屏蔽双绞线和非屏蔽双绞线两种,在双绞线外面仅包裹起保护作用的塑料外皮就构成非屏蔽双绞线,在外面先包裹金属网再包裹塑料外皮就构成屏蔽双绞线。双绞线的价格低于其他传输介质,并且安装、维护方便,因此无论在模拟通信还是数字通信,均广泛使用双绞线作为传输介质。

在民航飞机内部的数据通信总线,例如 ARINC429 总线、ARINC629 总线和 AFDX 总线网均采用双绞线作为总线的物理通路。图 1.20 所示为 B777 飞机的 ARINC629 总线所采用的双绞线。

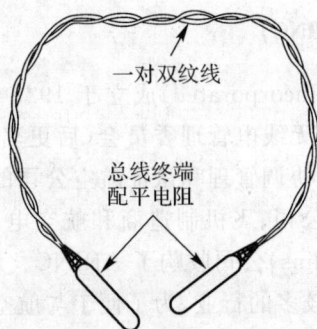

图 1.20　双绞线结构的 ARINC629 总线示意图

2. 同轴电缆

同轴电缆由内导体铜质芯线、内绝缘层、屏蔽层、外绝缘层、塑料保护层五部分构成。屏蔽层一般为金属网,既充当导体,又起屏蔽作用。同轴电缆的抗干扰能力、数据传输速率、使用带宽等均优于双绞线,但价格比双绞线高。

民航飞机上的机载高频(HF)通信系统,收发机与天线耦合器之间、天线耦合器和天线之间的射频信号通道均采用同轴电缆;机载甚高频(VHF)通信系统,收发机和天线之间的射频信号通道也采用同轴电缆;卫星通信系统(SAT COMM)中的无线电频率组件(RFU)与天线之间也采用同轴电缆传输射频信号。

3. 无线介质

无线介质主要有无线电波、红外线与激光,目前机载设备仅使用无线电波介质,是飞机与外部世界沟通的唯一介质。

不同频率的无线电波在传输过程中呈现不同的特性,例如:3~30 MHz 频段的无线电波是通过电离层折射来实现远距离通信和广播的最适当频段,该频段无线电波能够经过电离层和地面的多次反射而传播到很远的距离,利用电离层反射的无线电波传播方式称为天波传输,机载 HF 通信系统的工作频率在该频段范围,因此它是一种采用天波传输的远距离通信系统,但天波传输易受电离层扰动、昼夜变化、太阳黑子运动等多种因素干扰,因此通信质量不高。

30～300 MHz 频段的无线电波,频率较高,波长较短,波的绕射能力较弱,遇到障碍物的时候很容易被阻隔,所以只能沿直线传播,这种电波沿直线传播的方式称为视距传播。机载 VHF 通信系统的工作频率在该频段范围,因此它是一种视距传播的近距离通信系统,由于传播距离近,不容易受到干扰,因此通信质量好,成为飞行员与地面交通管制人员沟通的首选通信系统。

1.8　民航飞机航空电子系统的主要标准和规范

民航飞机航空电子系统的标准、规范和文件很多,主要由政府部门、行业协会、学术团体、飞机或设备制造厂及航空公司根据飞机使用情况发布的一些文件,文件被民航当局认可后形成法规文件。有三家机构或公司所发布的标准被多数用户认可,这三家机构分别是航空无线电公司(ARINC)、航空无线电技术委员会(RTCA)、美国汽车工程师协会(SAE)。

1.8.1　航空无线电公司(ARINC)

ARINC(Aeronautical Radio Incorporated)成立于 1929 年,由当时美国的四家航空公司共同投资组建,被当时的美国联邦无线电管理委员会(后更名为美国联邦通信管理委员会)授权负责"独立于美国政府之外唯一协调管理和认证航空公司的无线电通信工作"。后来公司股东扩大到 15 个国家 50 多家航空公司、飞机制造商和航空电子制造商。2013 年 12 月 23 日,罗克韦尔·柯林斯(Rockwell Collins)公司收购了 ARINC。

ARINC 的业务面很广,涉及较多的行业,为了便于与航空业界沟通和提供服务,成立了一些行业协会,如航空电子工程委员会(AEEC)、航空电子维修委员会(AMC)、飞行模拟器工程和维修委员会(SFEMC)、频率管理及航空频率委员会(AFC)。

航空电子工程委员会(AEEC)是一个国际标准组织,由来自世界主要航空公司的代表组成,是航空运输、航空电子设备及电信系统标准化方面的工业界主要机构之一。AEEC 成立于1949 年,其宗旨在于促进供应厂商之间的竞争、从而减少航空电子设备成本。实现此目标的手段是推动航空电子设备型式、安装、功能及接口的标准化。民航飞机上所有的 ARINC 标准均是由 AEEC 编制的。为了满足民航电子设备的通用化,ARINC 率先提出来 3F 概念,即功能(Function)、外形(Form)、安装(Fit)标准化。ARINC 标准相当于产品规范,也包括一些技术标准。到目前为止,ARINC 一共发布了 5 个系列 245 个标准,其中 ARINC500 系列支持模拟电路设备,ARINC400 系列为支持 500 系列的基础标准,例如 ARINC429 总线规范;ARINC700 系列支持数字电路设备,ARINC600 系列为支持 700 系列的基础标准,例如 ARINC629 总线规范;ARINC664 总线规范,ARINC717 规范等;ARINC900 系列支持模块化电路设备,目前尚在制定中,ARINC800 系列为支持 900 系列的基础标准,其演进过程如表 1.9 所示。

表 1.9　机载设备和 ARINC 规范的演进过程表

机载电子设备	模拟式		数字式	
	分离式	联合式	综合式	分布式
	低速	高速		超高速
ARINC 标准	ARINC - 400 系列 ARINC - 500 系列		ARINC - 600 系列 ARINC - 700 系列	ARINC - 800 系列 ARINC - 900 系列
年代	20 世纪 50 年代到 20 世纪 80 年代		20 世纪 90 年代到 21 世纪 20 年代	21 世纪 20 年代

1996 年,ARINC 公司开始与中国民航合作,为后者提供技术和设备,使该公司成为中国民航建设数据通信网络的主要技术供应商。1998 年,使用 ARINC 技术的中国民航甚高频地空数据通信网开始提供服务,例如:ACARS 系统为使用该甚高频地空数据通信网的典型民航设备系统。

1.8.2　航空无线电技术委员会(RTCA)

RTCA(Radio Technical Commission for Aeronautics)是美国航空电子领域的一个非营利性社团组织,由美国联邦航空局(FAA)于 1935 年组建。目前有 270 多个来自美国和其他国家的政府机构、企业和学术组织成为其会员,其中国际会员单位 40 多个,包括中国航空无线电电子研究所,这些会员几乎涵盖了整个航空领域。该团体的作用是针对航空用户的实际需求,对航空系统和技术的运行使用提出指导,它通常以行业协会的形式召集会员单位就航空电子系统、设备和运行等方面问题提出满足适航规则的最低性能标准,以支持 FAA 的适航法规落到实处,因此其所制订的技术规范具有很强的实践性和可操作性。

RTCA 制定的文件有两类:一是设备系统的最低运行标准,例如最低运行性能标准(MOPS - Minimum Operation Performance Standards);二是设备、系统满足适航标准必要的指导文件,例如:DO178B《机载系统和设备软件认证考虑》,DO254《机载电子硬件设计保证指南》,DO297《综合模块化航空电子系统开发指南和认证考虑》等。RTCA 目前出版的有效标准文件有 205 种。

1.8.3　美国汽车工程师协会(SAE)

SAE(Society of Automotive Engineers)成立于 1905 年,是国际上最大的汽车工程学术组织。研究对象是轿车、载重车及工程车、飞机、发动机、材料及制造等。SAE 所制订的标准具有权威性,广泛地应用于汽车行业及其他行业,并有相当一部分被美国国家标准采用。

SAE 也制定过一些与航空电子有关的标准,例如:ARP 4754《高度集成或复杂飞机系统认证指南》,ARP 4761《民用机载系统和设备安全评估过程的指导原则和方法》等。

思　考　题

1. 典型民航飞机通信系统由哪些子系统组成?
2. 国际电信联盟如何划分无线电频段?我国对无线电频率如何管理?

3. MEL 清单对 B737 飞机的三套 VHF 通信系统的最低放行要求是什么？

4. 国际电信联盟的无线电频段划分与 IEEE 的微波波段划分方法有什么不同？

5. 飞机的工作环境使机载无线电通信设备的天线有什么特点？

6. 机载高频通信系统为什么需要安装天线耦合器？

7. 影响机载无线电设备的天线性能指标参数有哪些？

8. 民航飞机无线电通信系统的天线收发信号为垂直极化波,什么是垂直极化波？垂直极化波对收、发天线有什么要求？

9. 在民航飞机机体外部安装的无线电通信系统天线故障形成原因有哪些？

10. 在模拟通信系统中,模拟信号的时域分析和频域分析分别指什么？

11. 频分复用和时分复用技术如何应用在民航飞机通信系统中？各举一个例子说明。

12. 现代数字计算机为什么采用二进制作为其数字运算基础,而不采用其他进制形式？

13. 数字通信系统模型和模拟通信系统模型有什么差别？

14. 在典型的数字通信系统模型中,信源编码与信道编码有什么差别？

15. 数字通信系统为什么要采用差错控制编码技术？有哪些常见的传输错误类型？如何进行差错控制？

16. 模拟通信与数字通信的优缺点分别有哪些？

17. 请各举两个例子分别说明什么是单工、半双工、全双工通信系统。

18. 请说明 ARINC 公司及 ARINC 规范如何促进民航机载设备的标准化？

第2章 民航飞机数据通信系统

2.1 数据通信与数据链

2.1.1 数据通信与数字通信

人与人之间早期通过电信号进行通信交流,是通过模拟通信传递语音,但模拟通信易受到干扰,传输质量较差,保密性差,而数字通信可以克服模拟通信的许多不足,因此数字通信逐渐成为现代主流通信方式。数字通信是相对于模拟通信而言,数字通信是指用数字信号作为载体来传输消息的通信方式,数字信号是电压、电流等电信号参数在幅度上和时间上都是离散的信号。例如现代计算机中使用的二进制信号就是典型的数字信号,二进制信号只有 0 和 1 两个数字符号。

数据通信是现代计算机技术发展的产物,在计算机中,数据以二进制数字形式表示,这些二进制数字代表着文字、符号、数码、图像和声音等信息,如何在通信线路上正确地传输这种离散的二进制信号,就是数据通信要解决的基本问题。所以数据通信是数字通信技术系统所能传输的多种信息中的一种,是计算机设备之间通信所传输的信息。

在民航机载通信系统中,数据通信是相对于语音通信而言。以我们日常使用的智能手机为例,现代智能手机均采用数字通信方式工作,但如果双方是处于通话状态,以语音交流,则称为语音通信;如果通信双方是收发短信、微信等文字、图片信息,则称为数据通信。

数字通信与模拟通信只是通信"载体"的不同,可以类比为用火车装载货物运输,还是用汽车装载货物运输的区别;语音通信与数据通信则是在通信载体上所传输的"货物"不同,可以类比为货物运输的散货运输,还是集装箱运输。

2.1.2 数据链

人类社会经历了农业社会、工业社会后,进入了信息化社会,而数据链是军事技术和航空技术信息化的结果。美国为了军事应用需要,开发了军用数据链系统,构建了基于数据链的 $C^4 ISR$(Command 指挥、Control 控制、Communication 通信、Computer 计算机、Intelligence 情报、Surveillance 监视、Reconnaissance 侦查的英文缩写)系统,数据链将战场上的人员和武器联结成一个有机整体,实现各种作战单元之间信息无缝交换,共享战场信息资源。由此可以看出,数据链的用途类似于人体内的神经系统,将人体的各器官互相联系起来,传递人体各个器官的感觉和发送指令,形成完整统一的有机体。

民航数据链是指地空数据通信系统的通称。该系统用于飞机机载设备和地空数据通信网络之间建立飞机与地面计算机系统之间的连接,实现地面系统与飞机之间的双向数据通信,包括三个基本要素:数字信道、通信协议、标准化的数据通信格式。可用的地空数据通信方式有:

甚高频（VHF）通信、卫星通信、高频（HF）通信和 S 模式数据链，其中 S 模式数据链主要应用于广播式自动相关监视（ADS‐B）技术。

数字信道是指数据传输的通道，民航 ACARS 系统的数字信道包括无线数字信道和有线数字信道。飞机在天空飞行时，主要是基于机载第三套甚高频（VHF）通信系统通过与地面站通信来构建这条 ACARS 系统的无线通信数字信道，地面站收到附近天空飞机下传的数据后，通过地面站网络，用有线数字信道将数据传输到航空公司的数据处理中心。

通信协议是指通信双方实现通信所必须遵循的规则和约定。通信双方通过信道连接起来，相互交流什么、怎样交流及何时交流，都必须遵循某种互相都能接受的规则，这个规则就是通信协议。这就类似于人与人之间的通话，如果通话双方一方用汉语，另一方用英语，对于普通中国人来说，显然双方很难交流；而如果一方用标准普通话，另一方用粤语或闽南话，那双方也很难交流。在这个例子中，如果通话双方约定都用汉语、按标准语法、用普通话表达，则通话双方就可以听懂对方的通话内容，而用"汉语"、"按标准语法"和用"普通话表达"则成为这次通话双方遵循的通信协议。

标准化的数据通信格式是指数据传输所使用的编码格式，只有满足通信格式标准的数据才能正确传输并被收发双方所使用，即通信双方"如何说"。同样用上面的例子说明，用汉语普通话表达，其语法一般按主、谓、宾语排列句型，这种就是标准化的信息格式。否则，如果一方按主、谓、宾句型，另一方按宾、主、谓句型，则同样难以沟通。

2.2　民航飞机对外数据通信——飞机通信寻址与报告系统（ACARS）

2.2.1　ACARS 系统概述

ACARS 系统是一种地空数据通信系统，用于实现地空之间数据和信息的自动和人工传输交换，类似我们现在使用手机中的短信功能，但目前 ACARS 系统只能传输字符，不能传送语音、图片和视频。ACARS 系统使地面控制中心可以跟踪飞机飞行过程中的各项参数，加强航空公司对飞行中飞机的监控和指挥能力。该系统在地面维修保障、现场运行管理和飞行安全监控等方面均发挥了重大作用，是目前大多数航空公司飞机必备的机载设备之一。

ACARS 系统产生于 20 世纪 70 年代，是美国 ARINC 公司为航空公司建立的一种基于甚高频（VHF）通信系统的空地数据链系统如图 2.1 所示。早期的 ACARS 系统只能通过飞机单向下发数据信息给地面台，现在的 ACARS 系统可以实现双向数据通信。根据中国民航局有关规定，所有在中国民航局注册的 100 座以上民航客机均要安装机载 ACARS 系统，但因为没有掌握核心技术，国内各航空公司的机载 ACARS 设备大多来自 Honeywell、Rockwell Collins、Teledyne 等几家外国公司。

2.2.2　ACARS 系统组成

ACARS 系统主要由三部分组成：机载系统、地面服务网络/通信卫星网络、航空公司用户。

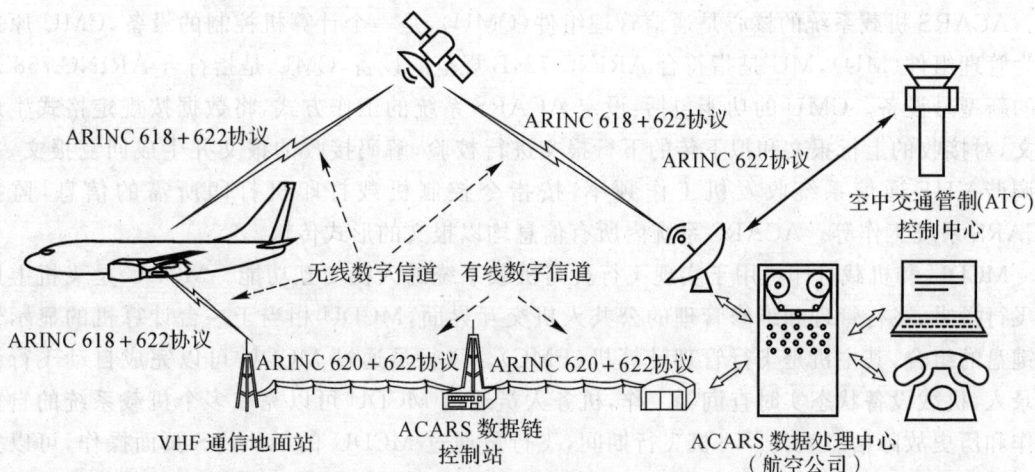

图 2.1　基于 VHF 信道的 ACARS 系统工作情况

1. 机载系统

机载系统由通信管理组件(CMU)、多功能控制显示组件(MCDU)、机载打印机、VHF3 甚高频通信收发机/卫星通信系统等组件构成。如图 2.2 所示。

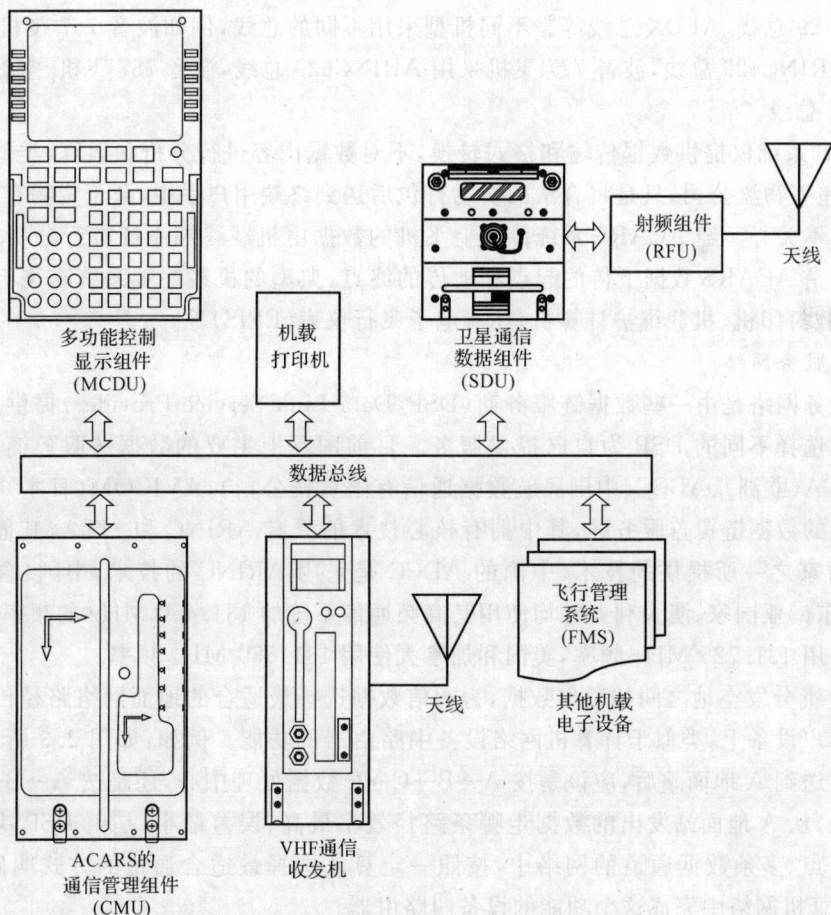

图 2.2　ACARS 机载系统的组件及连接示意图

ACARS 机载系统的核心是通信管理组件(CMU),是一个计算机控制的设备,CMU 原来称为管理组件(MU),MU 是指符合 ARINC 724B 规范的设备,CMU 是指符合 ARINC 758 规范的新型号设备。CMU 的功能包括:设定 ACARS 系统的工作方式,将数据按规定格式生成报文,对接收的上行报文和拟下传的下行报文进行校验,解码接收的报文并生成回复报文,自动调谐 VHF 通信系统收发机工作频率,按指令控制机载打印机打印所需的信息,监控 ACARS 系统工作等。ACARS 系统内所有信息均以报文的形式传输。

MCDU 和机载打印机用于实现飞行员与机载系统的人机交互功能。MCDU 是飞机上用于飞行操纵、飞行管理和维修管理的公共人机交互界面,MCDU 相当于一台计算机的显示器和键盘的组合,其主机是飞行管理计算机(FMC)。飞行员通过 MCDU 可以完成自动飞行计划录入,机载设备状态实时查询等工作,机务人员通过 MCDU 可以完成多个机载系统的自检操作和历史故障信息查询。飞机飞行期间,飞行员通过 MCDU 的 ACARS 页面操作,可以完成输入需要传送到地面的报文,显示已发射和接收的信息,ACARS 工作方式及工作频率等操作,飞行员操作的结果送到 CMU,再由 CMU 控制 VHF3 通信系统与地面台联系。机载打印机用来打印飞行员所需的指令或者报文,它也是其他机载电子系统,如飞行管理系统(FMS)、机载维护计算机系统等共用的设备。

机载系统各组件间都是通过数据总线进行数据交换。典型的数据总线为 ARINC429 总线、ARINC629 总线、AFDX 总线等。不同机型采用不同的总线,例如波音 737 飞机、空客 320 飞机采用 ARINC429 总线,波音 777 飞机采用 ARINC629 总线,波音 787 飞机、空客 380 飞机采用 AFDX 总线。

ACARS 系统仅提供数据传输和格式转换,不对数据内容进行分析和运算,类似于中国邮政、顺丰快递等物流公司,只是将合法的货物打包后送到终端用户手中,至于货物有什么用途,怎么使用则不关心。经 ACARS 系统传输上飞机的数据由机载终端系统进行分析和处理,机载终端系统是 ACARS 数据下传的起点和上传的终点,典型的机载终端系统有飞行管理系统(FMS)、机载打印机、机载维护计算机,还有电子飞行仪表(EFIS)等。

2.地面服务网络

地面服务网络是由一些数据链服务商(DSP,Data Link Service Provider)提供服务,各航空公司可以选择不同的 DSP 为自己提供服务。目前国际上主要的数据链服务商有 ARINC(美国)、SITA(欧洲)、ADCC(中国民航数据通信有限责任公司),AVICOM(日本)等,它们都有各自不同的数据链覆盖服务区,其中拥有核心技术的只有 ARINC 和 SITA,其他服务商均是采用这两家之一所提供的技术,中国的 ADCC 是采用 ARINC 的技术,中国(含香港和澳门)、日本、东南亚国家、澳大利亚等均使用甚高频通信系统的 131.450 MHz 的频率收发报文,台湾地区使用 131.725 MHz 频率,美国和加拿大使用 131.550 MHz 频率。

DSP 负责分发空地之间的通信数据,为通信数据选择最适合的地面网络路径传输到终端航空公司用户设备上,类似于计算机网络设备中路由器的功能。例如:如图 2.3 所示,当飞机上的数据发送到 A 地面站后,应该是按 A→B→C→E 数据处理中心,还是按 A→B→C→D 数据处理中心,从 A 地面站发出的数据走哪条路径效率最高、误差最小,是由 DSP 决定。这种从含多个节点、多条数据通道的网络中,按照一定算法选择最适合通道的方式叫路由(Routing),在计算机网络中完成这个功能的设备叫路由器。

中国国内航班均选择 ADCC 提供服务,ADCC 是通过 VHF 地面站构成的通信网实现数据传输，VHF 地面站包括 VHF 通信地面站、ACARS 数据链控制站等。飞机到 VHF 地面站之间，如果是传输航空公司的业务数据，则报文格式遵循 ARINC618 协议；如果是传输空中交通管制（ATC）的应用报文，则报文格式遵循 ARIN622 协议。VHF 地面站之间如果是传输航空公司的业务数据，则报文格式遵循 ARINC620 协议；如果是传输 ATC 的应用报文，则报文格式遵循 ARIN622 协议，如图 2.1 所示。这类似于我们用手机与其他省份的朋友通电话，我方手机的信号不是直接传输到对方手机上的，而是通过一个一个地面基站不断转接后，才能将通话双方连接起来通话。飞机上一般使用机载 VHF-3 通信系统作为信道与地面上临近的 VHF 地面站传输数据，这种通过 VHF 地面站网络传输数据信号的方式，由于工作频段为航空专用频段，不易受到干扰，通信质量高，因此成为目前世界上使用最广泛，且价格最低廉的一种方式。但 VHF 通信系统信号只能近距离直线传输，远距离传输必须依靠 VHF 地面台网络的支持，且这种方式难以实现跨洋远距离传输。

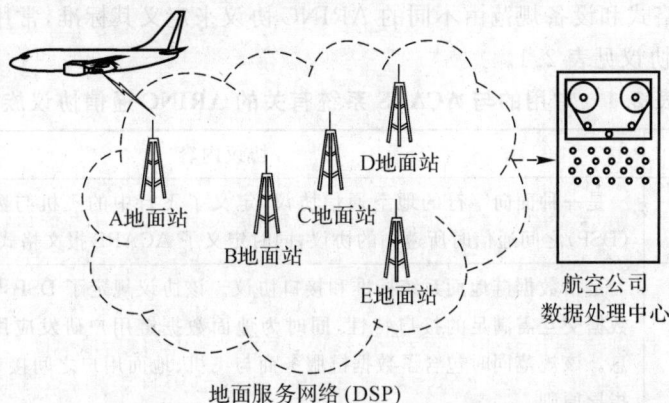

图 2.3　ACARS 系统地面服务网络及其路由功能

中国民航的甚高频（VHF）地空数据网络建设开始于 1996 年。1998 年，中国民航数据链服务正式开通，并与美国 ARINC 公司和泰国 AEROTHAI 公司成立 GLOBALink/Asia 服务体系，为飞越中国和东南亚上空的飞机提供全球 VHF 地空数据通信服务。2001 年，中国民航基于数据链技术的第一条新航行系统航路——L888 航路正式开通，中国民航数据链的应用开始走向成熟。2002 年，中国民航地空数据链基本实现全中国境内的高空航路覆盖。截至 2011 年，数据链地面站总数达到 120 座，中国民航地空数据链网络目前已成为世界民航专用数据通信网络中的重要组成部分。

要实现跨洋远距离传播，目前大多通过卫星通信网（SATCOM）实现，国际上普遍使用的卫星通信系统有海事卫星系统和铱星卫星系统，海事卫星系统由国际海事卫星组织（INMAR-SAT）负责管理，铱星系统由美国的铱星公司负责管理。我国的航空公司从两者中选择其一提供服务，通过卫星通信网可以有效实现全球通信，但使用成本很高，因此目前只有部分执行跨洋飞行的飞机采用这种方式。但 2014 年 3 月马航 MH370 航班失联事故发生后，各国民航部门开始重视基于卫星通信系统的数据通信网络的建设和使用，但是由于成本高，推广难度较大。

有部分航空公司采用机载 HF 通信系统作为 ACARS 的信道，可以实现较远距离的信息传递，但同 VHF 通信系统一样不能跨洋远距离传输。HF 通信系统的工作频段不是航空专用频段,容易受到干扰,且高频无线电信号远距离传输过程中信号衰减较大,这都会导致其信号传输质量较差。

3.终端用户

ACARS 系统的终端用户几乎包括空中交通管制(ATC)相关部门和航空公司内部所有与运行控制有关的部门,例如 ATC 控制中心,航空公司运行控制中心,旅客服务,机务维修,机组管理等。如图 2.1 所示,这些终端用户通过地面服务网络接收来自 ACARS 数据处理中心的飞机数据和信息;同时,各终端用户也将必要的询问信息传送到 ACARS 数据处理中心,转发给相应飞机。

2.2.3 ACARS 系统的 ARINC 通信协议族

ACARS 系统在不同的用户之间通信时采用不同的数据格式,不同的设备也有不同的设备规范,这些数据格式和设备规范由不同的 ARINC 协议来定义其标准,常用的与 ACARS 系统有关的 ARINC 协议见表 2.1。

表 2.1 常用的与 ACARS 系统有关的 ARINC 通信协议族

协议名称	协议内容
ARINC 618	是一种面向字符的地空通信协议,定义了飞行中的飞机与数据链服务提供商(DSP)之间通信时所遵循的协议,同时定义了 ACARS 报文格式。
ARINC 620	是指数据链地面系统标准和接口协议。该协议规定了 DSP 与数据链用户之间数据交互需满足的接口特性,同时为地面数据链用户研发应用系统提供相关信息。该规范同时包含了数据链服务商与飞机、地面用户之间接口的一般性和特殊指导原则。
ARINC 622	是指基于 ACARS 地空网络的空中交通服务(ATS)数据链应用标准。该标准对 ACARS 系统在 ATS 中的应用进行了说明,向开发人员提供 ATS 应用系统交互操作性的设计指导。
ARINC 623	是指面向字符的空中交通服务(ATS)应用标准。该标准对基于 ACARS 系统传输的 ATS 报文文本格式进行定义。
ARINC 724B	定义了 ACARS 管理组件(MU)的设备规范。
ARINC 745	定义了 ACARS 通信管理组件(CMU)的设备规范。

在市场营销界流传着一句话:"一流企业做标准、二流企业做品牌、三流企业做产品",这里的标准,指的是同类产品的技术标准。表 2.1 中的协议族就是由 ARINC 公司制订的与 ACARS 系统相关的技术标准,不同品牌的厂商生产的设备均要符合这些技术标准。

2.2.4 ACARS 系统的报文

1.报文分类

ACARS 报文被分为系统报文和服务报文两类。与数字信道状态有关的报文叫作系统报文,系统报文包括数据收发器自动调谐、语音电路忙等这样一些报文。与 ACARS 提供的服务有关的报文叫作服务报文,在本教材中,我们主要介绍的是服务报文。

ACARS 系统的服务报文有 3 种报文类型：

(1)空中交通管制(ATC—Air Traffic Control)

(2)航空运行控制(AOC—Airline Operational Control)

(3)航线管理控制(AAC—Airline Administrative Communication)

ATC 报文用于飞行员与空管人员之间的信息交流,报文内容包含:飞机起飞前放行(PDC)、数字式自动化终端区信息服务(D-ATIS)、管制员与飞行员数据链通信(CPDLC)、合同式自动相关监视(ADS-C)等。报文格式由 ARINC 623 规范定义。ATC 报文的优点:空管指令可以清楚打印出来,不存在误听的问题,不会造成语音通信频率拥挤。

AOC 报文用于飞机和 DSP 之间通信,由 ARINC 618 规范定义。报文内容包括:飞机动态监控与服务、飞机发动机状态监控、飞机远程在线诊断、地面服务与支持、航路气象服务等。AOC 报文是对航空公司运行、飞行员和机务人员帮助最大的一类报文。例如:通过 OOOI 报文,航空公司可以准确掌握飞机的运行动态;通过发动机状态监控,航空公司可以实时监控发动机运行状态,可以及时获取发动机故障信息,做好维修准备,有效减少航班延误以及机务人员的工作负担;通过气象报文,飞行员可以掌握航路和目的地天气情况,及时做出绕飞、备降、返航等决策。

AAC 报文也是用于飞机和 DSP 之间通信,由 ARINC 618 规范定义。用于航空公司内部业务管理,例如航班机组排班、旅客转机、轮椅、行李跟踪等服务、客舱供给、卫生清洁服务等,AAC 报文虽然不直接影响航班的正常运行,但也是保障航空公司运行的一个重要支撑。

2.常见的报文内容

每个 ACARS 系统用户,除了类似 OOOI 报文等常规内容的报文外,还可以根据自身需要定制报文内容,但报文越多则付出越多。ACARS 系统的使用费用与我们手机上网收费类似,按流量收费,报文内容越多,所付出的费用就越高。

常见的报文内容：

(1)OOOI 报文。

(2)离场、进场、返航、延误等信息报告。

(3)飞行气象更新。

(4)发动机性能监视。

(5)机载系统故障报告。

(6)燃油状态报告。

(7)选择呼叫。

(8)自动终端信息服务(ATIS)。

(9)乘客服务(订票、订旅馆、租车、当地信息、换乘登机门、食物饮料等)。

(10)机务维修事项报告。

(11)空中交通管制(ATC)。

(12)飞机位置报文。

(13)配载舱单报告。

航空公司和空管部门通过 OOOI 报文和离场、进场、返航、延误等信息报文可以准确知道飞机起飞、着陆、延误时间;通过飞机位置报文可以准确了解飞机在某一时刻的确切位置,不会产生因为语音报告误差或通信线路问题造成的飞机位置定位不准确的问题,该报文对空中交通管制(ATC)部门确保飞机飞行过程中的航线准确,及时报告航道偏离有重要意义。对于机务维修人员,可以通过维护事项报告等报文及时了解飞机的故障状态,及早做好维修前的故障分析、资料查询、工作单准备等工作,一旦飞机降落停好后,就可以马上进入维修状态,从而极大减少等待时间,保障航班准点运行。

3.报文的发送

ACARS 系统从飞机发到地面台的报文叫下行链路报文(简称下行报文),从地面台发到飞机的报文叫作上行链路报文(简称上行报文)。

(1)下行报文的正常发送。

下行报文可以由飞行员通过 MCDU 的键盘人工输入,也可以由 ACARS 系统自动生成,或者由与 ACARS 系统相连的其他飞机系统(如飞行管理系统等)自动生成。ACARS 报文的正文长度被限制在 220 个字符以内,这对于日常报文是足够的,超过 220 字符的较长报文可以拆成若干个长度≤220 个字符的小段后,分成多个报文依次发送,再由接收装置重新组合恢复。

当机载 ACARS 的通信管理组件(CMU)准备好下行报文后,将该报文存储在 CMU 的存储器中,然后确认 ACARS 信道(通常是 VHF-3 通信系统)是否空闲,一旦检测到信道是空闲的,CMU 马上将准备好的报文下行发送。

地面服务网络(DSP)在接收到报文的同时,对报文进行差错检查,如果传送的报文没有出错,DSP 则将此报文送到地面数据处理中心,再转送到报文编址所确定的终端用户。DSP 同时还产生一个确认报文(ACK 报文),通过上行链路反馈回飞机。机载设备在收到 ACK 报文后,整个下行报文传输过程才完成,这时机载 CMU 从存储器中清除已经成功发送的报文并返回到初始状态。

(2)下行报文的不正常发送。

机载 ACARS 的 CMU 在发送完报文后,等待一段随机时间间隔后,如果没有收到 DSP 的 ACK 报文,那么 CMU 将重发此报文,如重发后还是没收到 ACK 报文,则最多重发 5 次。重发 5 次后,如还是未收到 ACK 报文,则 CMU 将该报文保存起来,同时通知飞行员该报文没有正确发送出去。这种情况通常发生在飞机刚刚飞出前一个 VHF 地面站的有效作用范围,而又未进入后一个 VHF 地面站的有效作用范围期间。据相关统计,机载 ACARS 系统的下行报文约有 5% 是无法正常发送。无法正常发送的下行报文将一直保存在 CMU 的存储器中,直到飞行员人工操作重新发送该下行报文,如果飞行员没有操作重新发送,则该报文一直保存在存储器中,直到接收到针对该报文回复的有效 ACK 报文确认信息,才自动重新发送;或者出现 OOOI 报文的 In 事件(至少一扇飞机舱门被打开),这时表示飞机已经着陆停稳,下行报文已失效,则暂存的报文被删除。

当临近的两架或两架以上飞机碰巧同时发送相同的下行报文,因为所有飞机的报文格式是相同的,所以有一定概率会出现两架以上飞机同时下传的下行报文会相同。地面站在收到该报文后,将无法识别自己收到的报文是其中哪一架飞机发出的报文,这时地面站就不会发送确认 ACK 信息给任何一架飞机。这些飞机上的 CMU 会控制系统重新发送该下行报文,为防止这些飞机重新发送的下行报文还是同时发送,CMU 控制本机两次发送相同下行报文的时间间隔是随机的,这样可以防止这些飞机连续几次都是同时发送相同的下行报文,造成地面站一直无法识别。

4. 报文的接收

上行报文由机载 ACARS 的 CMU 进行检查,确保接收的报文格式正确和有效。CMU 首先检查接收的报文地址,看其地址是否与本机上的飞机注册或航班号相符(飞机注册和航班号都是有效地址),如果不符,则将该报文丢弃,不执行进一步处理。如果相符,则接收完整的报文并保存起来,然后通过 MCDU 通知飞行员有报文等待显示。

5. 自动报文和人工报文

如图 2.4 所示,ACARS 系统发送的大多数报文是自动发送的,因此安装 ACARS 系统不会给飞行员添加额外的工作负担。例如:ACARS 系统最基本的 OOOI 报文,就是由飞机上的其他系统传感器感知飞机的状态后自动传输给 CMU,在 CMU 内转换为报文格式后再自动发送出去。

OOOI 报文自动报告飞机的有如下四个状态,分别用其英文单词的第一个字母表示:

Out 报告:飞机的所有舱门都关闭,飞机开始移动的时刻发出报文报告;

Off 报告:由起落架上的传感器和空/地继电器传感器探测到飞机起飞的时刻发出报文报告;

On 报告:由起落架上的传感器和空/地继电器传感器探测到飞机落地的时刻发出报文报告;

In 报告:飞机着陆停稳后,第一个舱门被打开的时刻发出报文报告。

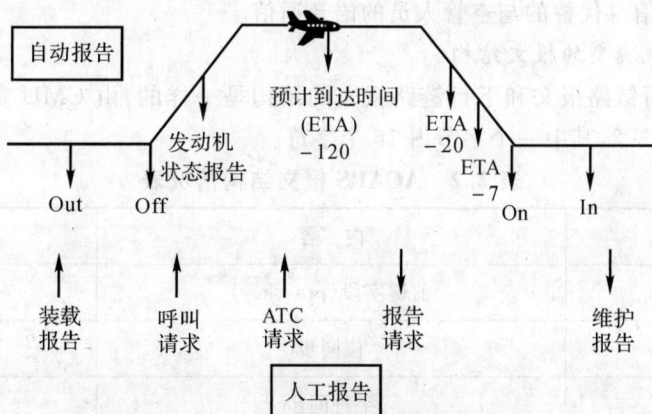

图 2.4　ACARS 自动和人工报告

OOOI 报文是自动发送,不需要飞行员任何操作,这类自动发出的报文还包括:飞机预计到达目的地之前的 120 min,20 min 和 7 min 3 个时刻,ACARS 自动发送的"预计到达时间(ETA)"报文有助于目的机场地面服务人员安排好接机、维护等准备工作。

在每个指定飞行阶段,飞机状态监控系统(ACMS)通过 ACARS 自动发送"发动机状态报告"报文,这些常规报文中的数据保存在航空公司的机务维护管理中心或发动机制造商的技术服务部门,例如中国南方航空公司每一架在役飞机的发动机参数都通过 ACARS 传送到南航机务维修控制中心(MCC),MCC 通过数据分析,可以对运行参数异常的发动机进行预防性维护。

如果飞行中发动机出现故障,例如 EGT(飞机发动机排气温度)超限等,ACARS 会立即将有关故障信息自动发送"维护报告"报文,这是非常规报文,维修报告报文的内容是该故障对应的代码。一般某种型号的飞机从试飞第一天开始,只要是出现过的故障都会保存在生产厂商和用户的数据库中,每个故障都会指定一个对应的代码,因此绝大多数故障都有对应代码。

在飞行中的某个时刻,地面站可能请求飞行人员发出例行的位置报文等,这时地面控制中心会向飞行员发出"呼叫请求"报文,飞行员收到呼叫后,需按要求通过 MCDU 输入指令,从其他机载系统自动导入当前位置、高度、发动机温度、发动机转速、燃油量等数据,这些数据在CMU 中形成报文后,由飞行员按发送按钮就可以人工下发此报文。

ACARS 系统还可以完成类似选择呼叫系统(SELCAL)的功能,上行报文为空中交通管制中心发出的"ATC 请求"呼叫报文时,触发飞机上的音频设备来吸引飞行员的注意,飞行员需按信息要求,通过 MCDU 输入报文所需要的信息,在 CMU 中生成下行报文,通过下行报文发送到指定的 ATC 中心。

当飞行员在飞行中需要地面控制中心提供信息支持时,可以通过系统发出"报告请求"报文,例如:飞机原定降落 A 机场,但 A 机场因为大雾等天气原因无法着陆,飞机需要到 B 机场备降,这时就需要地面控制中心提供 B 机场相关的信息,包括 B 机场跑道情况、当地天气状况等。或者在飞行中遇到天气变差(风切变、冰雹等),飞机出现非正常情况(劫机、危重病人等)需要及时通报的情况下,可以人工发送报文请求地面支援。但飞行中如出现机舱失压、发动机故障等严重故障时,机上的监控系统会自检出来并自动发送"维护报告"报文,不需要人工发送。常见的飞行员发出报告请求报文希望获取的信息包括:天气预报、航行通告、签派的放行指令和部分用文本信息代替的与空管人员的语音通信。

6. ACARS 系统典型的报文结构

ACARS 的上行链路报文和下行链路报文的结构是一样的,由 CMU 负责生成报文。典型的报文结构见表 2.2,其中一个字节占 16 个字符。

表 2.2 ACARS 报文结构情况表

排列顺序	内 容	长 度
1	前键字段(pre-key)	23 个字符
2	位同步	2 字节
3	字符同步	2 字节
4	头部开始	2 字节
5	模式	1 字节
6	地址	7 字节
7	确认	1 字节
8	标记	2 字节
9	上、下行报文标记	1 字节
10	正文开始	1 字节

续 表

排列顺序	内 容	长 度
11	正文	220 字节
12	正文结束 ETX 或数据块结束 ETB	1 字节
13	数据块校验序列	2 字节
14	数据块校验序列(BCS)后缀	2 字节

说明:

(1)前键字段(pre‐key):由报文的最前 23 个字符组成。每个字符由 7 位编码的逻辑"1"表示。

(2)位同步字段:使收发双方实现位同步。

(3)字符同步字段:实现收发双方的字符同步。

(4)头部开始字段:表示报文数据块的开始。

(5)模式字段:表示操作的分类,是 A 类还是 B 类。

说明:ACARS 系统支持两类操作:A 类和 B 类。

A 类操作:即所谓的广播操作,即执行 A 类操作的飞机甚高频通信覆盖范围内的所有地面站都接收该下行报文。所有收到此报文的 VHF 地面站都将它送到地面服务网络的数据处理中心,由数据处理中心负责将一份正确的下行报文发送到真正用户处。

B 类操作:即所谓单地址操作,即每个 VHF 地面站都有一个唯一的地址,它只接收地址与之相符的下送报文并将其转送到地面服务网络的数据处理中心,由数据处理中心负责将下行报文送到真正用户。

(6)地址字段:确定信息的源/目的地址。

(7)确认字段:它的作用是确认或否认某个所接收的报文。

(8)标记字段:表明了报文类型和报文路由信息。

(9)上、下行报文标识字段:当上、下行报文被确认正确接收时,将收到的此标识字段内容填入确认字段用以标识被确认的是哪一个上、下行报文。

(10)正文开始字段:它表明正文开始。如果没有正文(比如单纯的确认报或否认报)则没有此字段。

(11)正文字段:报文正文最长为 220 字符。如果正文长度超过 220 字符,必须分割成多个报文,依次发送,称为多数据块报文。

(12)正文结束字段:若是报文正文少于 220 个字符,则用正文控制字符 ETX 表示。若是多数据块报文,则最后一个数据块报文的正文结束字符用正文控制字符 ETX 结尾,其余的用正文控制字符 ETB 结尾。

(13)数据块校验序列(BCS):两个字节 16 位,用于接收端进行出错检查。

2.2.5　机载 ACARS 系统的工作方式

机载 ACARS 系统通电后,必须对它进行初始化,初始化时飞行员通过 MCDU 输入飞机标识,航班号,燃油量,起飞机场和降落机场等信息。如果 ACARS 系统显示的时间不对,还必须输入正确的格林威治时间进行矫正,初始化完成后机载系统才可以正常工作。

机载 ACARS 系统正常工作后有两种工作方式,分别是请求(DEMAND)方式和等待(POLLED)方式。

1. 请求方式

这是基本的常规工作方式,当电源接通或机载 VHF - 3 通信系统空闲时,ACARS 系统就处于该方式。此时系统正常收发各类报文。

2. 等待方式

这是一种特殊的被动报告方式,在北京、上海、广州等航班稠密的机场周边容易出现。当地面台同时收到很多报文请求时,会出现难以同时处理或者无法识别是哪一架飞机发出的报文请求,这时会以广播方式发出指令,命令这些飞机处于等待方式,然后地面台按顺序,每间隔约 2s 询问一架飞机,如果被询问到的飞机有待发送报文,就立刻自动发送该待发报文,如果无待发报文,就回答地面站一个简单的响应信号。地面站询问完所有飞机后,会以广播方式发送一个指令,使收到该指令的机载 ACARS 系统工作方式恢复到请求方式,未收到该指令的机载 ACARS 系统也可以在被询问后,继续等待 1.5 min,然后自动恢复到请求方式。

当系统断电后,ACARS 就进入停止(OFF)状态。当飞行员选定语音模式(VOICE MODE)时,系统进入语音通信状态,这时 ACARS 不能收发报文;除非飞行员人工选择返回数据通信模式,则系统回到请求方式。系统在工作过程中会在工作间隙不断地进行自检,如果自检中发现系统故障,将提示故障(FAILED)信息,同时故障灯亮。

2.2.6　ACARS 系统的特点

1. ACARS 系统的优点

ACARS 系统通过数据传输实现与语音通信的互补,在保障飞行安全,增强空地沟通方面发挥着巨大作用,可以有效减少飞行员使用机载通信系统进行语音通信的时间,从而减轻了通信网络的负荷,降低使用成本。例如:我们与朋友联系,需要报几个手机号码给对方,如果用语音通信,让对方记下这几个电话号码,往往需要较长的通话时间,而在通话期间,该通信线路一直被占用,其他人无法使用。但如果用短信把几个手机号码发给对方,对通信线路的占用时间几乎可以忽略。两者比较,发送短信所需要的时间短,对信道的占用时间少,使用成本也低。

语音通话主要在飞行员、空管人员、航务管理员之间进行,根据国际惯例,一般采用英语进行语音交流,但不同国家和地区的人讲述的英语往往口音差距很大。例如:中国人讲的英语和韩国人、印度人、马来人讲的英语在用词习惯、语法结构等方面都有所不同,造成通话双方出现听不懂、听不清、难理解、理解错等问题。由于民航飞机地/空之间的通信内容相对固定,因此业内专家将常用的交流内容,设定为若干固定句型模板,类似于学生在学习英文写作时用的作文模板,只要在模板的空白处填入实时的参数,就可以形成一篇标准报文进行传输,这种标准格式的报文,让通信双方都很容易理解报文内容,且不易产生误解。采用数据通信传输标准报文,显然比语音通信容易很多。语音通信还易受到通话人员心情影响,特别在信号不好的情况下长时间通话会造成飞行员心烦意乱,这和我们日常用手机通话,当对方手机信号很差时的情况类似,这将影响飞行安全,而 ACARS 系统的数据通信是静默的,不会出现这些问题。

就现有技术水平而言,语音通信的内容很难形成便于计算机网络存储、查找、发布和共享的内容,一旦没有文件名,要查找所存储的某一段语音通信内容是很困难的。以我们日常使用的"微信"为例,如果我们想查找几个星期前与朋友在微信上的某一段对讲内容,只能依据记忆,在一个范围内逐段听对话,才有可能找到所需要的某一段对讲内容。而如果类似于 QQ 上要查找形成文字的聊天文本内容,只需要输入某个关键词,系统就会自动帮你查找到包含这个关键词的一系列文本聊天内容。

安装有 ACARS 系统的民航飞机,在飞行中,无须机组成员手工操作,可以自动从多个机载系统获取飞行数据,自动、定时地面台发送飞行动态、发动机参数等实时数据信息,这些信息通过地面传输网络传送到航空公司的地面运行控制中心,使航空公司运行控制中心在公司内部的应用系统上获得飞机上实时的、不间断的大量飞行数据,可以及时掌握本公司飞机的动态,实现对飞机的实时监控,满足航务、运营、机务等各相关部门管理的需要。

在飞机飞行中,地面也可以通过 ACARS 通信网络向空中飞行的飞机提供实时气象情报、航路情况、空中紧急排故支援等多种服务,提高了飞行安全保障能力及对旅客的服务水平。例如:一些机载电子设备的故障很难排除,因为当飞机静止停在地面期间,由于没有飞行中的轻微振动,设备运行状况良好,但飞机飞行期间,由于气流运动和发动机运转,造成飞机机体不断有各种振动,这时一些设备故障就会显现出来,表现为飞行中设备运行时好时坏,这些故障一般是因为跳开关或者电路焊点接触不良造成的。对于没有安装 ACARS 系统的飞机,这类故障很难排除,因为飞机在地面静止测试时,这些设备都是运转良好,但飞机起飞后设备又时好时坏,地面机务人员无法及时掌握故障现象,难以判断故障成因。而对于安装了 ACARS 系统的飞机,一旦飞机上的关键设备无法正常工作时,其设备自检系统会及时发出警告,该警告信息一方面提交给飞行员,另一方面通过 ACARS 系统自动将故障信息发送给地面站,供地面机务人员分析故障现象、定位故障设备和判断故障成因,为及时排故奠定良好基础。

2. ACARS 系统的缺点

由于 ACARS 系统开发时间较早,进行地/空通信执行的 ARINC618 协议是一种面向字符协议,它和目前计算机处理数据的面向位协议不兼容,导致不能传输数字语音、图片和流媒体文件,即无法传输音频、图片、视频文档,无法实现类似台式电脑的 Windows 操作系统、智能手机的 IOS 系统或安卓系统那样的图形化操作界面。这种区别就类似于我们早期台式电脑使用的 DOS 操作系统和现在台式电脑使用的 Windows 操作系统之间的区别,在 DOS 操作系统中,每个操作都要通过人工从键盘输入指令,输入一个指令才能完成一个功能,而无法做到 Windows 操作系统那样用鼠标就能完成操作,更无法实现用触摸屏操作。面向字符协议就类似于 DOS 操作系统,面向位协议则类似于 Windows 操作系统。

因底层技术基础为面向字符协议,还导致 ACARS 系统无法进行并发操作,所有操作都需要按顺序排队执行,一旦用户量激增,容易出现系统容量饱和,甚至系统阻塞问题,出现数据传输延迟。这类似于我们使用手机收发短信,在每年春节大年三十,由于拜年短信量激增,经常出现短信收发延迟,收发一条短信所需要的时间是平时的几倍,甚至几十倍。类似情况会出现在一些业务繁忙的机场,但由于目前 ACARS 系统所需要传输的信息量还比较少,信息拥堵现象还不太明显,而随着 ACARS 系统的使用范围越来越广,需传输的信息量越来越多,信息拥堵现象将越来越明显。

机载 ACARS 系统收发送信息是通过 VHF-3 甚高频通信系统实现,而 VHF-3 通信系统在信息传递过程中均以明文的形式进行传输,无信息安全加密措施,导致任何在其工作频率范围内的 VHF 接收机都可以轻易获取、处理由 ACARS 系统发送的信息。航空爱好者只需要一台电脑、声卡、射频天线和可用的免费软件就可以方便地收到上空几乎所有飞机的 ACARS 信息,通过分析 ACARS 报文,便可获得诸如飞机机型、货物内容、运行信息、旅客信息等航空公司内部数据。有些软件甚至还可以模拟飞机终端或者管制员终端,与真实终端进行通话,这就是 ACARS 系统存在的极大安全漏洞。智能手机上的一些能够显示某机场上空各个航班动态的 APP 应用,其数据大多是通过接收 ACARS 系统的通信信息获取的。

为了提高 ACARS 系统数据通信的安全性,国际民航组织(ICAO)推荐了一些安全解决方案。ARINC 公司对 ACARS 系统的四种典型安全威胁:数据泄露、数据欺骗、实体伪装和拒绝服务攻击也提出了安全方案,形成了 ARINC 823 协议,其中提出将公钥数字证书应用于 ACARS 中,但很多航空公司并未采纳并使用这些安全解决方案。

此外,ACARS 系统的缺点还包括数据传输速率太低,仅 2.4 Kb/s,导致信道利用率低下,远远无法满足快速增长的地空数据通信需求。

2.2.7 ACARS 系统在机务维修工作中的应用

传统的机务维修工作,主要是通过飞行员在飞行记录本上反映故障,或通过机务维修人员对飞机进行例行检查,如发现故障,再由机务维修人员进行排故和维修,这显然已无法满足现代民航维修业发展需要。

机务维修工作引入 ACARS 系统提供服务后,有下述两类应用。

1. 发动机状态监控

在正常情况下,飞机飞行期间,机载飞行数据采集与管理系统(FDAMS)通过特定算法实时监控发动机的状态(如转速、振动和油温等),定期自动生成一个发动机状态报告数据发送到 CMU,CMU 将该数据转换成报文格式后发送到地面台。航空公司的维修控制中心(MCC)使用发动机性能监控软件对接收到的数据进行分析,从而实现对该发动机的状态和性能趋势的实时监控。航空公司通过 ACARS 报文对发动机实施监控的软件有很多种,比较常见的有国外厂商的 SAGE 软件、EHM 软件,以及中国民航数据通信有限责任公司(ADCC)开发的 SKYLINK 等。

当发动机状态数据超出厂商允许范围时,FDAMS 会自动通过 ACARS 下传超限报告,MCC 接收到报告后,相关机务人员会及时分析、评估发动机存在的问题。如果需要机上人员采取针对性的措施,MCC 会及时告知,以最大限度地保障飞行安全。例如:南航某航班的 B737 飞机在飞经太原时,南航 MCC 接收到该机 ACARS 的故障报文,显示一台发动机参数异常,于是 MCC 立即通过公司相关部门要求该机备降太原,飞机着陆后检查发现右侧发动机叶片断裂,MCC 立即安排抽调技术骨干和更换配件及时调运到太原组织排故,并协助制定排故方案。

航空公司所有飞机发动机运行状态监控的历史数据均保存在 MCC 的数据库中,这些数据有助于对公司飞机机队的运行故障情况和飞行时间进行统计分析,为提高飞机机队发动机的运行可靠性提供有效依据。例如:南航某分公司在对飞机发动机进行例行维护时,发现一架飞机的一台发动机运行参数波动较大,虽然该波动范围还在发动机厂商标定的允许范围内,但 MCC 专家经过对比分析该发动机的历史运行数据,还是建议对其进行了孔探检查,经孔探检查发现该发动机一个叶片根部有裂纹。

2. 非例行排故工作

在飞机飞行中,当 FDAMS 系统检测出某个机载系统出现故障,会立即通过 ACARS 自动将故障报告发送给 MCC,地面需就此故障做好排故准备工作。这种具有突发性,无法预先安排工作计划的排故是非例行排故,在机务工作中,非例行排故很常见。对于机务排故(包括非例行排故)工作,除了依靠本地专家和维护手册外,还可以通过一些远程支持软件获得及时、必要的技术支持。

常见的支持软件有中国南方航空公司开发的,拥有自主产权的飞机远程诊断实时跟踪系统(ACRDRTS),ACRDRTS 的主要功能包括以下 3 项。

(1)利用 ACARS 报文数据,实时监控飞机和发动机运行状态,从而及时发现故障。

(2)飞机发生故障时,利用已有的排故经验,经过系统的人工智能算法分析,向排故现场的机务维修人员提供必要的参考信息,辅助其提高维修水平和排故效率。

(3)自动将发动机监控数据发送至南航机务工程部并存储在其数据库中。

此外还有空中客车公司开发的 AIRMAN 维护软件,该软件全称为"飞机维修分析软件"。AIRMAN 的主要功能包括以下 3 项。

(1)通过 ACARS 接收飞机的故障报告报文,便于机务人员提前做好排故准备。

(2)自动检索数据库,利用已有的排故经验数据,经人工智能算法分析,再结合排故手册(TSM),向现场排故机务人员提供必要的排故建议和排故指导。

(3)为每架飞机列出例行常规维护的日常工作清单。

2.2.8　机载 ACARS 系统各组件功用

1. 通信管理组件

通信管理组件(CMU)是 ACARS 机载组件的核心,是一个计算机系统,用来对 ACARS 系统进行控制,各种拟发送报文和收到的上行报文在完成处理前均暂存在 CMU 的存储器中。PCMCIA 插头是一种计算机标准接口,类似于现在 U 盘的 USB 接口,用来外接移动式存储器从 CMU 下载数据或者向 CMU 导入数据。图 2.5 所示为 CMU 的功能框图。

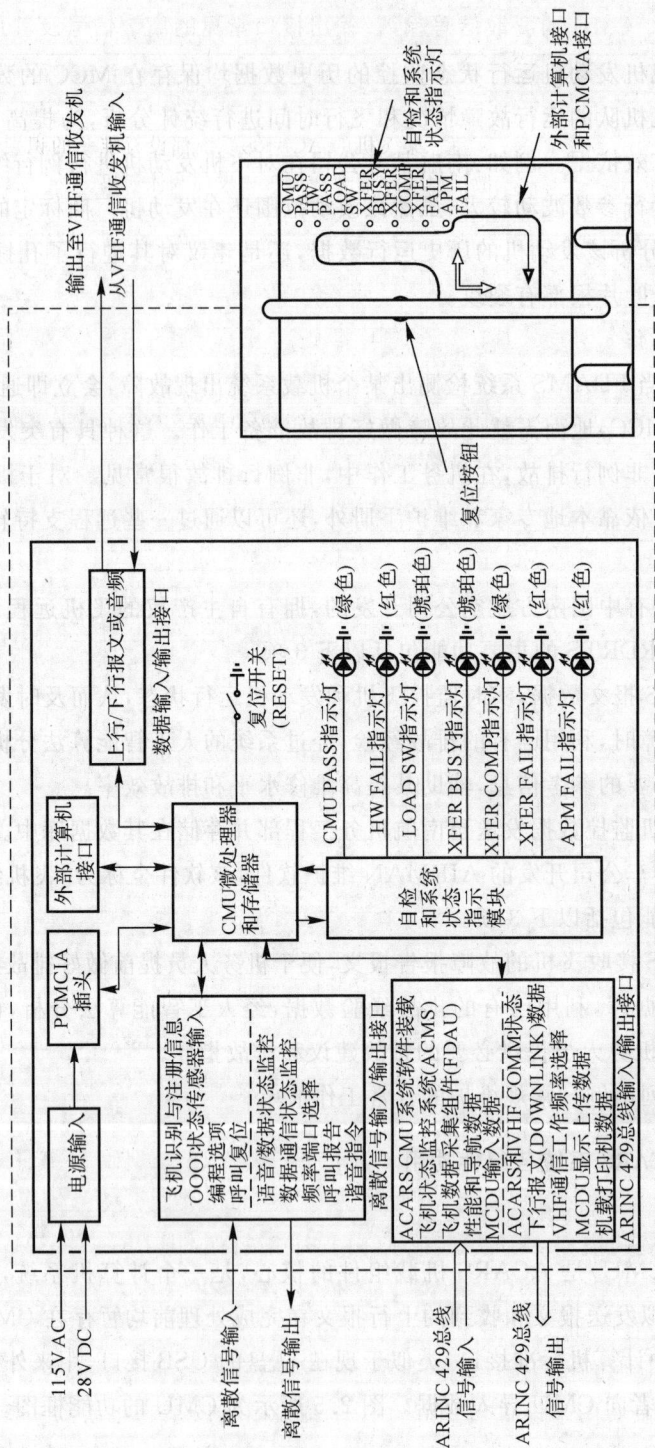

图2.5 波音737飞机ACARS的CMU功能框图

CMU 接收和发送各种离散信号用于发布指令或显示系统的状态,CMU 的离散信号输入/输出接口常见的离散信号及其用途说明见表 2.3。

表 2.3　CMU 的离散信号输入/输出接口常见的离散信号及其用途

离散信息	用途说明
飞机识别与注册信息 Airplane identification and registration	每一架飞机的 ACARS 系统都设有唯一的识别码和注册码,该离散信号表示需要读取该识别码和注册码。
OOOI 状态传感器输入 OOOI status	OOOI 状态离散信号来自近地电门电子组件(PSEU)、刹车组件和飞机舱门,PSEU 安装在飞机的起落架。
编程选项 Programming options	波音系列飞机上有 3 套程序销钉组件,该离散信号通知由其中哪套向 CMU 提供识别码和注册码。
呼叫复位 Call reset	飞行员操作关闭当前 ACARS 向飞行员发出的各种音频、灯光等提醒呼叫信息。
语音/数据状态监控 Data keyline	CMU 产生下行报文并通过 VHF-3 收发机发送时,同时发出该离散信号,通知有关联的机载系统,VHF-3 收发机正处于数据通信状态。
数据通道状态监控 Voice/data monitor	VHF-3 通信系统可以工作在语音通信状态,也可以工作在数据通信状态,CMU 根据 VHF-3 当前的工作状态发出该离散信号。
频率端口选择 Frequency port select	ACARS 系统工作时,VHF-3 通信系统的工作频率可以通过无线电通信面板(RCP)人工设定,也可以通过 CMU 自动设定,CMU 根据飞行员的操作发出该离散信号通知 VHF-3 通信收发机,按飞行员操作设定的工作频率。
呼叫报告(选装) Call annunciation (optional)	当 ACARS 收到地面的"呼叫报文"或者"ATC 请求报文"时,CMU 会产生一个谐音指令离散信号,通过遥控电子组件(REU)送到音频警告组件触发通知音频。
谐音指令 Chime	同时还产生一个呼叫报告离散信号送到音频控制面板(ACP)上触发 VHF-3 通信系统工作指示灯亮。

2.程序销钉组件和飞机特性组件

每一架安装有 ACARS 的飞机上都设有唯一的 ACARS 识别码和注册码,识别码和注册码中带有飞机号(在机身上喷的编号,例如 B-××××)和航空公司代码(例如:中国南航:CZ,中国国航:CA,厦门航空:MF)等,它们由程序销钉组件(PROGRAM SWITCH MODULE)设置,程序销钉组件内带有一个双列直插式拨动(DIP)开关,飞机的识别码和注册码由 DIP 开关设置。一般在飞机交付前就已经设置好,在设备正常工作情况下不需要重新设置。典型的波音系列飞机上(例如 B737,B757 等)的 ACARS 系统带有 3 套程序销钉组件,其中两套用来设置注册码,一套用来设置识别码。程序销钉组件安装在电子设备舱内 CMU 组件后面,如图 2.6 所示。

程序销钉组件外形　　　　　　　　程序销钉组件分解图

程序销钉组件内设置飞机识别码和注册码的DIP开关

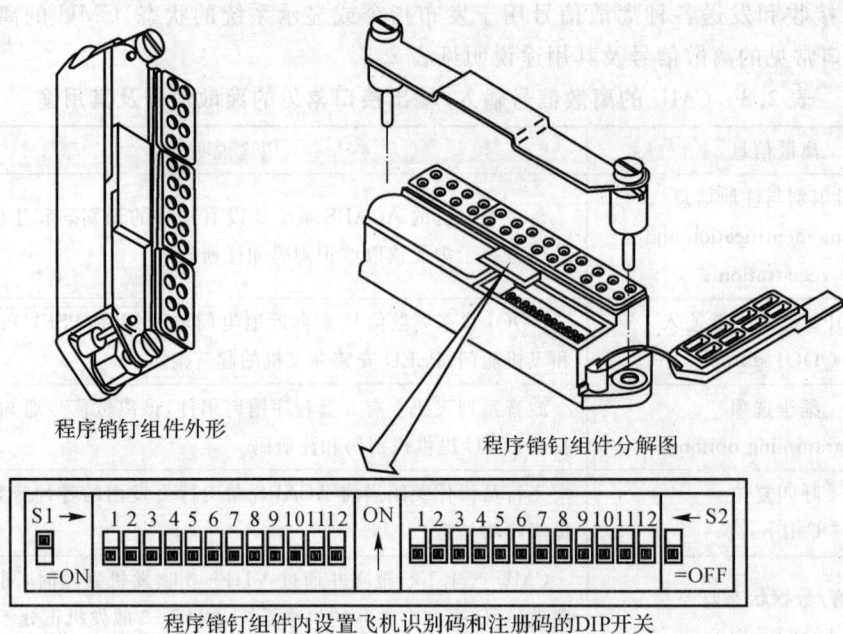

图 2.6　程序销钉组件及其分解组件图

　　程序销钉组件（PROGRAM SWITCH MODULE）应用很广,在选择呼叫系统（SEL-CAL）、机载应急示位发射机（ELT）等通信系统中都有该组件,在 SELCAL 中用来设置该飞机的 SELCAL 代码,在 ELT 中用来设置该飞机的身份标识编码。

　　ACARS 系统通电后,识别码和注册码从程序销钉组件中读取出来并存储在飞机特性组件（APM）中,如图 2.7 所示,CMU 生成报文时,自动从 APM 中读取飞机的 ACARS 识别码和注册码信息。APM 安装在电子设备舱内 CMU 组件后面。

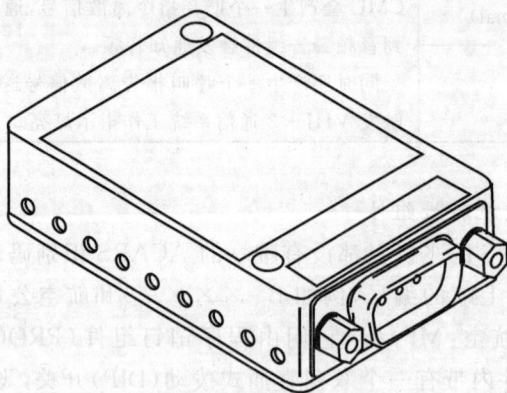

图 2.7　飞机特性组件（APM）

　　飞行员和机务人员通过 MCDU 的 ACARS APM MENU 页面（简称 APM 页面）可以查看 ACARS 的识别码和注册码。进入 MCDU 的 APM 页面需要输入密码,密码一般由航空公司机务工程部门指定的专门部门负责保管。进入 APM 页面后,可以查看到以下参数,如图2.8所示。

（1）飞机类型（TYPE），例如：B737。

（2）飞机注册号，共 7 个字符，首位为"．"，例如：.B－5120 。

（3）飞机的 6 位 16 进制的 S 模式应答机地址码，例如：A353B7。

（4）飞机的 OOOI 状态，例如 111111111（0＝GND）。

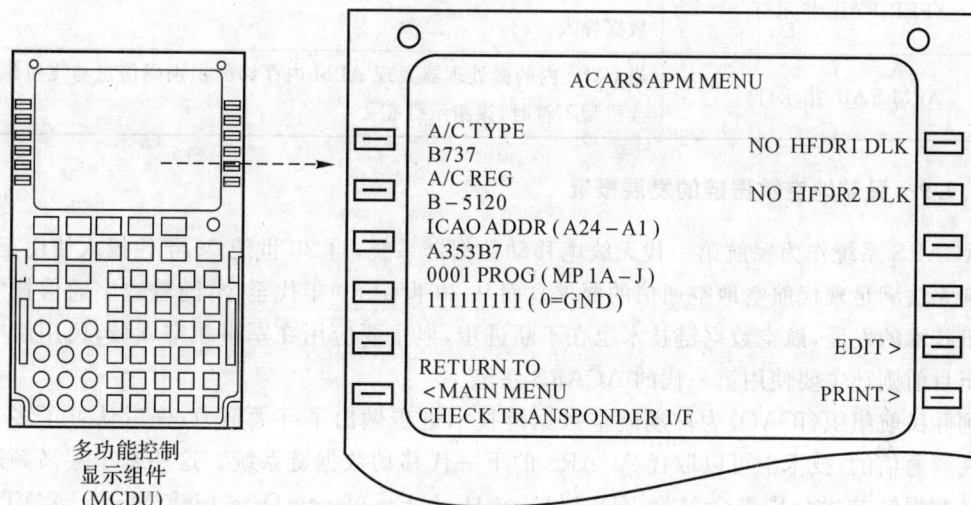

```
                          ACARS APM MENU

        A/C TYPE
        B737                           NO HFDR1 DLK
        A/C REG
        B－5120                         NO HFDR2 DLK
        ICAO ADDR (A24－A1)
        A353B7
        0001 PROG (MP1A－J)
        111111111 (0=GND)

                                            EDIT >
        RETURN TO
        <MAIN MENU                          PRINT >
        CHECK TRANSPONDER 1/F
```

多功能控制
显示组件
（MCDU）

图 2.8　MCDU 检查飞机识别码和注册码页面

MCDU 是飞行员和机务人员进行 ACARS 操作的主要设备，用途非常广泛，除了图 2.8 所示检查飞机识别码和注册码的 APM 页面外，还有许多特定的页面，分别用来检查：CMU 的软/硬件件号，CMU 设置的 VHF－3 系统工作频率，飞机的 OOOI 状态，CMU 选择的信道情况（VHF 信道、HF 信道或卫星通信信道），ACARS 系统测试，通信链路测试，机载打印机测试，CMU 组件的软件装载和卸载等。机务人员可以通过该机型的维护手册查询这些页面的操作步骤。

3. CMU 的前面板及自检状态指示

CMU 前面板上的复位按钮（RESET）用来进行 CMU 的通电测试，如图 2.5 所示，当按下 RESET 按钮并且保持按压状态时，由 CMU 内的微处理器控制，所有的自检和系统状态指示灯保持点亮。当松开按压 RESET 按钮时，如果通电测试通过，则 CMU PASS 指示灯亮，其他灯灭；如果通电测试不通过，则 HW FAIL 指示灯亮。

CMU 的自检和系统状态指示模块中的指示灯安装在 CMU 组件的前面板上，不同的指示灯亮表示 CMU 处于不同的工作状态，见表 2.4。

表 2.4　CMU 前面板指示灯及其所表示的 CMU 工作状态

指示灯名称	指示灯亮时所表示的 CMU 工作状态
CMU PASS 指示灯	CMU 通过了冷启动测试。
HW FAIL 指示灯	自检（BITE）时发现 CMU 硬件有故障。
LOAD SW 指示灯	CMU 软件故障提示，需要更新软件。
XFER BUSY 指示灯	正在通过磁盘或数据输入接口向 CMU 导入数据。

续 表

指示灯名称	指示灯亮时所表示的 CMU 工作状态
XFER COMP 指示灯	通过磁盘或数据输入接口向 CMU 导入数据已完成。
XFER FAIL 指示灯	通过磁盘或数据输入接口向 CMU 导入数据过程中出错,无法完成数据导入。
APM FAIL 指示灯	当 CMU 内的微处理器发现 APM 内存储的识别码信息与飞机编号或机型不符时,该指示灯亮。

2.2.9 民航地空数据链的发展概况

ACARS 系统作为民航第一代无线电移动数据链系统,自 20 世纪 70 年代投入使用至今,已逐渐无法满足现代航空地空通信的要求。而从 20 世纪 80 年代至今,随着数字通信技术和计算机技术的发展,航空数据链技术也在不断进步,但主要应用在军事航空领域,民用航空领域截至目前则还主要使用第一代的 ACARS 系统。

国际民航组织(ICAO)为推动航空数据链技术进步做出了巨大努力,先后认可了多个基于甚高频通信的,技术上可以取代 ACARS 的下一代移动数据链系统。这些基于甚高频通信的移动数据链技术分别被命名为 VDL1(Very High Frequency Data Link Mode 1),VDL2,VDL3,VDL4,其中 VDL1 标准由于没有用户支持,目前已被放弃。

VDL2 标准于 1997 年通过 ICAO 认证,可以兼容 ACARS 系统,比 ACARS 系统数据传输速率提高 4 倍,且采用了完全与计算机技术兼容的数字技术。VDL2 标准目前仅在欧洲和北美的局部地区部署实施,远未达到 ACARS 的普及程度。VDL2 因为成本的问题难以全面推广,如果要完全替代 ACARS,不但机载设备要全部更新,VHF 地面站的设备也要同步更新,这需要一笔庞大的费用。

VDL3 采用美国技术,VDL4 采用瑞典技术,两者都是 20 世纪 90 年代开发,并均获得了 ICAO 认证,但目前两套技术标准均处于实验室阶段,尚未完成系统测试和验证。

综上所述,虽然 ACARS 系统存在大量不足,但考虑到成本因素,短时间内还无法被其他数据链系统所取代。

2.3 民航飞机内部数据通信概述

民航飞机的机内语音通信功能由音频综合系统(AIS)完成,而飞机内部数据通信则依靠"机载数据总线"来完成,机载数据总线是现代民航机载设备信息化、综合化的关键技术之一,直接影响着民航飞机的运行性能。自 20 世纪 70 年代以来,民航飞机的气动外形、发动机技术进步速度放缓,但同期信息技术、计算机技术、网络技术却有了长足发展,推动了航空电子技术进步,计算机逐渐成为民航机载设备内部的管理、控制和运行核心。例如 ACARS 系统的核心是 CMU,而 CMU 的核心是其内部的微处理器。不同机载设备中的计算机除了完成各自系统的处理功能外,相互之间还需要进行信息交换,才能将不同的机载设备组合成一个有机整体。不同机载设备之间的信息交换是通过机载数据总线来完成的,机载数据总线已经成为现代民航飞机的"中枢神经"。

目前民航飞机上应用最广泛的机载数据总线是 20 世纪 70 年代研发并投入使用的 ARINC429 总线。随着技术进步,20 世纪 90 年代中期,波音飞机公司在其 B777 飞机上采用了速率更高、结构更合理的 ARINC629 总线,但由于其需要专用接口设备,授权使用成本太高,后续机型没有使用该总线。20 世纪 90 年代后期,空中客车公司研发并投入使用了基于 IEEE-802.3 以太网技术改进而来的,满足 ARINC664 规范的全双工交换式以太网(AFDX)总线,该总线已成功应用于空中客车公司的 A380 飞机和波音公司的 B787 飞机,研制中的国产大飞机 C919 也将采用 AFDX 总线技术。

民航飞机的机载电子系统先后经历了分立式、联合式和综合模块式三代的发展。在第一代分立式的机载电子系统阶段,通信、导航、雷达、动力、显示等各个系统相互独立,互为信息孤岛,各种飞行数据无法进行综合处理,整个飞行过程只能依靠飞行员自行判读、分析并做出决策。ARINC429 总线是进入第二代联合式机载电子系统阶段的代表,初步实现了机载电子系统相互连接,实现了信息共享,实现了飞行指令和显示的综合。ARINC629 总线则是进入第三代综合模块式机载民航电子系统阶段的代表,AFDX 总线是第三代综合模块式民航机载电子系统进入成熟期的标志。

用数据总线将机载设备连接起来,类似于在学校的计算机机房内用网线将计算机连接起来。在计算机机房内多台电脑通过网线连接起来实现有线联网,这些联网的计算机之间可以相互通信(传文件、QQ 聊天等)。飞机内的数据总线与将计算机联网的网线类似,事实上 ARINC429 总线所用的导线与计算机房用的网线都是双绞线结构的数据线,只是飞机上用的是屏蔽双绞线,一般机房用的是非屏蔽双绞线。机房内被网线连接的不同计算机可以类比为不同"机载设备",网线末端连接用的"水晶头"是与计算机连接的标准接口,所有网线上的水晶头规格和接线方式都完全相同,任意两台计算机交换连接,接上对方的水晶头和网线,开机后都可以正常联网。与此类似,机载设备与数据总线之间也是用标准接口连接,在 ARINC429 总线连接结构中,将机上冗余配置的两套设备拆下来,交换安装位置后,只需要把设备固定好,接上 ARINC429 标准接口,通电后都可以直接工作了,采用这种方法,通过数据总线的标准接口,机务人员可以很快速、准确地完成机载设备更换,对于保证航班正点运行起着积极的作用。

上述类比举例中将飞机上安装在不同位置处的功能相同或不同,但可以互换的机载部件相互交换安装位置的方法,在机务工作中称为"串件",是机务维护工作中常见的维修行为。串件有助于有效判断、识别飞机故障或有目的地转移飞机故障,但是在有条件的情况下,机务排故时不提倡串件,只在一些特殊的情况下使用该方法。例如:机载设备的自检测(BITE)系统不尽完善,不能有效探测出故障的具体部位和原因,而大量支线机场没配备有完善的外部检查设备或者没有足够的航材备件,这时机务人员往往只能通过串件来分析和判断故障,以便及时排故。串件前,必须认真查阅手册资料,确认两者件号相同且是可互换的,拆装时要严格按规章操作,串件后必须符合最低设备清单(MEL)的标准。

2.4　ARINC 429 数据总线

2.4.1　概述

ARINC429 总线是第一种广泛应用于民航飞机的数字式数据总线,是机载电子系统从模拟式向数字式转换的标志,具有划时代的意义。ARINC429 数据总线协议规范是美国航空电子工程委员会(AEEC‐Airlines Engineering Committee)于 1977 年 7 月提出的,于同年发表并获批准使用,由美国 ARINC 公司出版。ARINC429 规范将民航飞机上各个机载设备通过数据总线连接成一个整体,构成飞机内部的数据通信网络。

据统计,ARINC429 数据总线线路平均无故障工作时间超过 10 000 小时,线路发生故障的概率可以忽略不计。结构简单,性能可靠稳定,成本低廉,采用非集中控制、传输可靠、错误隔离性好,这些优秀的特性使该总线在民航领域获得广泛应用。如美国波音公司的 B737,B757,B767 机型,欧洲空中客车公司的 A320,A330,A340 机型,我国研制的 ARJ21 支线客机等民航飞机都采用 ARINC429 总线作为机内主干通信网络。20 世纪 80 年代和 20 世纪 90 年代是该总线应用的黄金时期,随着计算机技术和网络技术在民航领域的广泛使用,ARINC429 总线已难以满足日益增长的数据通信需求,因此逐渐被 ARINC629,AFDX 等数据总线所取代。

ARINC429 总线采用单信息源、多接收器的单向数据传输,以半双工方式工作,常见的数据传输速率为 12.5 Kb/s 和 100 Kb/s,设备间通过双绞屏蔽电缆连接。由于是采用单向半双工的数据传输,与许多军用数据总线能沿着单组导线在多个端点之间提供全双工数据传输的概念不太相符,因此部分书籍将 ARINC429 称为数字信息传输系统,而不是“数据总线”,但根据其传输数字数据的用途,还是有许多教材称其为“数据总线”。

数字数据在 ARINC429 总线上传输的基本单位是数据字,每一个数据字都是 32 位。因为数据是单向传输,所以数据字是按开环方式传输的,即数据字从信息源发出后,不需要也无法获得接收器确认回复,如果需要某个接收器回复确认信息,需要从硬件上增加一条 ARINC429 数据总线从该接收器连接到信息源的发送器上。

2.4.2 ARINC 429 总线连接结构

ARINC429 总线是单向广播式传输的总线,一条 ARINC429 总线上只允许有一个发送设备(信源),但可以有多个接收设备(信宿),最多可以有 20 个接收设备,即在同一条总线上数据只能从发送设备向接收设备传递,反之则不行。单独一条 ARINC429 总线的结构示意图如图 2.9(a)所示,需要注意总线上的箭头方向都是数据单向传输方向,图中发送器和接收器均为外场可更换部件(LRU‐Line Replaceable Unit),LRU 是指某部件出故障后可以在工作现场从机载系统或装置上直接拆卸或更换的部件,类似于台式电脑的鼠标和键盘。

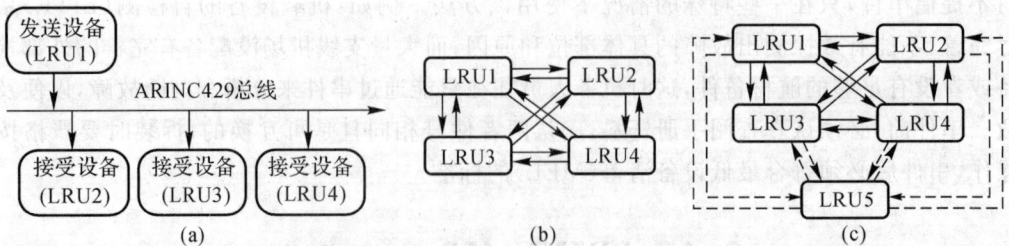

图 2.9 ARINC429 总线连接结构示意图

(a)4 个 LRU 之间单向数据传输; (b)4 个 LRU 之间双向数据传输; (c)5 个 LRU 之间双向数据传输

每个 LRU 都是一个具体的设备,例如 ACARS 的 CMU,VHF 的收发机、MCDU 等。安装在飞机上电子设备舱内的 LRU 大多装在满足 ATR 标准尺寸的机箱内,这类似于我们组装台式电脑用的标准尺寸主机箱。各个 LRU 机箱安装在电子舱的电子设备架上便于统一管理、通电和散热,这类似于图书馆的书放在书架上。民航机务航线(外场)维护工作过程中,在备件充足的情况下,遇到 LRU 故障排故,通常是直接用一套新的、件号相同的 LRU 更换掉出故障的 LRU,以便快速排故,保障航班准点运行,出故障的 LRU 则送到有资质的维修厂修理。这类似于我们在计算机房上课期间,如果某台计算机主机出了故障,管理员会马上更换一台新的主机,保证上课使用,出故障的主机则在下课后再查找具体故障原因。

因为 ARINC429 总线是单向传输数据,如果要用 ARINC429 总线实现两个 LRU 之间的双向传输数据,两个设备间必须增加一条反向的 ARINC429 总线。例如:假设原有 4 个 LRU 通过 ARINC429 连接,两两设备之间需要进行双向传输数据,则连接方式如图 2.9(b)所示。

如果在 4 个 LRU 的基础上要新增一个 LRU,且这 5 个 LRU 之间也需要进行双向传输数据,则连接方式如图 2.9(c)所示,需要增加 8 条 ARINC429 总线(图中带箭头的虚线)才能实现。

由此可见,在使用 ARINC429 总线的飞机上,如果需要双向数据通信的设备越多,则需要新增的总线数量会成倍增长,这也是 ARINC429 总线无法满足现代机载设备数据通信要求的主要原因之一。标准型号(未改装或加装任何新设备的情况)的波音 757 和波音 767 飞机的机载电子系统就有多达 150 条 ARINC429 数据总线。

ARINC429 总线采用单向传输方式,在当时的技术条件下,保证了在数据发送时 LRU 之间不会相互干扰,即抗干扰能力强,可以保证数据可靠传输,加上该总线系统结构简单、性能稳定,所以在当时获得了广泛使用。

随着技术进步,在一条总线上实现互不干扰的、全双工的双向数据传输问题早已解决,而计算机技术在飞机上的广泛使用导致 LRU 之间的双向数据交流量快速增长,造成 ARINC429 总线电缆用线量成倍增加,过多的总线电缆会带来空间及载重上的浪费,也给机务维护增加很多困难,这就需要引入新的总线协议予以解决。

2.4.3　ARINC429 总线的数据字

ARINC429 数据总线中传输的基本信息单元是数据字,每个数据字由 32 个数据位(BITE)组成,这 32 位所对应的内容一般分成 5 个区,根据所传输的内容不同,分为 BCD 格式的数据字和 BNR 格式的数据字。表 2.5 给出了 BCD 格式的数据字。

表 2.5　ARINC429 的 BCD 格式的数据字

对应位	1~8 位	9~10 位	11~29 位	30~31 位	32 位
对应内容	标号区	源/目的识别区	数据区	符号/状态区	奇偶校验区
英文缩写	LABEL	SDI	DATA	SSM	Parity

说明:

(1)1~8 位是标号区(LABEL):它标出这个数据字所传输的飞行参数的八进制数编码,常用的飞行参数都有一个八进制数编码与之对应,构成一个编码表,接收端收到标号位内的编码后,可以在编码表上查询到对应的飞行参数名称。例如:若传送的是 VHF COMM 的工作频率,则该参数编码为八进制数 030;若是测距机(DME)测量的距离参数,则该参数编码为 201;其他常见的飞行参数所对应的八进制数编码是:格林尼治时间(125)、无线电高度表(LR-

RA)测量的高度(165)、决断高度(170)、真空速(230)、总温(231)、升降速度(232)。因为上述这些信息都是用十进制数表示,所以用 BCD 格式的数据字。

(2)9~10 位是源/目的识别区(SDI):它标出信息的目的地是给指定的用户还是一对多群发。例如:飞行员在一个控制盒上选择了高频(VHF)收发机的工作频率,该频率值是通过 ARINC429 总线发送到收发机,收发机收到该频率信息后才自动调谐到该工作频率,但一般 VHF 收发机为了安全而冗余配置有 3 套,是全部 3 套 VHF 收发机还是其中 1 套按该工作频率调谐由飞行员决定,决定的结果通过 SDI 位送到 VHF 收发机。典型的 SDI 编码为:00(3套都按该工作频率调谐),01(VHF-1),10(VHF-2),11(VHF-3)。

(3)11~29 位是数据区(DATA),它标出了信息的具体内容,即一个具体的飞行参数值,例如真空速、升降速度、决断高度等,一般一个数据字传输 1 个飞行参数。

BCD 格式数据字的数据位是 11~29 位,BNR 格式的数据位是 11~28 位,见表 2.6 所示为一组 DME 所测量距离数据的 BCD 编码在 DATA 的排序方式举例。

表 2.6　DME 所测量距离值在 DATA 的排序方式

数据位	29	28	27	26	25	24	23	22	21	20	19	18	17	16	15	14	13	12	11
BCD 编码排序方式	4	2	1	8	4	2	1	8	4	2	1	8	4	2	1	8	4	2	1
DME 测量的距离值	0	0	0	0	0	1	0	0	0	1	0	0	0	1	1	0	1	0	1
DME 距离十进制数				0			2			2			3			5			

表 2.6 中 DME 所测量的距离值是 2 235,而根据 ARINC429 规范,DME 测距值的分辨率是 0.01,因此该数据位中的 DME 距离值为:$2235 \times 0.01 = 22.35$ n mile(1 n mile$=1.852$ km)。

(4)30~31 位为符号状态矩阵区(SSM),

它标出数据的特性状态,如方向、状态等,或者表示数据来源的性质,如无效数据、测试数据等,见表 2.7。

表 2.7　SSM 数值所表达的含义情况表

30	31	SSM 不同数值所表达的含义
0	0	正、北、东、右、向台、上
0	1	无效数据
1	0	测试数据
1	1	负、南、西、左、背台、下

在表 2.7 中,SSM 值为 01 时表示为无效数据,无效数据有两种:一种是无计算数据,另一种是失效警告。因为其他系统故障而使源系统不能计算出可靠数据时,称为无计算数据,这种情况在无线电导航计算中出现较多,这时源系统将 SSM 的值设为 01,通知目标系统输出无效,目标系统收到该无效数据字后,是否在其指示器上显示故障旗,则根据需要而定。当源系

统自检到有故障时,源系统会中止向数据总线发送数据,并向总线发出失效警告数据字。当 SSM 值为 10 时表示源系统正在进行功能测试,这时产生的数据字是测试数据字,接收方可以不予理会。

(5)32 位为奇偶校验区(Parity),它用于检查发送的数据是否有效。检查方法是如果前 1～31 位的逻辑"1"个数为偶数时,则第 32 位为逻辑"1",如果 1～32 位逻辑"1"个数为奇数时,则第 32 位为逻辑"0"。其结果就是保持 32 位中逻辑"1"的个数为奇数。

对于一些需要用比较大的数值表达的飞行参数,例如:重量,选定航道、航向、飞行高度、燃油量等,采用 BNR 格式的数据字传输。表 2.8 所示为 BNR 格式的数据字,BNR 格式的数据字与 BCD 格式的基本相同,只有数据区(DATA)为 11～28 位,符号/状态区为 29～31 位,其他各区均与 BCD 格式数据字相同。

表 2.8　ARINC429 的 BNR 格式的数据字

对应位	1～8 位	9～10 位	11～28 位	29～31 位	32 位
对应内容	标号区	源/目的识别区	数据区	符号/状态区	奇偶校验区
英文缩写	LABEL	SDI	DATA	SSM	Parity

BNR 格式数据字中的数据区从 11～28 位,一共 18 位二进制数,可以表达的数值范围用十进制数表示为 0～262144(2^{18}),如果需要传输的有效数据 < 262144,则在数据区中除了有效数据所占数据位以外的其他数据位均用逻辑"0"填充。

如果拟传输的数据为负数,则 SSM 位为 111,该负数采用其正数的补码格式进行编码传输,接收方在读取时,需要将数据区中的数据变换回原码才能读出所传输的负数数值,变换方式是补码逐位求反码再在末位加 1。

如果拟传输的数据为航向、航道、航迹之类的角度参数,在 0°～180°范围内按正数编码,在 180°～360°范围内,需要先将其换算成相应的负角度数值后再进行编码。

ARINC429 的 32 位数据字发送顺序为 [8 7 6 5 4 3 2 1,9 10 11 12 13 … 29 30 31]。数据发送的同步方式为:位同步信息是在双极归零码信号波形中携带着,字同步是在每个 32 位字发送结束后有 4 个零电平时间间隔为基准,紧跟该字间隔后要发送的第一位的起点即为新字的起点。

2.4.4　ARINC429 数字数据传输特性

ARINC429 总线是一对多单向传输的数据总线,采用差分耦合的双绞屏蔽线。信息传输采用双极性归零制的三态码调制方式,即调制信号有高、零、低三电平状态。在双绞线的两条导线上,数据信号以差分电平的形式发送,三态线路的差分信号的逻辑关系有以下 3 种。

(1)当 A－B 的差分电压为 7.25～11 V 时,表示逻辑 1;

(2)当 A－B 的差分电压为－0.5～0.5 V 时,表示 NULL;

(3)当 A－B 的差分电压为－11～－7.25 V 时,表示逻辑 0。

ARINC429 提供了两种通信速率:低速的 12.5 Kb/s 高速的 100 Kb/s,低速速率用于一般用途的、非关键的场所,高速总线则用于传输数据量比较大或那些至关重要的飞行信息。

ARINC429 的负载特性可使通信模块无缝的接入和离线,一个用户的耦合接入特性变化不会影响其他的用户接入。这个负载特性是对机务人员的工作帮助最大的特性,从 ARINC429 总线开始,以后的数据总线 ARINC629 总线、AFDX 总线等与之类似,均确立了一个设备连接的标准,该标准规范了所有与之连接的机载设备的接口与通信规则,让机务维修人员在更换 LRU 时的操作简单易行,只需要考虑部件的件号是否相同就可以更换了,其他问题如:部件的输入输出阻抗是否匹配、与其他部件如何交互、信号如何传输、采用串联还是并联连接等均不需要考虑。这类似于我们日常的计算机机房或网吧,如果用网线连接起来的计算机中有个别出现了故障,把出故障的计算机主机拆下后,不会影响其他计算机的联网操作,用一台新(或修复故障)的主机直接连接上网线,也不会对其他计算机的联网造成影响,而且新接上网线的计算机通电后也可以直接联网操作。

2.5 第三代综合模块式机载电子系统(IMA)概述

ARINC429 总线是进入第二代联合式机载电子系统阶段的代表,ARINC629 总线则是进入第三代综合模块式机载电子系统(IMA—Integrated Modular Avionics)阶段的代表。第一个应用综合模块式机载电子系统(IMA)的大型民用飞机是波音公司于 1995 年正式推出的 B777 飞机,该飞机采用 ARINC629 总线和飞机信息管理系统(AIMS)来综合多个机载电子子系统(每个子系统可以理解为一个模块)的功能。

第一代分立式机载电子系统是指完成一个完整功能的传感器、处理器和显示器集合在一起构成一套独立的电子系统,例如:水平姿态指示仪表,地平仪等,传感器感应的参数仅提供给自己使用,其他设备不能分享,显示器也仅显示与本系统有关的参数,电子系统之间极少数据交联,这样每新增一个功能,就要多一套设备,也要在仪表板上多一个显示器,如图 2.10(a)所示,显然这样的方式无法满足民航飞机机载电子技术发展需要。

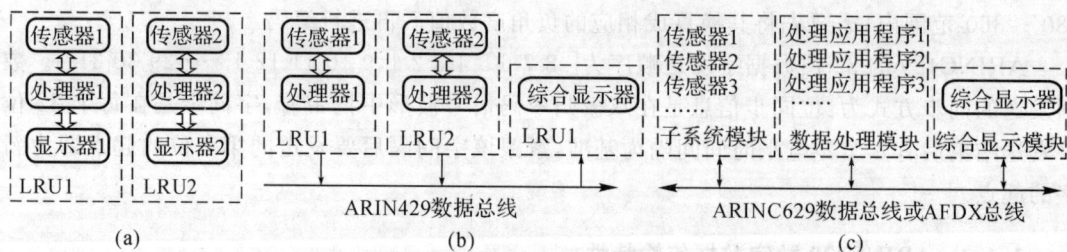

图 2.10 分立式、联合式和综合模块式 3 种机载电子系统结构示意图
(a)分立式机载电子系统; (b)联合式机载电子系统; (c)综合模块式机载电子系统(IMA)

第二代联合式机载电子系统,则是通过简单的数据总线将不同功能的机载电子系统串接起来,实现显示信息共享,初步实现数据交换,但不同功能的机载电子系统在数据处理上还是各自为政,本系统的处理器仅处理本系统的数据,如图 2.10(b)所示,例如:ACARS 系统的数据处理通过 CMU,大气数据系统的数据处理通过大气数据计算机,自动飞行控制系统的数据处理通过飞行控制计算机等。而计算机技术近 10 年有了长足的进步,单台计算机的运算能力远超单个机载电子系统的需求,联合式结构的机载电子系统无法有效发挥系统中计算机的运算能力,造成浪费。

第三代综合模块式机载电子系统(IMA)的核心理念是硬件共享,需要解决如何将众多的机载电子系统连接起来并切实有效地综合使用各种信息,目前的解决方案是让多个应用功能共享同一个数据处理模块,如图 2.10(c)所示,这样可以减少处理器、配线、输入/输出的成本,从而有效减小机载系统的重量、体积、能耗等。例如:B777 飞机的信息管理系统(AIMS)即是这样一个多系统共享的数据处理模块,AIMS 为飞机中的 7 个子系统提供数据处理能力,这些子系统是主显示系统(PDS)、中央维护计算系统(CMCS)、飞机状态监控系统(ACMS)、飞行数据记录器系统(FDRS)、数据通信管理系统(DCMS)、飞行管理计算机系统(FMCS)和推力管理计算机系统(TMCS)。

B777 的 AIMS 由安装在电子舱内左右两个长条形的机柜(Cabinet)组成,每个机柜可以装入 11 个机箱模块,如图 2.11 所示,实际左右机柜各只安装了 8 个机箱模块,空余位置用于将来功能扩展,这些机箱模块均为外场可更换模块(LRM),因为第三代 IMA 系统的机务维修基本单位为模块(Module),不是组件(Unit),所以将 LRU 更改为 LRM。在机柜内部,模块之间的信息传递由满足 ARINC659 规范的高速背板总线提供。

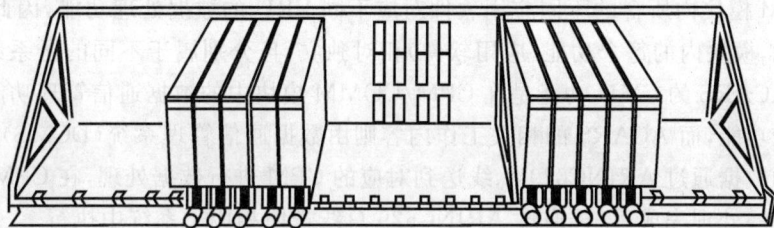

图 2.11　B777 飞机的 AIMS 安装机柜示意图

8 个 LRM 中 4 个是输入/输出模块(IOM),4 个是核心处理模块(CPM),所有 IOM 具有相同的硬件和软件,它们负责 CPM 与其他机载系统之间的数据交换;CPM 负责 AIMS 中各种功能的运算,即各个子系统中不同功能机载设备的数据处理,4 个 CPM 硬件相同,软件不同,各有分工,分别是:CPM/COMM(核心处理/ 通信模块)、CPM/ACMF(核心处理/飞行状态监控功能模块)、CPM/BASIC(核心处理/基本模块)和 CPM/GG(核心处理/ 图像产生器模块);左右两个机柜的 CPM 互为工作冗余。

我们以 ACARS 系统为例,对比 B737 飞机上的 ACARS 系统和 B777 飞机上的 ACARS 模块功能,说明 B777 飞机上 AIMS 的 CPM 模块的作用。如图 2.12(a)所示,在 B737 飞机上,ACARS 系统是一个独立的系统,与地面控制中心进行数据通信,ACARS 系统的核心是 CMU,CMU 完成数据转换和处理的功能,是一个实实在在的硬件设备。但是在 B777 飞机上,如图 2.12(b)所示,不再有 CMU 这个硬件设备,取而代之的是 CPM/COMM 模块,CMU 所能完成的计算、处理和控制功能,仅仅是 CPM/COMM 模块的多种应用软件中的一种,这样当 B777 飞机的 ACARS 系统需要更新时,只需要升级该 ACARS 功能的应用软件就可以了,而不必像 B737 飞机那样,更换一个新的 CMU 硬件,这显然会节约大量成本。这类似于汽车上安装的专用 GPS 导航仪与具有导航功能的智能手机之间的关系,具有导航功能的智能手机其导航功能仅仅是智能手机众多 APP 应用中的一种,专用 GPS 导航仪则是仅能完成导航单一功能的硬件。在上例中,B737 上 ACARS 系统的 CMU 类比于专用 GPS 导航仪,而 B777 上的 CPM/COMM 则类比具有导航功能的智能手机,其 ACARS 系统的 CMU 功能则类比于智能手机中的导航 APP 应用。

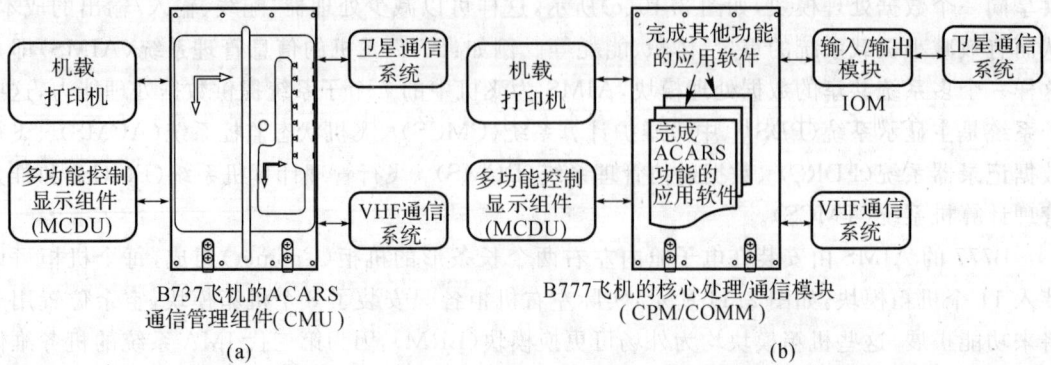

图 2.12 B737 飞机的 ACARS 系统和 B777 飞机的 ACARS 模块功能示意图
(a)B737 飞机的 ACARS 系统; (b)B777 飞机的 ACARS 模块

每个 CPM 模块内所含的不同应用软件对应不同 LRU 的数据处理功能,因此这些应用软件也称为功能,模块内的每个功能(应用软件)相对独立,且分别属于不同的子系统,见表 2.9。上述例子中 ACARS 的 CMU 功能是在 CPM/COMM 模块中的数据通信管理功能(DCMF)中包含的一个子功能,而 ACARS 的相关工作内容则由数据通信管理系统(DCMS)子系统完成。不同子系统的数据通过 ARINC629 总线送到对应的 CPM 进行数据处理,在 CPM 中由相应的功能(应用软件)处理完成后,再通过 ARINC629 总线送回相应子系统中执行。

表 2.9　B777 飞机 CPM 模块中包含的功能与总线相连的机载子系统所属关系

CPM 模块	CPM 中包含的功能(应用软件)	功能(应用软件)所属的子系统
CPM/COMM	数据转换网关功能(DCGF)	飞机信息管理系统(AIMS)
	中央维护计算功能(CMCF)	中央维护计算系统(CMCS)
	数据通信管理功能(DCMF)	数据通信管理系统(DCMS)
	驾驶舱通信功能(FDCF)	飞机状态监控系统(ACMS)
	快速存取记录器功能(QARF)	
	数字飞行数据采集功能(DFDAF)	飞行数据记录器系统(FDRS)
CPM/ACMF CPM/BASIC	数据转换网关功能(DCGF)	飞机信息管理系统(AIMS)
	飞行管理计算功能(FMCF)	飞行管理计算机系统(FMCS)
	推力管理计算功能(TMCF)	推力管理计算机系统(TMCS)
	飞机状态监控功能(ACMF)	飞机状态监控系统(ACMS)
CPM/GG	数据转换网关功能(DCGF)	飞机信息管理系统(AIMS)
	主显示功能(PDF)	主显示系统(PDS)

在同一个 CPM 模块中,为了对不同关键级别的应用软件进行独立的认证,并且使不同的应用软件之间不相互破坏数据,Honeywell 公司开发了 Apex 操作系统,Apex 操作系统成为

了满足 ARINC653 规范的操作系统的雏形。Apex 操作系统采用了"健壮分区(Robust Parti-tioning)"的方法来对运行在同一处理器中的不同应用软件进行隔离,这种隔离措施要求不仅在空间上,而且在时间上对不同的应用程序进行划分。应用软件的存储器空间在运行之前就被分配好,每个应用软件只能读写本存储空间内的数据,均不能读写其他应用软件存储空间内的数据,即对于任意的存储扇面,最多只有一个应用软件对其进行读写访问。

我们举个例子类比说明:假设现在有个 1 GB=1 024 MB 的 U 盘,如果在 U 盘中安装有 3 个应用软件 A,B,C,假设每个应用软件最多占用 150 MB 的存储空间,按照上述分区隔离应用软件的方法,如果 U 盘中 1~150 MB 的存储空间分配给应用软件 A,151~300 MB 的存储空间分配给应用软件 B,301~450 MB 的存储空间分配给应用软件 C,其他未分配的空间作为将来安装新的应用软件;应用软件 A 只能在 1~150 MB 存储空间内读、写数据,而不能读、写其他分区的数据,应用软件 B 和应用软件 C 同样只能在分配给自己的分区内读写数据,这就是将应用软件"分区隔离",实现了在物理空间上对不同应用软件的划分,这样相互用分区隔离的办法可以防止不同应用软件之间的相互干扰。

如表 2.9 所示,在同一个 CPM 模块中,有多个应用软件,而一个 CPM 只有一个处理器,这样就可能存在多个应用软件争抢处理器资源的问题,为了解决这个问题,CPM 中的处理器资源调度给哪个应用程序使用是通过一组调度规则表来控制,调度规则表在 Apex 操作系统运行前就已经确定。每个应用软件在调度规则表分配的处理器时间内占有处理器资源,其他应用软件在此时间段内不能运行抢占,这样就实现了在时间上对不同应用软件的划分。

上述例子说明:对于采用第三代综合模块式技术的机载电子设备,在外场维护时,不同 CPM 模块因为其中的应用软件不同,不能互换或串件,新 CPM 必须重新安装相应应用软件后才能替换故障的 CPM,如果某个软件功能需要升级,机务人员需要掌握相应软件升级的操作知识。因此机载电子系统进入第三代 IMA 系统时代后,对机务人员的知识更新提出了更高的要求,需要掌握计算机原理、软件基础、网络技术等相关知识。

采用 AFDX 总线的 B787 飞机和 A380 飞机上的机载电子系统在综合化程度上比 B777 飞机又进一步提升,不仅综合了传统的航空电子系统的功能,例如:通信系统、导航系统、大气数据系统、飞行管理系统等,而且将许多非传统的航空电子系统功能也综合进来,例如:燃油系统、电源系统、液压系统、环控系统、防冰系统、防火系统等。B787 飞机与 A380 飞机虽然都是采用 AFDX 总线的 IMA 系统,但具体的 IMA 结构部署各具特色,主要区别在于 B787 飞机以机柜(Cabinet)的形式形成一个中央处理模块,统一处理所有的飞行参数数据;而 A380 飞机的数据处理模块并不统一,而是根据功能不同,以分布式的方式部署在机身的多个部位。

综合模块式机载电子系统(IMA)是正在不断更新和发展中的机载系统结构形式,随着新型号民航飞机的推出,其总线结构和综合化程度也将会有所变化。

2.6　ARINC 629 总线

2.6.1　ARINC629 总线概述

ARINC629 总线标准发布于 20 世纪 90 年代中期,目前唯一使用该总线的民航机型为波音公司的 B777 飞机,在 B777 - 200 型飞机上有 11 条 ARINC629 总线,其中 3 条用于飞行控制,4 条用于其他机载系统控制,4 条用于 AIMS 安装机柜内部总线。用于飞行控制的总线将大气数据惯导系统、飞行控制计算机、自动驾驶仪等具有飞行控制功能的 LRU 连接起来;用于系统控制的总线将通信、导航等机载电子系统、发动机电子控制、液压与电气控制、座舱环境控制等系统相关的 LRU 连接起来;用于 AIMS 机柜内部的总线实现 IOM 和 CPM 之间的通信,以及 AIMS 机柜与多功能控制显示组件(MCDU)的连接。

ARINC629 规范定义了一整套完整的数字通信系统,它由多条数据总线和多个子系统模块组成,在总线上的各子系统模块通过标准接口与数据总线连接。数据总线是采用双绞线或光缆,ARINC629 总线的标准接口称为电流模式总线接口。一个子系统由一个或多个外场可更换模块(LRM)组成,子系统之间传送和接收数据必须遵循同一个标准协议。ARIN629 总线的连接示意图如图 2.13 所示。

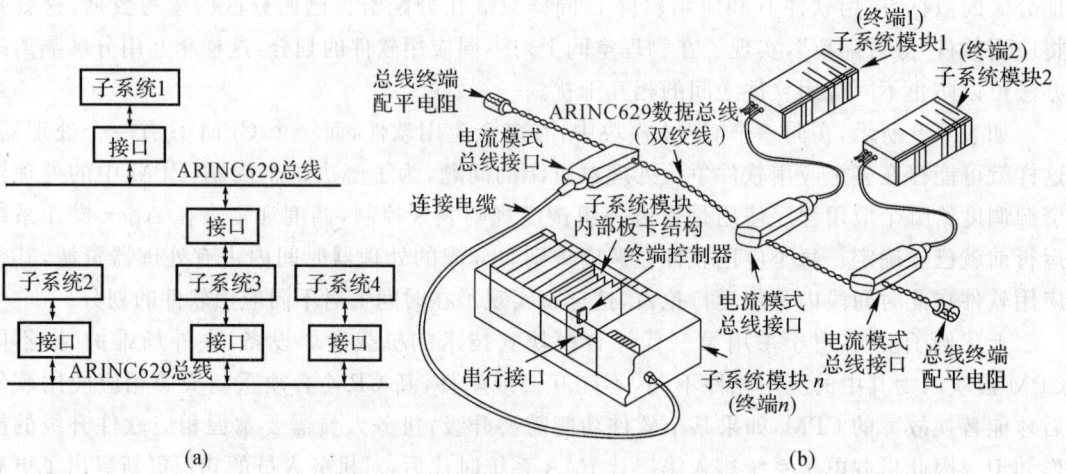

图 2.13　ARINC629 总线的连接示意图
(a)拓扑结构型总线;　(b)双绞线型总线

ARINC629 总线计划用于取代 ARINC429 总线,它继承了 ARINC429 总线简单、可靠等的优点并克服了其速度慢、单向传递等方面不足。ARINC629 总线的数据传输速率达到 2 Mbps,采用拓扑型总线结构,如图 2.13(a)所示,通信方式为半双工方式,即在总线上同一时刻只能有一个终端的数据在传输。与 ARINC429 总线类似,ARINC629 总线不需要专门的总线控制器控制数据传输,数据传输时占用数据总线的规则由所有参与传输的子系统模块(也称为终端)自主完成。终端内部由多个板卡构成,每个板卡完成一个或多个机载电子设备的计算功能,即采用 ARINC429 总线结构中的一个 LRU 或多个 LRU 的计算功能整合到 ARINC629 总线结构的子系统中的一块板卡来完成,如上述 ACARS 系统的例子,B737 飞机上 ACARS 系统的 CMU 硬件设备在 B777 飞机上就是一个终端内部的一块板卡,显然这样可以节约大量空间和重量,这是 IMA 系统的特点。

终端内部有一块板卡专门用来控制输入/输出,该板卡中包含有终端控制器(TC)、串行接口(SIM)等功能组件,TC 用来在无总线控制器的情况下,保证数据在总线上有序传输,并且使总线上的每一个终端都能获得平等访问总线的机会,即控制总线访问规则;SIM 则用来实现数据的串行/并行转换,因为终端本身就是一个由微处理器控制的数据计算组件,类似于我们日常用的个人电脑,个人电脑内部的数据处理和传输都是采用并行通信的方式,所以数据在终端内部为并行传输,但因为在数据总线上必须是串行传输,所以从终端向数据总线传输前需要用 SIM 将并行数据转换为串行数据。

电流模式总线接口为一种特制接口,采用电磁感应原理与数据总线相连接,因此只能用于连接双绞线型总线,不能用于光纤型总线。该接口连接时不必割开导线而是直接套在导线外部,如图 2.13(b)所示,这样可以有效提高系统可靠性和降低电磁干扰。当从数据总线向终端传输数据时,数据总线(双绞线)上有按数据信号规律变化的电流脉冲通过,总线接口感应到其电流脉冲磁场变化并感生出相同变化规律的电流脉冲,接口感生出电流脉冲相当于接收到了数据信号,该信号通过连接电缆输送给终端;反之操作类似,从终端输出的电流脉冲经总线接口感应,在数据总线上感生出与数据信号相同规律变化的脉冲电流传输到目标用户。由于该总线接口为专利接口,授权使用成本高,虽然技术先进,但也成为其推广应用的主要障碍。

采用电流模式总线接口和双绞线结构的数据总线,数据总线长度最长可达 100 m,可连接的终端最多 120 个,连接电缆最长 40 m。在材料使用方面,B767 飞机上的 ARINC429 总线需要约 4 860 个接点,600 扎导线,导线重量约 1 180 kg;而 B777 飞机上的 ARIN629 总线仅需要约 1 580 个接点,400 扎导线,约 658 kg,显然 ARINC629 总线所需的导线数量少,接口数少,因此具有更高的工作可靠性和维护简易性。

2.6.2　数据传输机制

由于 ARINC629 总线上无总线控制器,且采用串行数据传输方式,因此一条数据总线在任一时刻只能传输一个子系统模块(也称为终端)上的数据。为了使数据在总线上有序传输,并且使总线上的每一个终端都能获得对等访问总线的机会,ARINC629 制定了避免碰撞的载波侦听多路访问协议(CSMA/CA),即总线访问规则。该访问协议分为基本协议(BP - Basic Protocol)和混合协议(CP - Combined Protocol)两种互不兼容的协议模式,B777 飞机采用 BP 协议模式,因此我们仅介绍 BP 协议模式。控制协议由每一个终端内部板卡中的终端控制器(TC)具体实施控制。

在 BP 协议模式下,系统中的每一个终端都以对等的优先级及存取机会进行周期和非周期的数据传输,这主要依靠 3 个重要的时间控制参数实现,即传输间隔 TI(Transmit Interval)、同步间隙 SG(Sync Gap)和终端间隙 TG(Terminal Gap)。接在总线上的所有终端的 TI 和 SG 是完全相同的,只有 TG 在各个终端的设定值不同。对于接在总线上的任一终端用户,在占用数据总线发送完一次数据后,必须满足以下 3 个条件才能发送下一次数据:①必须在上一次发送后,间隔 TI 时间计满后才能发送下一次数据;②必须在数据总线上检测到一段 SG 规定的空闲时间;③在 SG 规定的空闲时间完成后,必须在总线上再检测到一段 TG 规定的空闲时间,即②和③合计必须有一段(SG+TG)的空闲时间。

一个终端能否占用总线发送数据,取决于本终端状态和总线是否空闲,与其他终端的状态无关。我们以 A 终端的工作过程为例进行说明。

(1)当 A 终端开始发送数据时,TI 计数器开始计数,A 终端所发送的数据上必须带有目标地址信息,数据上传总线后,所有总线上连接的终端都可以收到该数据,各终端从数据中检测该数据是否是发给自己的,若是,则数据送入本终端的存储空间,若不是,则数据被忽略。数据传输所需时间远远小于 TI 时间,所以数据传输完毕后,TI 还一直在计数,直到 TI 时间计满时 A 终端才有可能再次发送数据;

（2）当 A 终端本次数据发送完毕后，如果监测到总线为空闲状态时，会马上启动 SG 计数器，在 SG 计数未满前，若总线上出现其他终端发送的数据，即总线不处于空闲状态，则 SG 计数器复位，重新等待总线空闲，发现总线空闲后马上重新启动 SG 计数；SG 计数时间远远小于 TI 计数时间，所以这期间 TI 计数器不受总线是否空闲影响，一直在计数；

（3）A 终端的 SG 计数满以后，如果总线继续空闲，则会马上启动 TG 计数，在 TG 计数期间，若总线上出现数据，TG 计数器复位，重新等待总线空闲，发现总线空闲后马上重新启动 TG 计数，这种情况下 SG 计数器则不再复位；TG 计数时间远小于 TI 计数时间，这期间 TI 计数器不受总线是否空闲影响，一直在计数，直到 TI 计数结束；

（4）当 TG 计数满，但 TI 未计数满，这时 A 终端需等待 TI 计数满，这期间如总线上有数据传输，则 TG 重新计数；当 TI 计数满，但 TG 尚未计数满，这时 A 终端也需等待 TG 计数满，这时如总线上有数据传输，则 TG 重新计数；只有在 TG，TI 两个计数器都计数结束后，A 终端才获得了再次发送数据的机会；

综上所述，一个终端发送完上一次数据后，等待下次发送数据的时间由两组计数器决定，两组计数器一组是 TI，另一组是"上次传输用时＋SG＋TG"，需要等待的时间间隔为"TI"或"上次传输用时＋SG＋TG"这两组时间间隔中最长的一组间隔，才能再次发送数据。

每一根数据总线上所有终端的 TI 时间取值相同，取值的范围规定为 $0.5\sim64$ ms 之间；所有终端的 SG 取值也相同，取值范围仅限于 16 μs，32 μs，64 μs，127 μs 这 4 个参数之一；而 TG 的取值则是每个终端各不相同，取值范围在 $1\sim127$ μs 之间。TI，SG 和 TG 的实际取值由数据总线的终端数量决定，终端越多，取值越大。

在 BP 协议模式下，总线有两种传输模式：周期性传输和非周期性传输，周期性传输为正常传输模式。两种模式可以根据数据传输实际情况灵活地转换，当数据总线使用率达到 100％时数据传输将自动进入非周期模式，此非周期性传输模式是在偶然的过载条件下瞬态发生的，非周期性传输结束后又自动回到周期性传输模式。

ARINC629 总线采用的数据编码为曼彻斯特双向电平编码。ARINC629 的数据传输是以消息帧为单位，一个消息帧由 $1\sim31$ 个字串组成，每一个字串又由一个标号字和紧跟其后的 $0\sim256$ 个数据字组成，标号字和数据字的字长都是 20 位。

标号字的前 3 位是同步波形，标号字中间 16 位数据区分 2 个部分，数据区前 4 位为扩展的通道选择位，数据区后 12 位为标号位，标号字最后 1 位为奇偶校验位，因此前后相邻的标号字和数据字之间有 4 位时隙间隔。

数据字用来携带拟传输的数据，每个数据字由 3 部分构成，数据字的前 3 位是同步波形，中间 16 位是数据内容，最后一位是奇偶校验位，前后相邻的两个数据字之间有 4 位时隙间隔。

标号字和数据字前 3 位的同步波形是用来保证数据传输同步以及间隔前后两个数据字。标号字和数据字的同步波形中电平变化规律不同，因此接收终端内部的终端控制器（TC）是通过每一个字数据前的 3 位同步波形来识别标号字或数据字。

2.6.3 ARINC429 总线和 ARINC629 总线的数据编码

数字信号的数据编码是指其在数字通信系统中以何种物理信号的形式来表达数据。在数字通信系统中，一般用高、低电平的脉冲信号来表示数据的"0""1"状态，这种电信号称为数字基带信号。对于信道编码产生的电脉冲，在不改变数据信号基本频率的情况下，直接通过信道传输的方式称为基带传输。基带传输可以达到较高的数据传输速率,是机载设备之间通过数据总线交互信息的基本通信方式。

ARINC429 总线采用双极归零码的数据编码,电信号波形如图 2.14(a)所示,双极性归零码的特点:接收端根据接收波形脉冲的前沿判断为信号的起始,后沿判定为信号的终止,脉冲归于零电平时就可以判定为 1 个比特(bit)位信息已接收完毕,然后接收端准备下一比特位信息的接收。该编码的优势是发送端不必按一定周期发送信息,可以方便地实现串行异步数据传输,因此接收端可以自行保持正确的位同步,且各个比特位独立地构成起止方式,这种能够自行同步的编码也叫作自同步编码。由于这一优点,双极归零码的应用十分广泛。

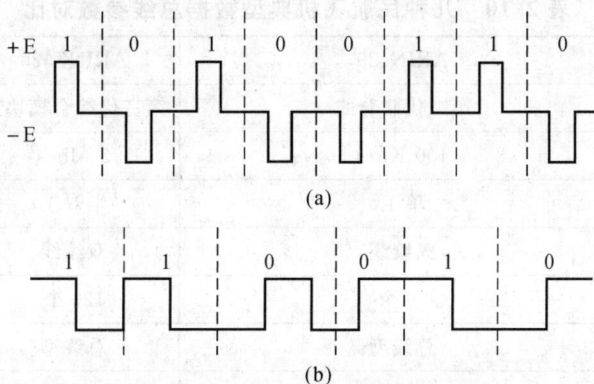

图 2.14　机载通信系统典型数据总线的数据编码

(a)双极归零码；　(b)曼彻斯特码

ARINC629 总线采用曼彻斯特编码,该编码常用于局域网传输。曼彻斯特编码的定义为:逻辑"1"编码为 1/0,即每一位周期的前一半为高电平,后一半为低电平;逻辑"0"编码为 0/1,即每一位周期的前一半为低电平,后一半为高电平,电信号波形如图 2.14(b)所示。曼彻斯特编码也是一种自同步编码,抗干扰能力强,可以实现较快的传输速率,由于没有零电平分量,信号所携带的能量较多,所以可以实现较远距离传输,且对于电流模式总线接口会比较容易感生电流,但由于在每一位信号中间时刻存在一次电平转换,需要占用较宽的频带。

2.7　全双工交换式以太网(AFDX)

2.7.1　AFDX 网络总线概述

全双工交换式以太网(AFDX)是一种实时、确定的总线网络,具有带宽高、延迟低、可靠性高、扩展性好等特点,目前已经在空中客车公司的 A380 飞机和波音公司的 B787 飞机上得到成功应用,其中 A380 是首款完全采用 AFDX 总线网络的机型。

ARINC429 总线可靠性高、质量稳定,但数据传输速度太低,最高只有 100 Kb/s;ARINC629 总线结构合理、性能稳定、速度较高,达到 2 Mb/s,但需要安装大量专利设备,授权使用成本太高,飞机制造商难以承受;因此,为了降低成本,飞机制造商考虑充分利用成熟的商业货架硬件产品(COTS‑Commercial Off The Shelf),以降低开发成本,缩短开发周期。

AFDX 是空中客车公司为适应现代机载系统高速数据通信需求而提出的一种在商用以

太网基础上改进而成的新型航空通信网络。商用以太网 IEEE802.3 技术成熟,资源丰富,市场化程度高,通信速度快,10 M/100 M 的商用以太网已经广泛应用在各个工业和民生领域,更高速的以太网技术也日趋成熟。空中客车公司根据机载电子系统的特殊使用环境和数据传输要求,在商用以太网 IEEE802.3 技术基础上,采用一些特殊协议增加了机载系统间网络环境的确定性和冗余管理,可以有效保证通信带宽和数据传输性能,由此形成了 AFDX 技术标准。波音公司也参与 AFDX 标准的后期改进,并将该总线技术应用于 B787 飞机上。ARINC公司以此制订了 ARINC664 规范,目前 ARINC664 规范还在不断完善之中。3 种典型民航飞机数据总线参数对比见表 2.10。

表 2.10　几种民航飞机典型数据总线参数对比

总线名称/技术性能	ARIN429	ARINC629	AFDX
技术水平	第二代联合式	第三代综合模块式	第三代综合模块式
传输速率	100 Kb/s	2 Mb/s	100 Mb/s
通信模式	单工	半双工	全双工
传输介质	双绞线	双绞线	双绞线
终端数量	20 个	120 个	不限(理论上)
拓扑结构	总线型	总线型	星形
消息中字节数		256	1471
走线难度	复杂	中等	简单
价格成本	较低	高	较低
可靠性	较高	较高	高
冗余方式	冗余双总线	冗余双总线	冗余双总线
应用机型	A320,A330,A340,B737,B757,B767 等	B777	A380,B787

2.7.2　交换技术、交换式以太网

1.交换技术

交换(Switch)技术最早是应用在电话网络,简单的电话网络只要一根足够长的电话线路,线路两端各装一台电话机,就可以让两个人通话了;但是当线路两端各有 5 台电话机且只有两条电话线路时,这种用户多、线路少情况下如何分配线路使用权? 这时就引入了"人工交换"技术,即通话两端的 5 台电话机都接到当地的电话局,由电话局的接线员负责分配两根电话线路的分配权。例如,假设通话一方 5 台电话分别是电话 A,B,C,D,E,通话另一方的 5 台电话机分别是电话 1,2,3,4,5;当电话 A 需要与电话 3 通话时,A 电话首先呼叫当地电话局接线员,请求接通电话 3,接线员收到电话 A 呼叫后,查看电话 3 和两根电话线路之中是否空闲;如果电话 3 和至少一根电话线路空闲,则接线员将电话 A、电话 3 和空闲线路人工接通,两者就可以通话了,两者通话期间,该电话线路占线,其他电话用户不能使用;通话完毕后,两者电话线路自动断开,该线路恢复空闲,这个过程就是"人工交换";如果电话 A 和电话 3 均空闲,但两根电话线路均占线,则需要等到至少一条电话线路空闲时,才能接通电话,这种场景在老电影

中经常看到。

因为接线员的工作就是"接通"和"断开"电话线路,因此交换技术的英文名称为"switch"。人工交换的效率太低,不能满足大规模部署电话机的需要,电子技术的进步使得"自动交换"代替人工交换成为可能,利用电子技术实现自动交换的方式称为"程控交换",而这种电子设备也就是"程控交换机"。

2. 交换式以太网

电话的程控交换技术是为了传输语音信号,通话双方自动接通后临时独占一条线路,通话结束后该线路恢复空闲。以太网是一种计算机网络,需要传输的是数据信号。交换式以太网是以交换机(Switch)为中心构成的局域网,如图 2.15(a)所示。以太网交换机所采用的交换技术与程控交换技术类似,用来为与之相连的终端(计算机)之间两两通信分配临时信道,当信道空闲时,为通信双方临时独占信号通道,通信完毕后信道恢复空闲;当信道忙(占线)时,让通信双方等待,直到信道空闲时才将信道使用权临时交给通信双方。

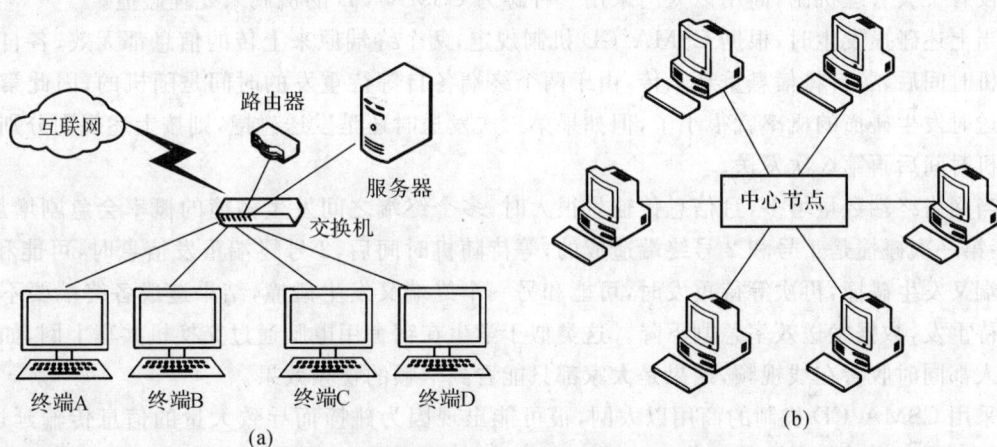

图 2.15　典型交换式以太网和星型拓扑结构示意图
(a)典型交换式以太网;　(b)星型拓扑结构示意图

交换式以太网采用 IEEE802.3/IP/UDP 协议,以太网中的各终端计算机通过点对点的方式连接到一个交换机上,交换机执行集中式通信控制策略,以太网中任何两个终端之间要进行通信都必须经过交换机控制,而不能直接通信。这种整个网络由中心节点执行集中式控制管理,各终端间的通信都要经过中心节点的拓扑结构称为星型拓扑结构,交换式以太网均采用星型拓扑结构。

在交换式以太网中,交换机主要功能有 3 项:①当发起通信的终端发出通信请求后,交换机检查是否有空闲的信道以及被叫设备是否空闲,当两者均空闲时才能建立双方的通信连接;②在双方设备通信过程中要维持这条信道占用;③当双方通信完成或者不成功,要求断线时,应能断开上述信道,让信道恢复空闲。

星型拓扑结构的优点:①控制简单。任何一设备只和中央节点连接,访问网络的控制方法简单,易于网络监控和管理。②故障诊断和隔离容易。中央节点对连接线路可以逐一隔离进行故障检测和定位,单个连接点的故障只影响一个终端,不会影响全网。③方便服务。通过中央节点可以方便地对各个终端提供服务和网络重新配置。

星型拓扑结构的缺点：①需要耗费较多的电缆，安装、维护的工作量也较大。②中央节点负担重，形成"瓶颈"，一旦发生故障，则全网受影响。③各终端的分布处理能力较低。

总的来说，星型拓扑结构相对简单，便于管理，建网容易。

3.商用交换式以太网应用在航空电子领域需改进之处

由于航空电子系统安装在飞机内部狭小的空间中，飞机飞行中存在长期振动、温度变化、电磁波干扰等许多特殊环境，因此对于商用交换式以太网需要进行适应性改造，才能满足飞机上的特殊环境要求。AFDX主要从以下几方面进行了改进。

(1)信息碰撞问题

商用交换式以太网是以半双工方式工作的，采用星型拓扑结构，网络中各终端处于平等地位，没有中央管理机制，不提供优先级控制。这就有可能出现两个终端同时传输数据的情况，即如果两个终端都准备发送信息，都监测到信道空闲，然后在同一时刻将信息上传到信道上，但半双工通信方式决定了两个信息不能同时在一条信道上传输，由此产生了信息传输"碰撞"。由于没有中央管理机制，商用以太网采用一种称为 CSMA/CD 的机制来处理碰撞。

当上述碰撞发生时，根据 CSMA/CD 机制规定，两个终端原来上传的信息都无效，各自等待随机时间后，各自将信息重新上传，由于两个终端各自等待重发的时间是随机的，因此第二次发送时发生碰撞的概率就很小了，但如果第二次发送时还是发送碰撞，则按上述规则分别等待随机时间后再第 3 次发送。

当网络终端数量增多，且信息传输量很大时，多个终端之间发生碰撞的概率会急剧增加。例如：第一次碰撞是 1 号和 2 号终端造成的，等待随机时间后，2 号终端重发信息时，可能和 3 号终端又发生碰撞，再次等待重发时，可能和另一个终端又发生碰撞，结果造成各终端要不断地等待重发，数据发送效率急剧下降。这类似于学生在宿舍用电脑通过交换机共享上网，如果所有人都同时收看在线视频，结果是大家都只能看到卡顿的视频效果。

采用 CSMA/CD 机制的商用以太网，很可能出现因为碰撞而导致大量的信息传输延迟，而飞机上的很多飞行参数传输对实时性要求很高，例如：飞机下降到决断高度时，飞行员发现不适合继续下降而选择复飞时，要发出操纵指令，操纵飞机抬头、爬升、复飞，操纵指令通过数据总线送往飞机操纵机构和发动机，但如果这时很不幸遇到数据总线上数据包因碰撞发生传输延迟，等到操纵指令好不容易送到飞机操纵机构和发动机时，可能已经来不及了。

因此对商用以太网首先要改进的内容就是要消除碰撞，以及消除由于不断碰撞、等待导致信息从发送端传输到接收端所需时间的不确定性，即用一些方法来保证信息包到达接收端的最大时间是已知的。AFDX 的改进方法是将交换机改为全双工交换机，且所有与交换机连接的航空计算机系统均采用全双工方式工作，通过两对双绞线与交换机连接，一对用来发送，另一对用来接收来实现全双工方式工作，如图 2.16 所示，这样就消除了商用以太网半双工通信方式造成的数据碰撞问题，从而也解决了因碰撞等待导致信息传输时间的不确定问题。

在同一个航空计算机系统内部的不同航空子系统之间进行信息通信，必须要经过 AFDX交换机才能进行信息通信，不能两两直接通信，以防止系统工作时不同航空子系统之间相互影响，即满足 ARINC - 653 规范的分区技术。

AFDX 的交换机同时还设置了用于发送和接收信息包的缓冲区，缓冲区是一个信息暂时存储区，即当需要传输的信息包太多、信道忙不过来时，多输入和多输出的信息包暂时存储在该缓冲区中，然后按照先到先走的时序排列原则，按先后顺序在信道空闲时收发信息。

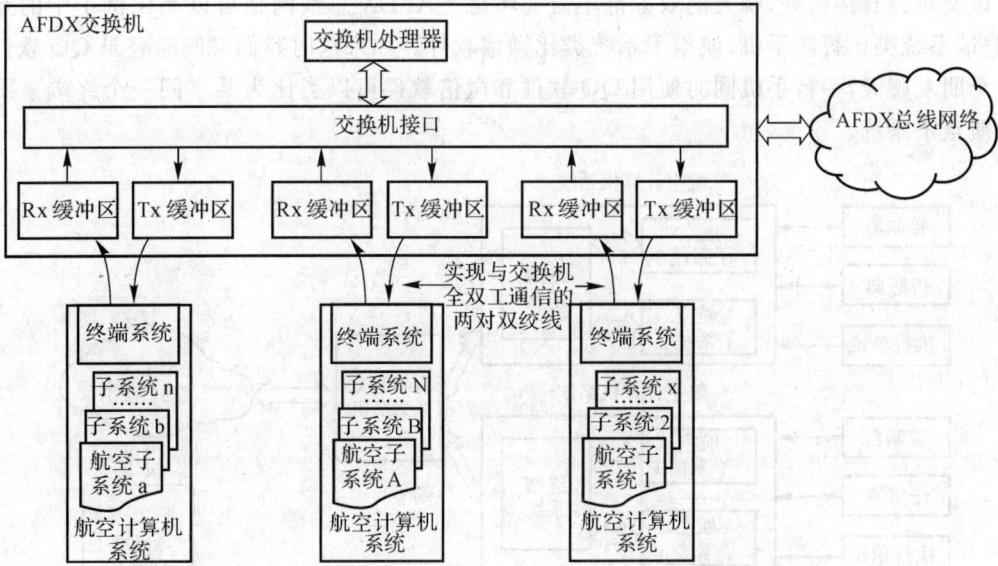

图 2.16 AFDX 交换机与航空计算机系统的全双工连接示意图

(2)冗余备份管理

交换式以太网的星形拓扑结构决定了交换机是整个网络的中心,为避免因某一台交换机出现故障而导致网络无法正常通信,在 AFDX 系统中采用两套同时工作、相互独立的网络冗余备份机制,通过 A 总线网络和 B 总线网络互为冗余实现,如图 2.17 所示。从发送端发送的信息包同时送到这两个总线网络上传输,这样正常情况下接收端将会收到两个信息包,接收端通过信息包中所含的序列号来区分信息包来自 A 总线网络还是 B 总线网络,并检查数据包的帧校验序列来决定采用哪个信息包,另一个信息包则丢弃。通过对数据传输进行冗余管理,就可以很好的保证信息包安全、可靠、准确地传输到目的地。

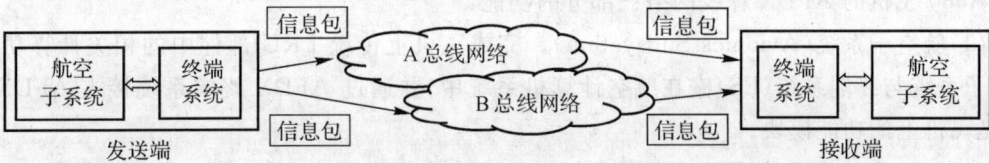

图 2.17 AFDX 冗余配置的总线网络示意图

2.7.3 A380 飞机的 AFDX 总线网络的组成和功用简介

因为 A380 飞机是世界首款完全采用 AFDX 总线网络系统的民航客机,相关技术资料较全面,因此我们以该机型为例说明 AFDX 总线网络在民航飞机上的应用。A380 飞机的 AFDX 系统由航空子系统、终端系统、AFDX 总线网络三部分组成,其中一个终端系统可以带多个航空子系统,一个 AFDX 交换机可以带多个航空计算机系统。如图 2.18 所示。

这三部分之间是什么关系?我们用智能手机连接上互联网通过微信与朋友聊天的情景类比举例说明:无论我们身处何处,也不用知道朋友身在何地,只要双方的智能手机能够连接上互联网并且能够接入微信,双方就能够聊天通信,至于双方的通信内容如何经过互联网发送给对方以及对方身在何处,聊天的双方都不需要考虑。AFDX 总线网络可以类比例子中的互联网,终端系统类比智能手机,航空子系统类比微信软件。如果这时我们又同时登录 QQ 软件与另一个朋友聊天,一台手机同时使用 QQ 软件和微信软件可以类比为共享同一个终端系统的两个航空子系统。

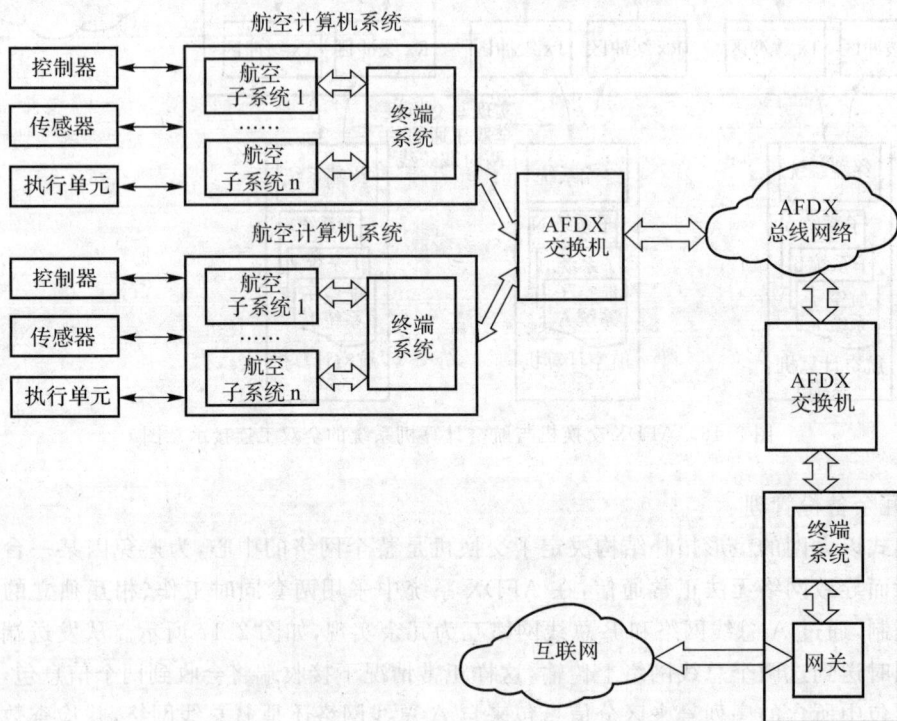

图 2.18　A380 飞机 AFDX 总线网络的组成示意图

A380 飞机的 AFDX 总线网络三部分的功能:

(1)航空子系统(Avionics Subsystem)。完成飞机上传统 LRU 部件中的相关计算功能,航空子系统与终端系统(ES)嵌在航空计算机系统中,并通过 AFDX 终端系统接入 AFDX 网络,是飞机上的功能模块。

(2)AFDX 终端系统(ES - End System)。ES 主要有两个功能:第一个是提供航空子系统和 AFDX 数据总线的通信链路之间的接口,确保各航空子系统和其他航空电子系统之间的安全、可靠的数据交换;第二个是兼容不同的协议标准,将基于不同协议结构的数据进行格式转换,以完成采用不同协议标准的系统间的数据通信。例如对支持 ARINC429 总线规范的系统的兼容,因为目前大部分现役飞机上的数据总线还是 ARINC429 总线,还有大量地采用 ARINC429 总线规范的机载电子设备使用寿命未到期或者航空公司库存备件还剩余很多,为了不造成浪费,AFDX 系统通过 ES 提供了与这些设备的兼容接口,以保障用户利益。

航空子系统与终端系统(ES)嵌在航空计算机系统中,构成了 A380 飞机 AFDX 系统的第三代综合模块式机载电子系统(IMA)结构,从本章 2.5 节的内容可知,B777 和 B787 飞机的 IMA 结构是用机柜将所有的计算机模块(CPM)统一管理,而 A380 飞机的 IMA 结构则与之不同,计算机模块(航空计算机系统)不是统一管理,而是分布在飞机的不同部位,围绕在不同的交换机周围。对比图 2.18 和图 2.12(b)可见,A380 飞机的航空计算机系统与 B777 飞机的 CPM 功能相似;图 2.18 中 A380 飞机航空子系统及其控制器、传感器和执行单元等,则与 B777 飞机用于 AIMS 处理数据的 7 个子系统类似;A380 飞机航空计算机系统中的航空子系统内运行的软件与 B777 飞机的 AIMS 中 CPM 安装的应用软件类似,都是不同的应用软件完成不同传统 LRU 的计算功能,如图 2.16 所示;A380 飞机与 B777、B787 飞机的 AFDX 网络都采用同样基于 ARINC653 规范的分区技术,实现不同应用软件在不同分区相互独立运行。

(3)AFDX 总线网络(AFDX Interconnect):全双工交换式网络。需要有至少一台交换机作为不同航空子系统之间数据通信的中继器,才能构成 AFDX 总线网络,才能将数据传送到正确的目的地址,即不同航空子系统之间必须要经过交换机才能进行信息传输。每台交换机最多能连接 24 个航空计算机系统,形成接入交换网络,且交换机之间可以通过级联的方式很方便地将网络扩展到很大规模。AFDX 交换机之间通过背板总线连接,形成骨干交换网络,即 AFDX 总线网络。如图 2.19 所示。图中的 IOM(输入/输出模块)、CPIOM(核心处理输入/输出模块)是指航空计算机系统,即一个 IOM 或 CPIOM 包括一个终端系统和多个航空子系统。

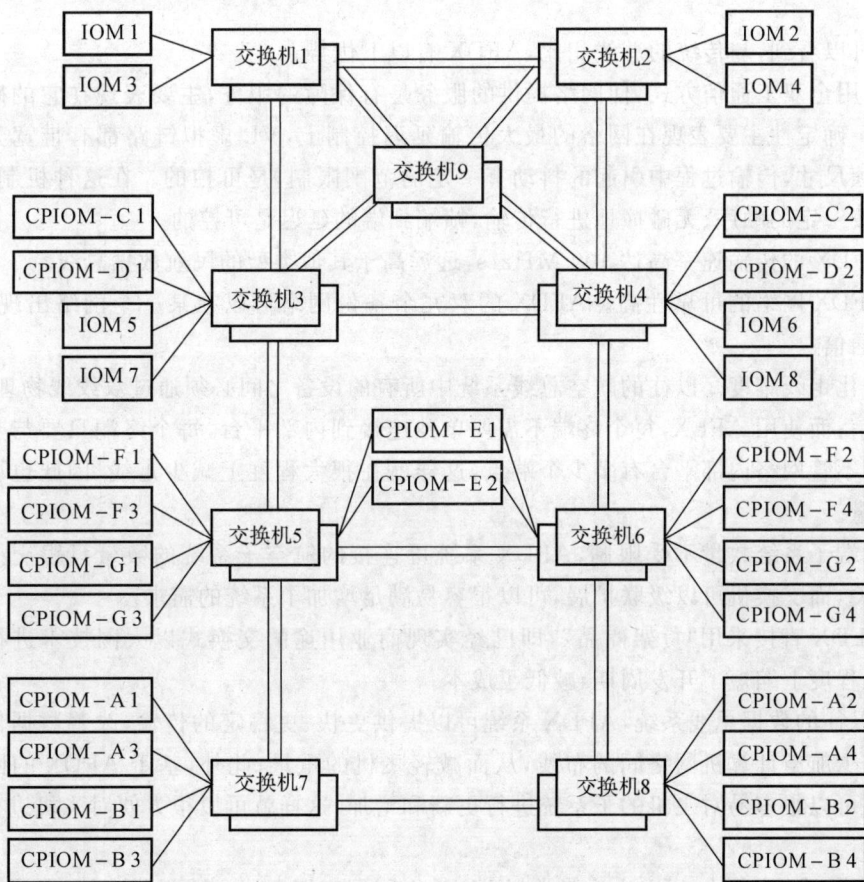

图 2.19　A380 IMA 系统结构

2.7.4　A380 飞机 AFDX 的虚拟连接技术简介

虚拟连接(VL — Virtual Link)技术是 AFDX 总线网络的核心技术。VL 技术定义了从一个发送端(航空子系统)通过交换机,同时和多个接收端(航空子系统)之间建立相互独立的单向数据传输链路。一条 VL 链路的功能与一条 ARINC429 总线的功能类似,同样是唯一发送端向多个接收端发送数据,区别仅在于 VL 链路传输速率快很多。

每一个 VL 虚拟链路都分配一定的信号带宽配额,一条物理链路上的所有 VL 共享该物理链路的带宽,带宽决定了能容纳的 VL 数量。为了避免 VL 之间的相互干扰,必须采取措施对 VL 进行隔离,隔离的办法是为每一个终端(发送端或接收端)分配了一个唯一的 48 bit 地址作为标志符,标志符的后 16 bit 作为虚拟链路 ID,源端只有一个,目的端可以是一个或多个,由该标识符予以区分,同一个 VL 内通信的源端和目的端的虚拟链路 ID 相同。

对于不太重要的通信网络,AFDX 允许建立子虚拟连接(sub - VLs),系统带宽对虚拟连接是有保证的,但对子虚拟连接是没有保证的。

2.7.5　AFDX 网络的优势

我们可以看到,与传统的总线相比,AFDX 有以下优势。

(1)采用全双工通信方式,使网络提供的服务是有保障的服务,主要表现在它的确定性和可靠性上。确定性主要表现在网络的最大传输延迟控制上,VL 虚拟链路都有带宽分配间隔和最大的帧尺寸,传输过程中引起的抖动有一定的范围限制,是可控的。在这种机制保障下,信息帧可按一定的顺序、无碰撞地进行传输,帧端到端的延迟是可控的。

(2)AFDX 的传输速率高达 100 MHz/s,远远高于其他类型的民航数据总线。

(3)AFDX 网络的可靠性高。AFDX 的双冗余备份网络可以在某一个网络出现故障时,仍能正常通信。

(4)简化走线难度。以往的航空总线系统中所有的设备之间必须通过双绞线物理相连,才能正常通信;而使用 AFDX,每个终端不需要单独连接到内部平台,每个终端只要与交换机直接相连,而不管网络内部平台有多少个端点,这样就在很大程度上减少走线,因此也可以减轻飞机的重量。

(5)终端子系统数量不受限制,AFDX 系统可连接的航空子系统的数量只跟交换机端口的数量有关,而交换机可以级联扩展,可以很容易满足增加子系统的需求。

(6)AFDX 直接采用"货架商品",即已经实现商业用途的交换式以太网技术进行二次开发,在很大程度上缩短了开发周期,减低了成本。

相比以往的数据总线系统,AFDX 系统可以提供更快、更稳定的传输,改善数据传输的服务质量,减少航空计算机网络间的布线,从而减轻飞机的重量;此外,基于 AFDX 的网络拓扑非常灵活,可以很容易对飞机的子系统进行更新和增加,这样就可以很方便对飞机进行升级和维护了。

有人提出来,为什么 AFDX 不能类似 WIFI 组网那样用无线方式组网连接,形成数据总线网络,而要采用复杂的总线结构连接不同的机载设备?在飞机内部安装有大量的无线电通信和无线电导航设备,这些设备几乎都具备接收和发射无线电信号的能力,而且工作频率各不相同,这就造成不同频率的无线电波在一个相对狭小的空间内相互叠加,会产生很多意想不到的干扰无线电信号,当这些干扰信号影响到无线电通信和导航设备的正常工作时,会直接影响飞行安全。因此对于飞机上任何新增加的无线电发射装置,例如:当前在飞机的起降阶段是禁止使用手机、笔记本电脑、平板电脑等设备,就是因为还无法有效证明其产生的无线电信号不会对飞机的通信和导航设备造成干扰。而如果飞机内部数据总线采用无线电信道连接,也存在同样问题,需要有效证明其不会对通信和导航设备造成干扰。而证明某个频率的发射信号对机载无线电通信和无线电导航设备不会造成干扰,需要做大量的实验,且这种实验的周期很长,投入很大,因此推进很缓慢。

思 考 题

1. 数字通信与数据通信有什么差别?

2. 民航数据链包括哪三个基本要素? 三个要素各有什么特点?

3. ACARS 系统如何实现民航地空数据通信?

4. 与 ACARS 相关的 ARINC 通信协议有哪些? 各协议的内容分别是什么? 分别用于 ACARS 什么情况下的数据通信?

5. ACARS 的三类报文分别用于哪些民航生产领域?

6. ACARS 的报文如何发送?

7. 什么是 ACARS 的 OOOI 报文?

8. 举例说明 ACARS 对提高民航机务工作效率有哪些帮助?

9. 目前的 ACARS 有什么优缺点?

10. B737 飞机的 ACARS 包括哪些组件?

11. ARINC429 数据总线的连接结构有什么特点?

12. BCD 格式和 BNR 格式的 ARINC429 数据字有什么不同? 举例说明各自用于传输哪些参数?

13. 第一代分立式、第二代联合式、第三代综合模块式机载电子系统各有什么特点?

14. ACARS 系统组件在 B777 飞机和 B737 飞机上有什么不同?

15. IMA 系统采用什么技术手段防止同一模块中不同的应用软件之间相互不破坏对方数据?

16. ARINC629 数据总线的连接结构有什么特点?

17. ARINC629 数据总线为避免数据传输时发生碰撞,应采用什么样的数据传输机制?

18. 与 ARINC429 和 ARINC629 总线相比,AFDX 数据网络有什么优点?

19. AFDX 数据网络为满足在民航飞机上的工作要求而对商用交换式以太网进行了哪些改进? 这些改进措施如何实现?

20. 什么是 A380 飞机 AFDX 数据网络的虚拟连接技术?

第3章　民航飞机的语音通信

3.1　通信系统概述

语言是人类交流的主要手段,因此语音通信是飞机与地面台、飞机与飞机之间和飞机内部通信的传统方式。当代的民航飞机在天空翱翔期间,与外部世界的所有通信任务,包括语音通信与数据通信,均通过无线电通信系统来完成。目前民航飞机上标配的无线电通信系统是高频(HF)通信系统、甚高频(VHF)通信系统,卫星通信系统(SATCOM)是选装的机载系统,且工作方式与 HF、VHF 通信系统不同,因此我们对其作单独说明。

HF 通信系统、VHF 通信系统是传统的机载语音通信系统,后来为了给 ACARS 系统提供信道,才兼作为数据通信系统用途,由于其设计初衷是单纯的语音通信系统,用作数据通信时难以达到较高的传输速率、难以提供较高的带宽,因此难以满足现代数据通信的要求。而 SATCOM 系统是较新设计的系统,且随着通信卫星不断更新、通信技术不断进步,使其成为机载无线电通信系统中最适合数据通信的系统,因为 SATCOM 通信成本较高,所以如果有足够的地面 VHF 通信台支持的地方,飞机上通常采用 VHF-3 通信系统作为数据通信的信道,以降低成本。

由于美国波音公司的 B737 飞机和欧洲空中客车公司的 A320 飞机在中国民航机队中占有绝大多数的比例,因此本章以这两种机型的语音通信系统为蓝本进行说明。

3.1.1　波音 B737 NG 飞机语音通信系统概况

美国波音公司的 B737 飞机自 1967 年交付第一架以来生产至今,其机载设备随时代进步不断更新,但又有一定继承,因此其机载系统不是采用最先进的技术,但是采用的是非常典型的技术。目前在中国民航使用最广泛的 B737-700/800/900 系列飞机又简称为 B737NG 飞机,其机载语音通信系统包括:高频通信系统(HF)、甚高频通信系统(VHF)、旅客广播系统(PA)、旅客娱乐系统(PES)、内话系统(INT)、选择呼叫系统(SELCAL)等几个子系统,如图3.1 所示。

为了提高设备可靠性,一般民航机载电子设备都采用冗余配置。例如:在 B737 飞机上,HF 通信系统安装了两套,一套使用,另一套备用;VHF 通信系统安装了 3 套,一套使用,另一套备用,第三套作为飞机通信寻址与报告系统(ACARS)的专用信道。飞行员用音频控制面板(ACP)从冗余配置的多个子系统中选择其中一套作为当前工作子系统,其他同类子系统则作为备用。由于 HF 通信系统、VHF 通信系统等子系统有多个工作频段,工作时只能使用其中一个频段,因此飞行员通过 ACP 选择了当前工作的子系统后,还需要通过无线电通信面板(RCP)选定该子系统的工作频率。

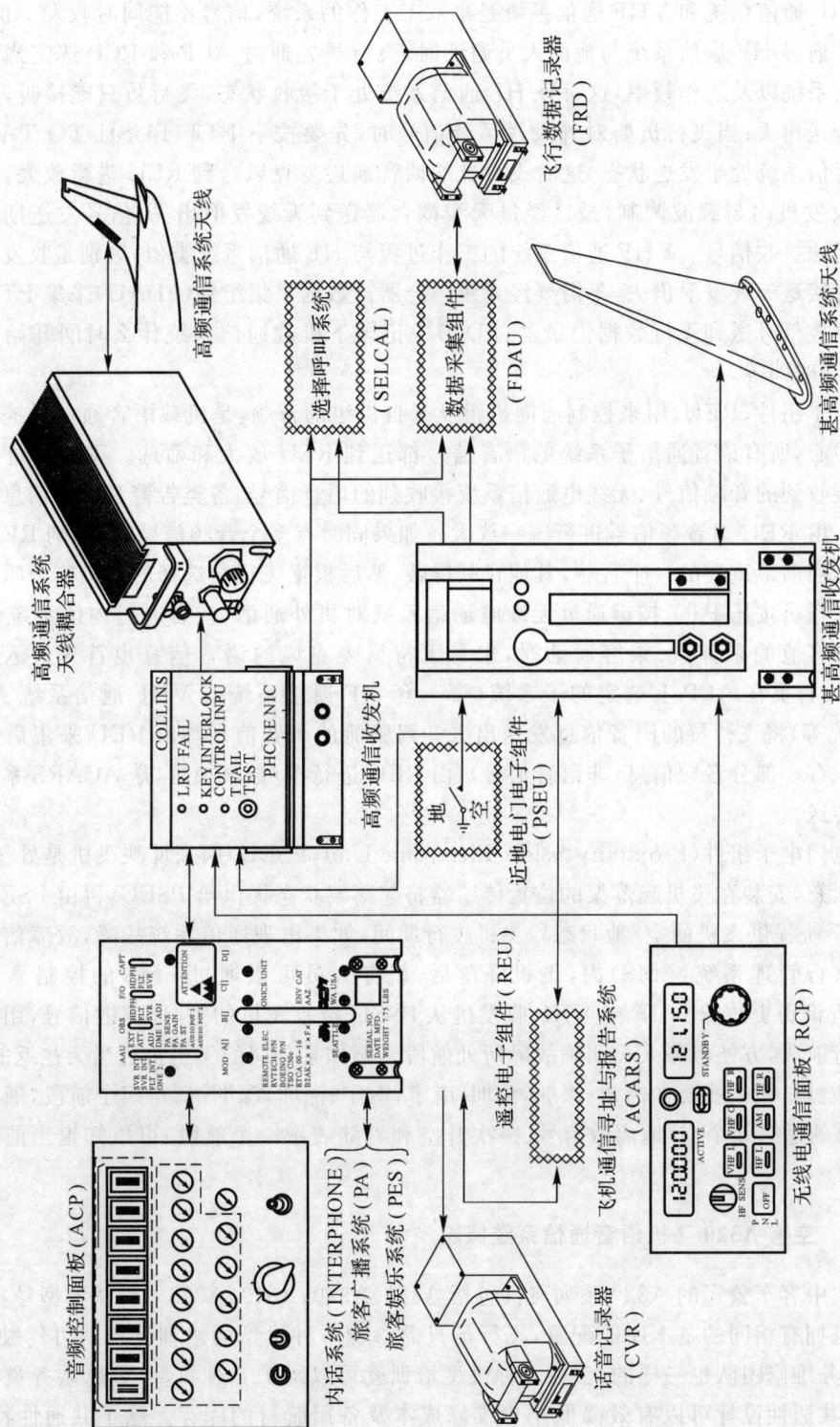

图3.1　B737飞机机载语音通信系统组件示意图

机载 HF 通信系统和 VHF 通信系统是半双工工作的系统,信号不能同时收发。例如:当飞行员需要通过 HF 通信系统与地面人员通话时,飞行员先通过 ACP 和 RCP 选定当前工作的 HF 通信系统以及工作频率,这时该 HF 通信系统处于接收状态,飞行员只能接听,所说的话音无法传送出去;当飞行员要对外发送话音信号时,先要按下 PTT(PUSH TO TALK)按键使 HF 通信系统处于发送状态,这时飞行员的话音通过麦克风送到 REU 进行放大,然后在高频通信收发机内与载波调制,最后经过天线耦合器送到天线发射出去,信号发送期间,HF 通信系统无法接收信号。VHF 通信系统的工作过程与 HF 通信系统类似,区别是收发机调制后的信号直接送天线发射出去,不需要经天线耦合器。数据采集组件(FDAU)采集 PTT 离散信号作为键控信号送到飞行数据记录器(FDR)中记录下机载通信系统什么时间开始发射信号、发射多长时间等。

遥控电子组件(REU)用来控制通向机组及来自机组的音频,是机载语音通信系统的语音信号处理中心,所有语音通信子系统的语音信号都送到 REU 放大和筛选。飞机通过无线电导航系统接收到的音频信号、无线电通信系统接收到的语音信号、各类告警音频等信息首先输入到 REU,由 REU 对音频信号进行统一放大。如果同时有多个音频信号输入,则 REU 按优先级筛选出当前最重要的一个音频,其他音频屏蔽,然后根据飞行员选择的耳机或喇叭播放该音频。当飞行员按压 PTT 按键通过无线电通信系统对机外通话,或者通过内话系统、PA 系统等对机内客舱的乘务员、乘客通话时,来自飞行员麦克风的语音信息也首先进入 REU,REU 根据飞行员在 ACP 上选定的子系统(哪一套 HF 通信系统或 VHF 通信系统、内话系统、PA 系统等)将飞行员的语音信息发送出去。驾驶舱的语音信号均由 REU 采集后送到语音记录器保存。部分音频信息(非语音信号),由 REU 进行模/数转换后,送 ACARS 系统进行数据信号传送。

近地电门电子组件(Proximity Select Electronic Unit,PSEU)用来反映飞机是处于飞行,还是地面状态,安装在飞机起落架的位置传感器将起落架状态提供给 PSEU,再由 PSEU 为近30 个机载系统提供飞机的空/地状态。飞机飞行期间,如果出现通信系统故障,故障信息会自动保存在飞行管理系统(FMS)内,飞机降落后,机务人员可以通过 FMS 的控制显示组件(CDU)来查询历史故障。HF 或 VHF 收发机从 PSEU 接收飞机的空/地离散信号,用来计算当前的飞行航段,方便机务人员明确故障所处航段。例如某公司的飞机执行当天往返的福州-深圳-南宁航班,那么就要飞福州-深圳,深圳-南宁,南宁-深圳,深圳-福州四个航段;通过计算PSEU 发出的是第几个空/地离散信号(一次升空和着陆表示一个航段)可以知道当前飞机所处的航段。

3.1.2 空客 A320 飞机语音通信系统概况

欧洲空中客车公司的 A320 系列飞机包括 A321,A320,A319,A318 4 种基本型号,这4 种型号的飞机拥有相同的基本座舱配置,飞行员只需参加一种机型的培训课程就可驾驶上述 4型飞机,机务维修团队也一样的,参加一种机型培训就可以维护 4 种机型,客舱乘务员的情况相同,这种共通性设计可以有效降低用户维修成本及备用航材的库存。除了共通性特点外,A320 飞机还采用了许多新技术,因此自 1988 年 4 月投入运营以来,到目前为止,已成为历史上仅次于波音公司的 B737 飞机销量第二的喷气式民航客机。

空客和波音公司的飞机设计理念有着较大差异,空客强调的是计算机对客机的控制权,在大多数飞行控制中,飞行员的行为受到机载计算机的制约,即如果飞行员的操作超过系统规定的极限值,超出部分计算机系统不予执行;波音公司则认为计算机并不都可靠,飞行员才具有客机的最大控制权,即飞行员可以架空自动驾驶系统完全按自己的意图控制飞机飞行,即使飞行员的操作超出系统极限值也会按飞行员操作执行。因此空客飞机大量采用计算机系统,这也是空客飞机具有良好共通性的技术前提。

A320 飞机的机载通信系统分为驾驶舱通信系统和客舱通信系统两部分,分别通过音频管理组件(AMU)和客舱内部通信数据系统(CIDS)两个部件进行管理。AMU 管理驾驶舱通信系统,用于处理供飞行员使用的语音和数据通信信号,包括 HF/VHF 通信系统、飞行内话系统等;CIDS 管理客舱通信系统,用于处理客舱乘务员、旅客的语音和数据通信信号以及飞行员与客舱之间的通信信号,包括旅客广播、旅客呼叫、客舱及驾驶舱内话、服务内话、旅客娱乐、预录通告及音乐、旅客灯光标记等子系统。如图 3.2 所示。空客系列飞机的其他机型如:A330,A340 等也采用类似设置。

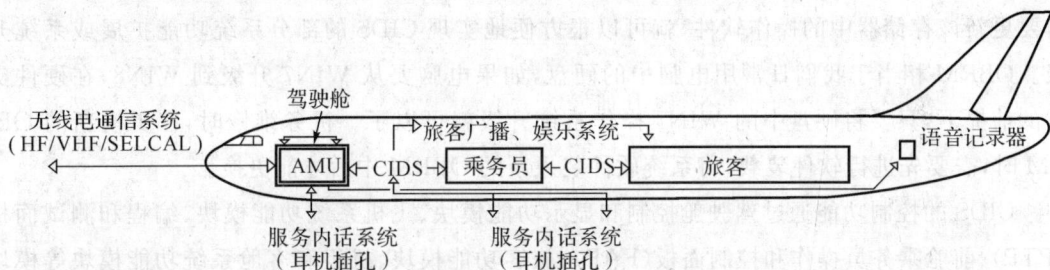

图 3.2　A320 飞机机载通信系统总体概况

A320 飞机的驾驶舱通信系统包括:3 套 VHF 通信系统、2 套 HF 通信系统、选择呼叫系统(SELCAL)、音频控制面板(ACP)、无线电管理面板(RMP)、音频管理组件(AMU)等子系统组成。如图 3.3 所示。

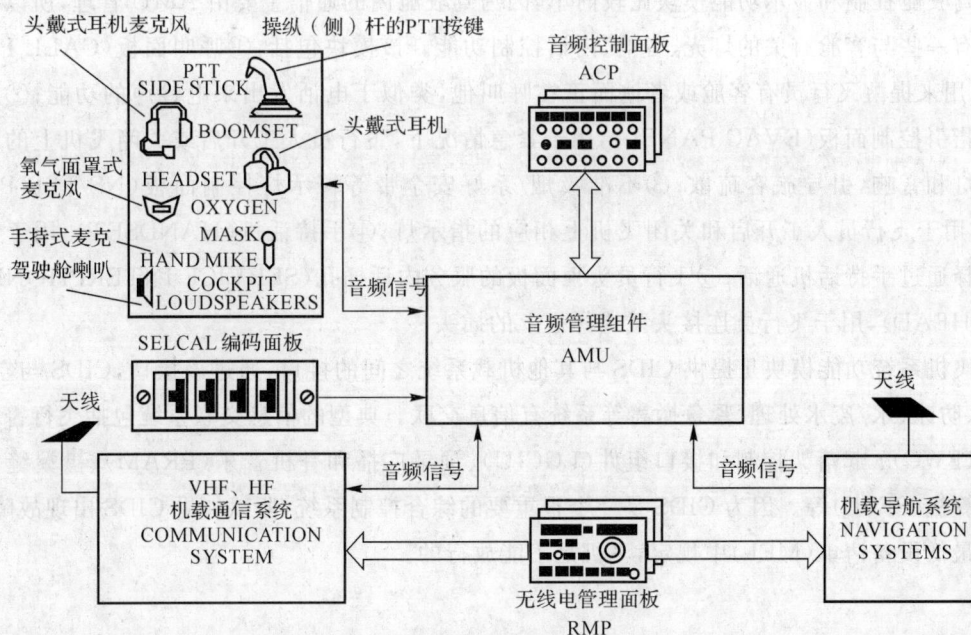

图 3.3　空客 A320 飞机驾驶舱通信系统组件示意图

AMU 是驾驶舱通信系统的控制中心,功能类似于 B737 飞机的 REU。ACP 与 B737 飞机上通信系统的 ACP 基本相同,用来供飞行员选定当前工作的通信子系统。RMP 与 B737 飞机上的 RCP 具有类似功能,为飞行员在 ACP 上选定的无线电通信子系统设定工作频率,此外,RMP 还可以作为备用设备,为甚高频全向信标(VOR)等无线电导航系统设定工作频率。

A320 飞机的客舱通信系统则包括在客舱内部的所有通信设备、娱乐系统和灯光等系统,由客舱内部通信数据系统(CIDS)进行管理和控制,CIDS 是一个由微处理器(DIRECTOR)控制工作的系统,通过 ARINC429 数据总线对客舱内各个系统进行控制、监控和数据处理,并可以对相关系统和组件进行测试。

如图 3.4 所示,CIDS 的核心处理器称为控制器(DIRECTOR),一共有两部,一部正常工作,另一部备用。每个控制器中均安装有一个机载可更换组件(OBRM),它是一个固态存储器组件,外形类似于手机用的存储卡。该存储卡中存储了控制器的部分操作软件,航空公司只需要更新该存储器中的操作软件,就可以很方便地实现 CIDS 的部分系统功能扩展或系统升级。OBRM 相当于我们日常用电脑中的硬盘,如果电脑要从 WIN7 升级到 WIN8,在硬件支持的前提下,只要将硬盘中的 WIN7 操作系统升级就可以了。机务维修时,在更换新的 OBRM 时,需要先进行软件装载,将系统软件装入新的 OBRM 中后才能更换。

CIDS 的控制功能通过驾驶舱控制和显示功能模块、飞机系统功能模块、编程和测试面板(PTP)、前舱乘务员操作和控制面板(FAP)、旅客功能模块、机组和客舱系统功能模块等模块来实现。

DEU 是控制器与各类客舱设备之间的接口,用来将各种客舱设备输入的信号转换为控制器能够识别和处理的格式,DEU A 连接与旅客操作有关的设备,DEU B 连接与乘务员操作有关的设备。

驾驶舱控制和显示功能模块比较简单,因为驾驶舱内的通信主要由 AMU 管理,所以该模块只有一些与客舱有关的灯光、音响、内话控制功能。该模块包括:①呼叫面板(CALL PANEL),用来提醒飞行员有客舱或者地面正在呼叫他,类似于电话发出来电铃声的功能;②紧急疏散指引控制面板(EVAC PANEL),用于紧急情况下,飞行员人工开启或关闭飞机上的疏散指引灯和音响,引导旅客疏散;③不准吸烟/系好安全带等警示灯控制面板(NS/FSB PANEL),用于飞行员人工开启和关闭飞机上相应的指示灯;④手持话机(HANDSET),用于飞行员选择通过手持话机通话;⑤飞行员头顶面板的服务内话插孔(SERVICE INTERPHONE OVERHEAD),用于飞行员连接头戴式耳机上的插头。

飞机系统功能模块是提供 CIDS 与其他机载系统之间的接口,通过该接口,CIDS 与空调、通信、防冰、水/废水处理、紧急撤离等系统有信息交联。典型的信息交联系统包括飞行警告计算机(FWC)、起落架控制和接口组件(LGCIU)、预录广播和登机音乐(PRAM)、襟翼缝翼控制计算机(SFCC)等。因为 CIDS 是一个很重要的综合控制系统,所以如果 CIDS 出现故障,则按照最低设备清单(MEL)中规定,飞机是不能放行的。

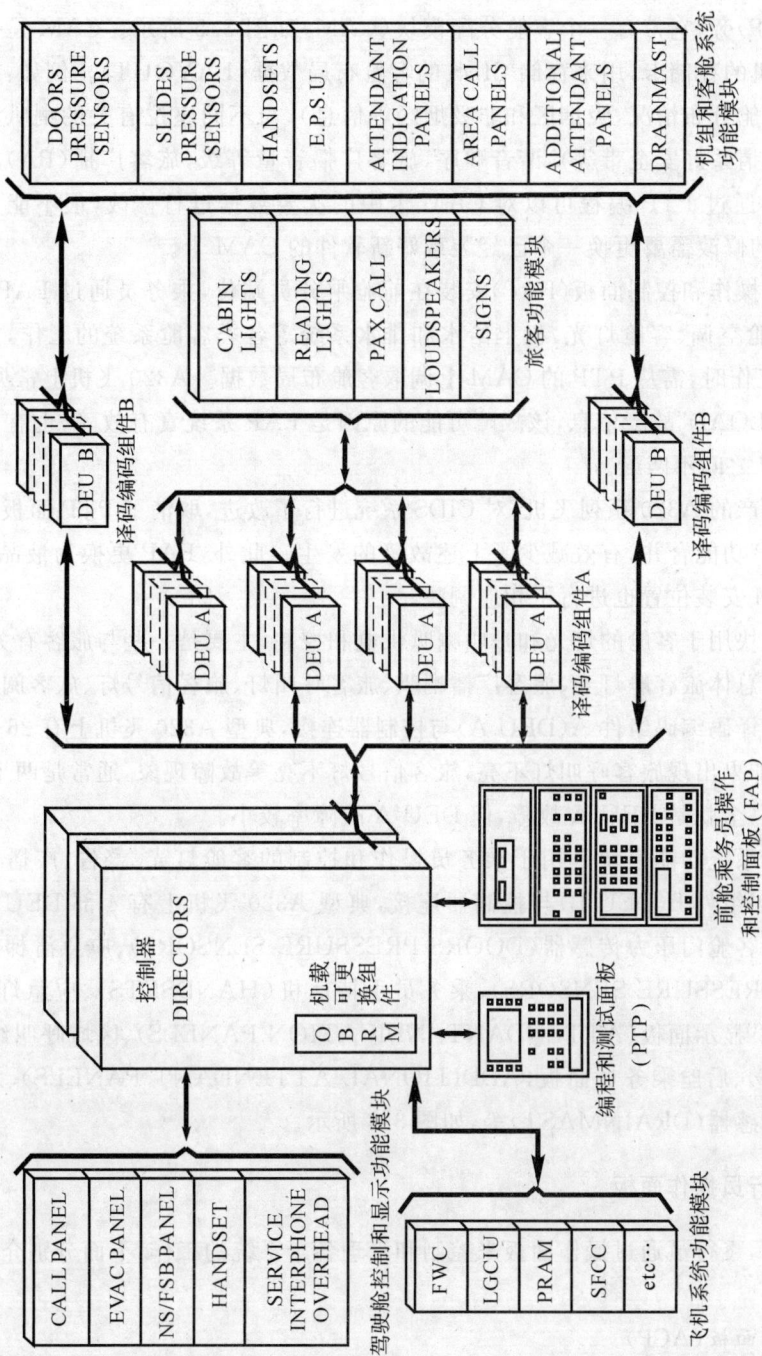

图3.4　客舱内部通信数据系统(CIDS)的功能模块示意图

编程和测试面板(PTP)可以进行客舱布局安排与测试、工作灯测试、逃生滑梯气瓶压力监控、阅读灯测试、持续的应急灯测试等操作。PTP 安装在前舱乘务员站位,在前舱乘务员操作和控制面板(FAP)旁,它带有一个客舱分配模块(CAM)如图 3.5 所示。CAM 是一个固态存储卡,类似于手机的存储卡,用来存储 CIDS 的客舱布局数据(LAYOUT)。例如:客舱区域信息(公务舱、经济舱分布情况,吸烟区和非吸烟区等信息),与不同座位有关的喇叭和旅客通告显示(禁止吸烟、请系好安全带等),谐音顺序,旅客广播音量等级,旅客广播(PA)的优先权控制等。机务人员通过 PTP 编程可以对 CAM 卡中的次要数据进行修改,但不能更改主要数据,对主要数据的修改需要更换一个已经装载好新软件的 CAM 卡。

前舱乘务员操作和控制面板(FAP)安装在前舱乘务员站位,乘务员通过 FAP 可以操作、监控、测试如客舱空调、客舱灯光、机上给水和排水系统等各类客舱系统的工作,如图 3.5 所示。FAP 系统工作时,需从 PTP 的 CAM 上调取客舱布局数据。A320 飞机上常见的故障:出现"CAM NOT LOAD"故障信息,该故障可能的原因是 FAP 系统真有故障,也有可能是本机的 CAM 和 FAP 之间不匹配。

近几年新生产的 A320 系列飞机,对 CIDS 系统进行了改进,取消了 PTP 面板,将 PTP 大部分功能和 FAP 功能合并,有效减少了上述故障的发生。此外,FAP 更换为液晶面板,CIDS 控制器的 OBRM 安装位置也进行了相应调整。

旅客功能模块用于客舱的灯光和呼叫喇叭供电和控制,主要是一些与旅客有关的设备,其控制的设备包括总体旅客舱灯光、旅客广播喇叭、旅客呼叫灯、旅客信号灯、旅客阅读灯等。旅客功能模块通过译码编码组件 A(DEU A)与控制器连接,典型 A320 飞机上有 26 部 DEU A。在机务维修中,如果出现旅客呼叫灯不亮,旅客信号灯不亮等故障现象,通常是两个原因:一个是灯泡烧坏,另一个就是 DEU A 故障,但 DEU A 故障率较小。

机组和客舱系统功能模块是用于乘务员操作和控制的客舱灯光、警告、广播等相关的设备,通过译码编码组件 B(DEU B)与控制器连接,典型 A320 飞机上有 4 部 DEU B。DEU B 连接的设备包括客舱门压力传感器(DOORS PRESSURE SENSORS)、应急滑梯气瓶压力传感器(SLIDES PRESSURE SENSORS)、乘务员手持话机(HANDSETS)、应急灯光组件(E. P. S. U.)、乘务员显示面板(ATTENDANT INDICATION PANELS)、区域呼叫组件(AREA CALL PANELS)、后舱乘务员面板(ADDITIONAL ATTENDANT PANELS)、水分配系统的废水排放管传感器(DRAINMAST)等,如图 3.4 所示。

3.1.3 飞行员操作面板

民航飞机上,飞行员通过操作面板来控制和管理各个系统的工作,下面分别介绍常用的飞行员操作面板。

1. 音频控制面板(ACP)

音频控制面板(ACP)如图 3.6 所示,供飞行员进行所有机上的通信和导航音频信号源切换、音量调节、PTT(PUSH TO TALK)信号控制等操作。B737 飞机和 A320 飞机的 ACP 面板布局有些差异,但功能基本相同。

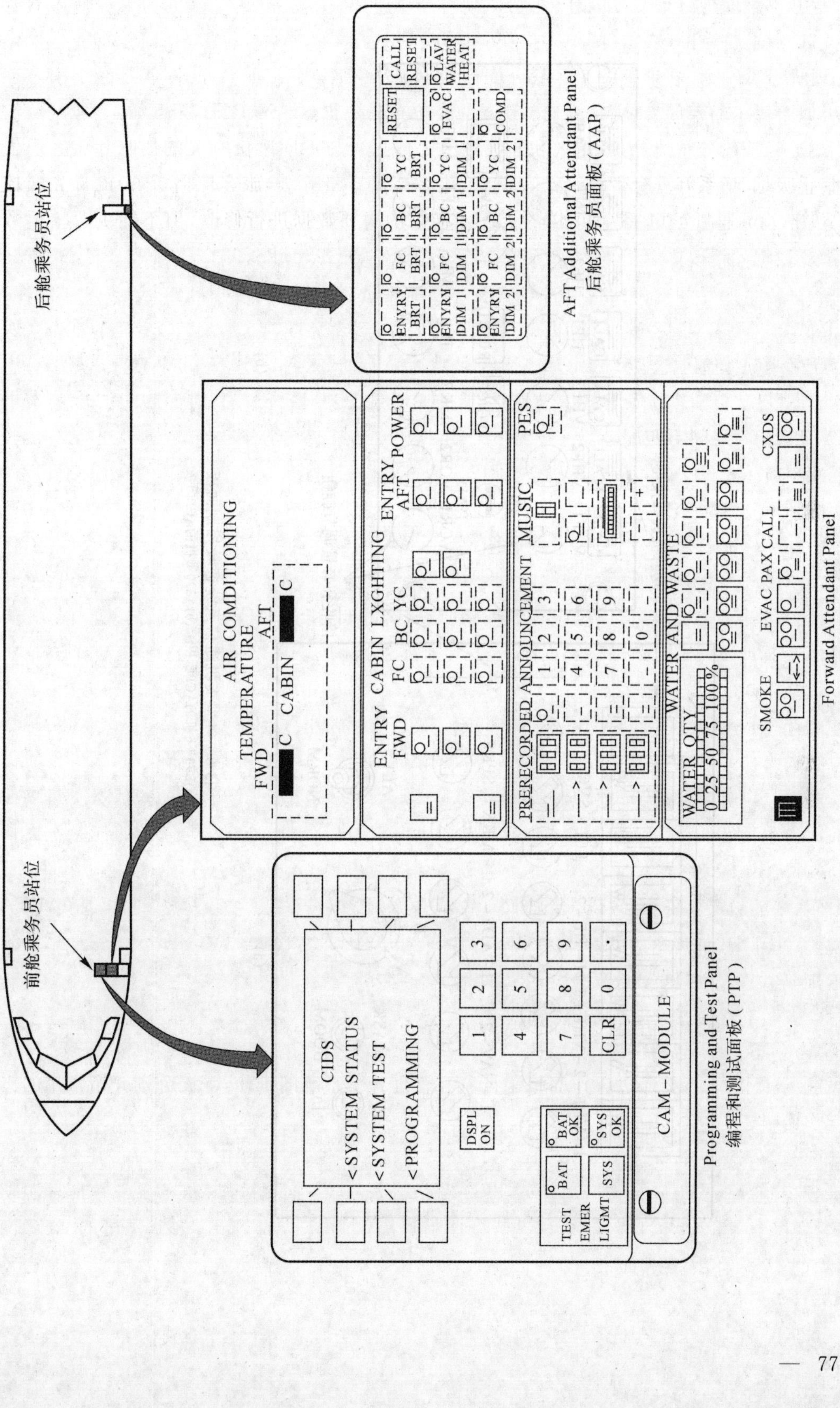

图3.5　前舱乘务员操作和整制面板(FAP)和编程和测试面板(PTP)示意图

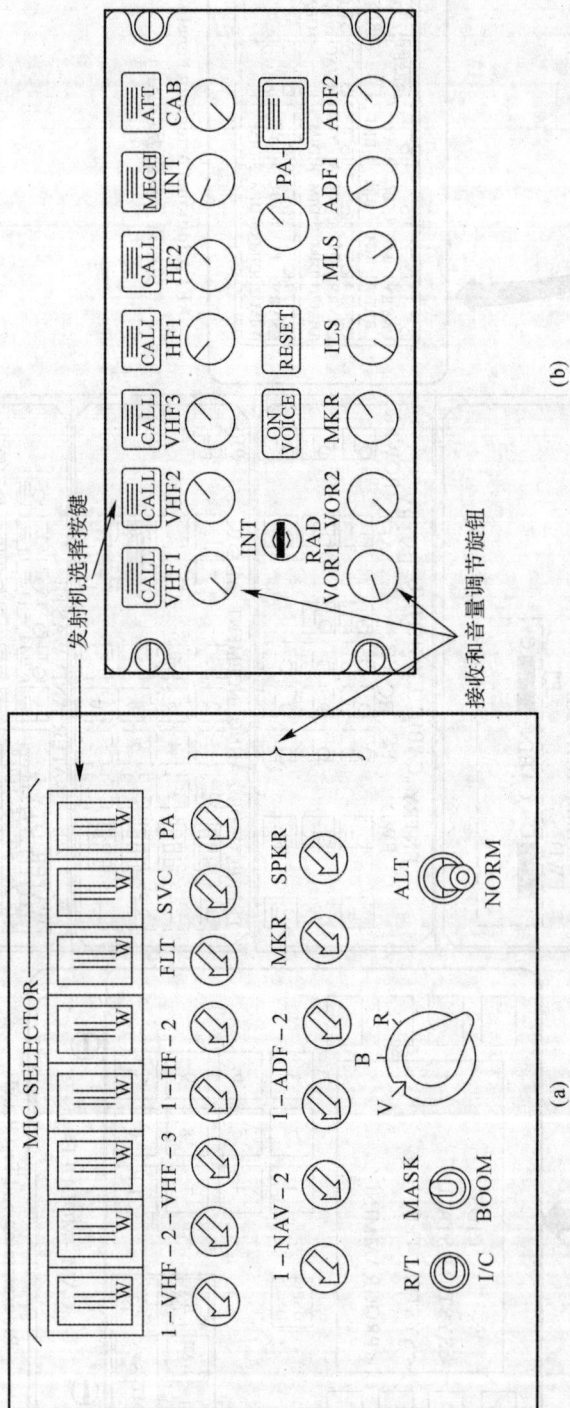

图3.6 典型飞机通信系统音频控制面板
(a)B737飞机的ACP面板; (b)A320飞机的ACP面板

B737 飞机的 ACP 面板如图 3.6(a)所示,ACP 面板有 3 套,分别给正驾驶、副驾驶和观察员使用。在 ACP 面板上方的"MIC SELECTOR"对应的 8 个方形的发射机选择按键用来供飞行员选定当前使用哪套通信系统收发语音信号,按下按键后按键灯点亮,再次按下按键后灯灭,但 PA 发射机选择按键不同,只有在按压时灯亮,松开就熄灭。8 个方形选择按键中有 3 个 VHF 通信系统选择按键(1‑VHF‑2‑VHF‑3)、2 个 HF 通信系统选择按键(1‑HF‑2)、1 个飞行内话(FLT)、1 个勤务内话(FLT)、1 个客舱广播(PA),飞行员每次只能选择其中一个系统通话,当按下第二个按键时,第一个按键解除选择,按键灯灭。

圆形的接收和音量调节旋钮用来供飞行员选定用哪一套或几套通信收发机收到的语音信号,或者选择接收哪套机载无线电导航接收机(1‑NAV‑2,1‑ADF‑2,MKR)收到的导航音频信号,常见的导航音频信号是台识别信号,即地面无线电导航台通过发出按一定规律变化的音频信号供机载接收机识别所接收的是哪个导航台的信号,NAV 一般指 VOR 台,ADF 指 NDB 台,MKR 指 ILS 的指点信标台。飞行员按下某个圆形旋钮就选择了其对应的接收机收到音频,这时按键灯亮,可以选择多套设备,即可以按下多个圆形旋钮,同时收听多套接收机收到的音频,旋转圆形旋钮可以调节接收音频的音量大小,只有再次按压该圆形旋钮才能解除选择,按键灯灭。按下"SPKR"按键,飞行员可以从飞行内话系统的喇叭听到音频信息,旋转该按键可以调节喇叭音量。

"R/T‑I/C"三位开关也称为"无线电‑内话选择 PTT 开关"(Radio‑Intercom PTT Switch)起发出 PTT 信号的作用,选择"R/T"位时,将飞行员麦克风发出的语音发送到由方形选择按键选定的某套 HF 或者 VHF 通信系统收发机,同时产生一个 PTT 信号触发该收发机将飞行员的语音信号调制后发射出去。选择"I/C"位时,将飞行员麦克风发出的语音发送到内话系统上,同时产生一个 PTT 信号送到内话系统,将飞行员语音传送给另一名飞行员、乘务员或旅客。当开关置于中间位时,改由驾驶盘上的 PTT 按键控制发出 PTT 信号而不是由 ACP 发出。

"MASK/BOOM"开关用来选氧气面罩(MASK)麦克风和头戴式耳机的吊杆(BOOM)麦克风中的一个作为上述选定无线电系统或内话系统的信号源。

"V/R/B"选择旋钮用来控制接收无线电导航音频信号的方式,"V"位置表示只接收话音信号,"R"位置表示只接收信标信号,"B"位置表示两个信号都接收,如图 3.7 所示。

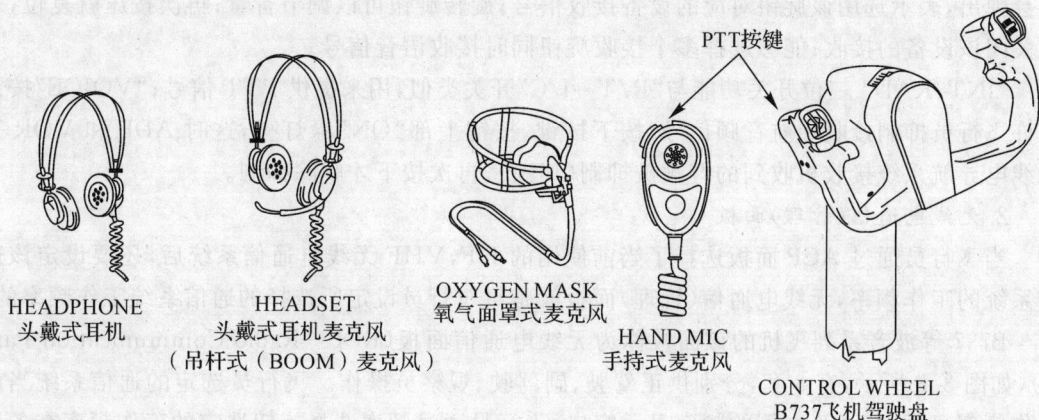

图 3.7　飞行员常用的耳机、麦克风和 PTT 按键示意图

"ALT/NORM"开关用来选定 ACP 的备用工作模式,当正驾驶或观察员的 ACP 选择"ALT"时,默认其控制 VHF-1 通信系统,副驾驶的 ACP 选择"ALT"时,默认其控制 VHF-2 通信系统。

例如:当飞行员接近某机场准备着陆时,需要与地面管制员通话,这时他使用 ACP 的操作步骤是:通话前,先用"MASK/BOOM"开关选择用哪个麦克风通话;接着按压方形的"发射机选择键"选择相应的无线电通信系统发射机,假设选择 VHF-1,即左边第一个方形按键;然后将"R/T-I/C"开关拨到"R/T"位,且要保持住该拨动操作,因为 VHF 通信系统是半双工工作方式,所以当飞行员讲话时,必须保持有 PTT 信号使 VHF 通信收发机处于发射状态,将开关保持拨到"R/T"位就是保持不断产生 PTT 信号,这时地面管制员就可以收到飞行员发送的语音信号;飞行员说话期间,机载 VHF 通信收发机无法接收地面管制员发出的语音信号,只有当飞行员放开"R/T-I/C"开关,开关自动弹回中间位置后,机载 VHF 通信收发机才能接收信号,才能收听到地面管制员发出的语音指令;但这时不能发射信号,只有当飞行员再次将开关拨到"R/T"位后,才能发射飞行员的语音信号。

A320 飞机的 ACP 面板如图 3.6(b)所示,同样包括 8 个方形的发射机选择按键,分别为 VHF1/2/3,HF1/2、勤务内话(INT)、客舱内话(CAB)及旅客广播(PA),同样一次只能选择 8 个中的一个工作,但这些选择按键有两种颜色的指示灯,按键上部 3 条横线为绿色灯,按键下部的"CALL""MECH""CAB"字符为琥珀色灯。

当飞行员按下某个按键后,按键上部 3 条绿色灯会点亮,表示发射,再次按下该按键或者按下另一个按键,原按键绿色灯就熄灭,表示发射结束;PA 发射按键只有在按压时灯亮,这时飞行员可以对客舱旅客讲话,松开就结束讲话,灯熄灭。

当有地面管制员通过选择呼叫系统(SELCAL)呼叫飞行员时,例如机载 VHF1 收到地面呼叫信号,则 3 套 ACP 上 VHF1 对应的按键下部都闪烁点亮琥珀色的"CALL"灯,并伴有蜂鸣声,不能自动关停;当飞机在地面维护时,地面勤务人员(mechanic)呼叫驾驶舱内的人员时,"INT"按键显示闪烁的"MECH"灯指示,并伴有蜂鸣声,60 s 后会自动关停;当乘务员(attendant)通过客舱内话呼叫时,"CAB"发射机选择按键显示闪烁的"ATT"灯指示,并伴有蜂鸣声,60 s 后会自动关停。按下"RESET"按键,可以人工消除上述闪烁灯指示。

飞行员通过 ACP 面板上的 15 个圆形接收和音量调节旋钮操作接收语音信号,旋钮按压后会弹出,表示选用该旋钮对应的设备接收信号;旋转旋钮可以调节音量;再次按压就复位,表示关闭该设备的接收;能够选择多个接收旋钮同时接收语音信号。

"INT/RAD"三位开关功能与"R/T-I/C"开关类似,用来提供 PTT 信号;"VOICE"按键允许飞行员抑制接收导航音频信号,按下按键,按键上部"ON"绿灯亮,这时 ADF 和 VOR 等无线电导航系统接收机收到的音频被抑制(切断),再次按下才解除抑制。

2.无线电通信(管理)面板

当飞行员通过 ACP 面板选择了当前使用的 HF,VHF 无线电通信系统后,还要设定该通信系统的工作频率,无线电通信(管理)面板就是供飞行员设定所选择的通信系统工作频率的。

B737 等波音系列飞机的该面板称为无线电通信面板(RCP-Radio Communication Panel),如图 3.8 所示,有 3 套,分别供正驾驶、副驾驶、观察员操作。飞行员选定的通信系统当前工作频率显示在 RCP 左侧的频率显示窗口,飞行员通过频率选择旋钮选定的工作频率在备用工作频率显示窗口显示,通过频率转换开关来控制转换。一般情况下,系统默认 RCP1 与

VHF1 连接调谐,RCP2 与 VHF2 连接调谐,假设出现 RCP1 连接调谐 VHF2 情况时,RCP2 的另一侧调谐状态灯会点亮。HF、VHF 通信系统选择按键用来选定拟调谐工作频率的通信系统。当选定某套 HF 通信系统时,可以通过高频灵敏度控制旋钮控制其接收灵敏度等级,HF 通信系统有两种工作模式:默认为单边带(SSB)模式,备用为调幅(AM)模式;当选定某套 HF 通信系统后,如果想采用 AM 模式,则系统再按下"AM"按键。按压 RCP 面板关闭按键时该 RCP 停止工作。

正常操作时,当飞行员按下 RCP 上的某个 HF,VHF 按键时,两个显示窗口通常显示对应 HF,VHF 通信系统的无线电工作频率。但当 RCP 内部自检设备(BITE)检测到故障时,可见表 3.1 所示的故障信息。

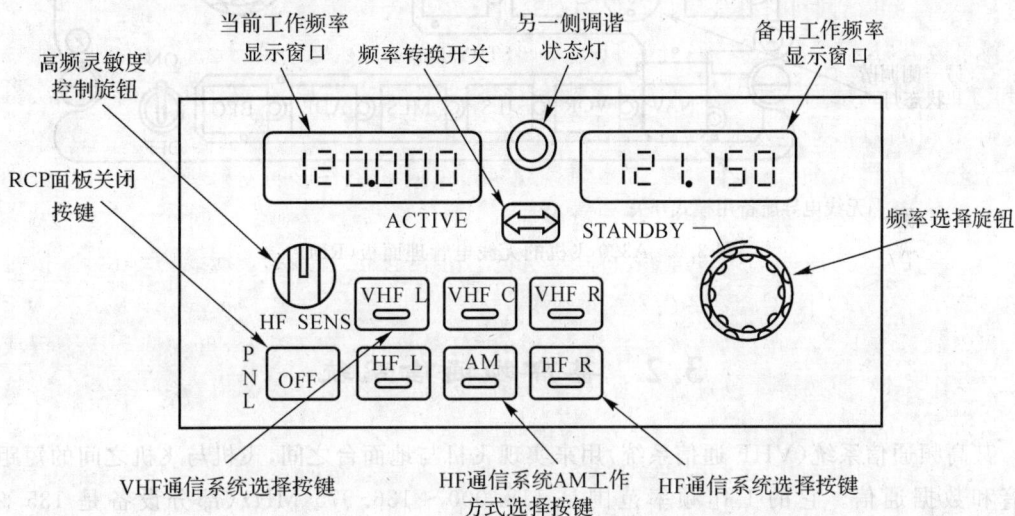

图 3.8　B737 飞机的无线电通信面板(RCP)

表 3.1　RCP 正常及故障指示

显　示		条　件
活动窗	备用窗	
118.000	136.475	VHF 通信频率正常指示
FAIL		RCP 故障

A320 等空客系列飞机的该面板称为无线电管理面板(RMP—Radio Management Panel),如图 3.9 所示,RMP 除了具有上述 RCP 的通信系统选择及频率设定等功能以外,还增加了无线电导航备用操作功能。

如果 A320 飞机上的两套飞行管理制导计算机(FMGC)都发生故障时,飞行员可以通过 RMP 对无线电导航设备进行频率选择和控制,以保证飞行安全。按下"NAV"按键就开启了无线电导航备用模式,只有先按下"NAV"按键,选择无线电导航设备(VOR,ILS,MLS,ADF)的按键才能起作用;无线电导航备用模式开启与否,不影响对无线电通信系统的正常操作;无线电导航备用模式只能在正驾驶对应的 RMP1 和副驾驶对应的 RMP2 上使用。

如果 RMP1 上的"SEL"白色灯亮,则表示 RMP2 连接并调谐了 VHF1 的工作频率。"BFO"按键用于 ADF 导航系统,因此在选定本 RMP 上的"ADF"后,"BFO"按键才起作用。"ON/OFF"开关打到"OFF"位时,关闭该 RMP。

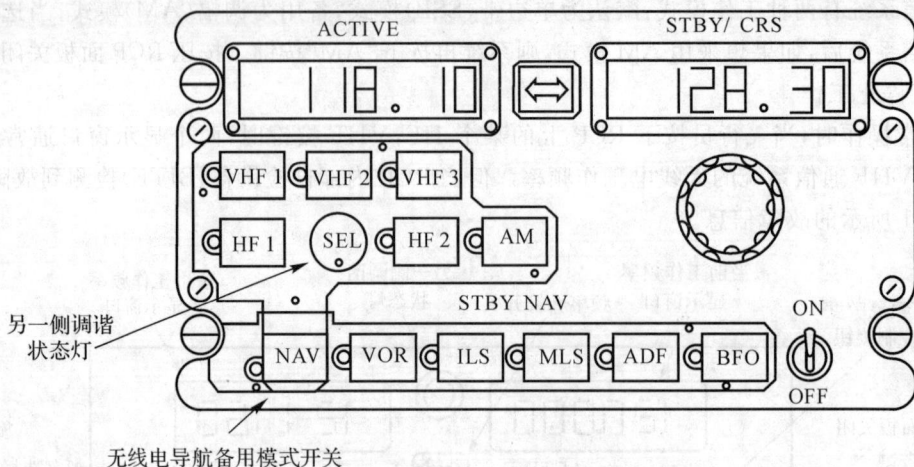

图 3.9   A320 飞机的无线电管理面板(RMP)

3.2   甚高频通信系统

甚高频通信系统(VHF 通信系统)用来实现飞机与地面台之间,飞机与飞机之间的短距离话音和数据通信。它的工作频率范围是 118.000~136.975 MHz(部分设备是 135.975 MHz),频率间隔是 25 kHz,理论上近 19 MHz 的频带宽度可以提供约 720 个通信频道,但除去紧急、遇险和保留用途的频道后,实际可用的仅有 600 多个,我国民航部门规定供使用的只有 400 多个。为解决频道不足问题,欧洲部分地区已实行 8.33 kHz 的最小频道间隔标准,这样使可支配的频道数量大大增加,但 8.33 kHz 的间隔只能在这 3 个频段内适用:118.000~121.400 MHz,121.600~123.050 MHz,123.150~136.475 MHz。由于 VHF 通信系统的工作频率为航空专用频率,且传输距离较近,因此信号传输过程中受到的干扰少,通话质量高。

甚高频通信是以直线波的形式在视距内传播的,所以通信距离较近,早期仅用于机场周边,与空管人员通话,控制飞机的起飞和降落,在远离机场的地方,只能用 HF 通信系统通话,但 HF 通信系统通话质量差。为了获得高质量的远距离语音和数据通信(用于 ACARS 系统),航管部门在地面每隔一段距离,就修建一个 VHF 地面台,建成遍布大江南北的 VHF 地面台网络,类似于手机的地面基站网络,这样无论飞机在任何地方飞行,只要能与当地的 VHF 地面台联系上,就可以通过地面台网络实现远程通话,且通话质量好。因此,目前飞行员在飞行通话时几乎都用 VHF 通信系统。

3.2.1   B737 飞机的甚高频通信系统概况

B737 飞机的 VHF 通信系统由音频控制面板(ACP)、无线电通信面板(RCP)、遥控电子组件(REU)、甚高频收发机、天线等部件组成,如图 3.10 所示。

RCP 用来选择工作频率、工作方式以及调节灵敏度;ACP 用来选择采用哪套 VHF 通信系统工作;甚高频收发机用来调制拟发送的语音信号和将接收到的 VHF 信号解调出音频信号;从各种麦克风输入的语音信号首先送到 REU 进行处理,再由 REU 送到甚高频收发机调制输出发射;从甚高频收发机解调出的音频信号分别送到 REU 和选择呼叫译码器,REU 对输入的音频进行放大和筛选,然后把筛选好的音频输出到耳机或者驾驶舱喇叭,选择呼叫译码器对输入的音频信号译码,看是否包含有对本机的呼叫代码。

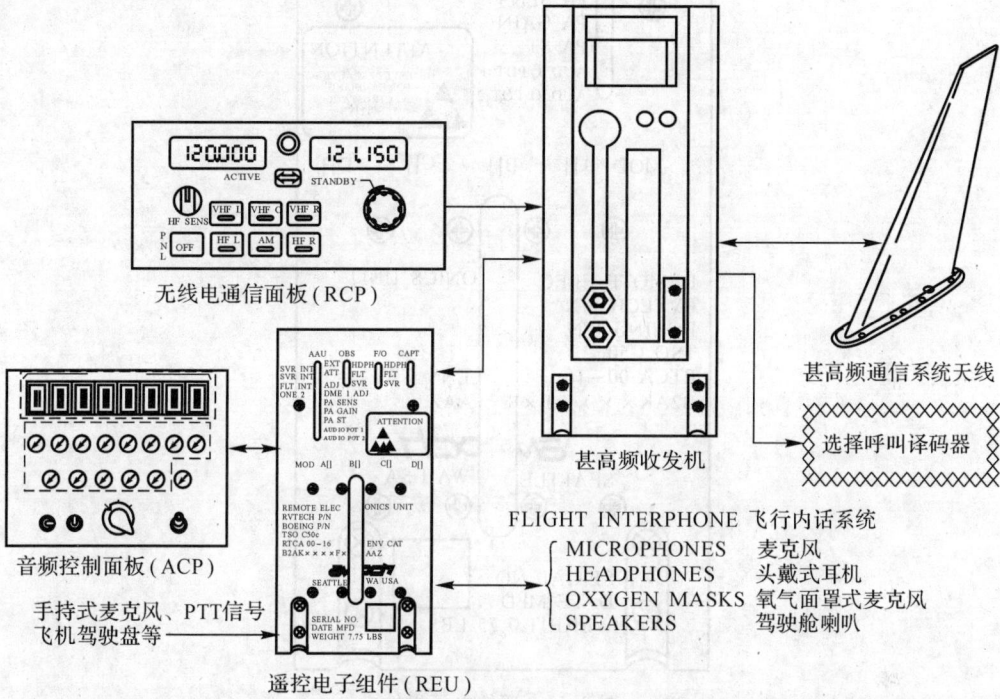

無線电通信面板(RCP)

音频控制面板(ACP)

手持式麦克风、PTT信号
飞机驾驶盘等

遥控电子组件(REU)

甚高频通信系统天线

甚高频收发机

选择呼叫译码器

FLIGHT INTERPHONE 飞行内话系统
MICROPHONES　麦克风
HEADPHONES　头戴式耳机
OXYGEN MASKS　氧气面罩式麦克风
SPEAKERS　驾驶舱喇叭

图 3.10　甚高频通信系统组成部件示意图

遥控电子组件(REU)用来综合控制和处理所有通信子系统、无线电导航系统和飞行记录器系统等使用的音频信号,如图 3.11 所示。在波音公司的一些新机型上,例如 B777 飞机上,类似功能的部件改称为音频管理组件(AMU—Audio Management Unit)。

REU 内部有 5 块音频控制卡,类似于台式计算机内部的显卡之类的电路板卡,其中 3 块音频控制卡用于控制正驾驶(CAPT)、副驾驶(F/O)和观察员(OBS)3 个驾驶舱站位收发的语音信号,第 4 块音频控制卡(AAU)用来控制内话系统(勤务内话 SVR INT,飞行内话 FLT INT)、旅客广播系统(PA)等音频附件组件的通信信息,这 4 块音频控制卡的工作状态可以通过 REU 的前面板来显示和调节,如图 3.11 所示,第 5 块控制卡用来协调其他 4 块控制卡和主机的连接。

音频控制卡的工作参数可以通过 REU 前面板的调节旋钮调整,这些调节旋钮只能在航修厂内由专职机务人员进行内厂维护时调节。其中“SVR INT - EXT”“SVR INT - ATT”“FLT INT”分别用来调节乘务员工作站位、飞机轮舱内的外部电源面板、和飞行员站位等位置处的内话系统和各种呼叫信号的音量等级。“PA SENS”“PA GAIN”“PA ST”分别用来调节旅客广播系统(PA)的灵敏度(SENSITIVITY)、放大器增益(GAIN)和旁听信号电平(SIDETONE)。“DME1 ADJ”和“DME2 ADJ”用来调节机载无线电测距机(DME)接收机收到的地面台信号输出电平。

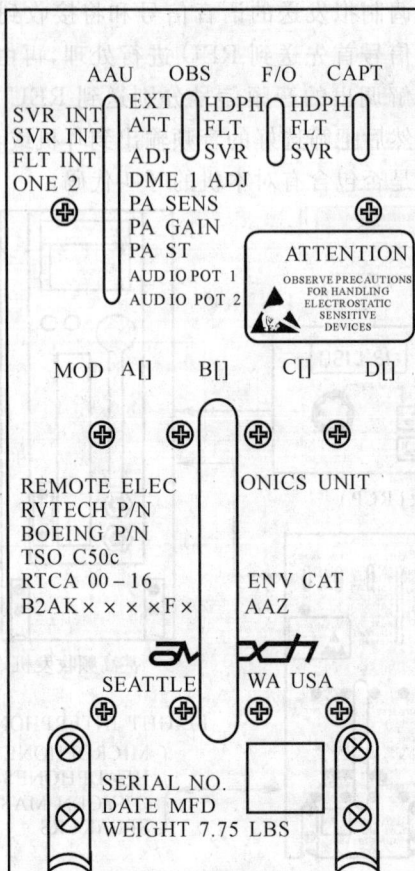

图 3.11　遥控电子组件

3.2.2　A320 飞机的甚高频通信系统概况

　　A320 飞机的 VHF 通信系统由音频控制面板（ACP）、无线电管理面板（RMP）、音频管理组件（AMU）、高频收发机、天线等部件组成，如图 3.12 所示。其基本组成结构与 B737 飞机类似，只是用 AMU 代替了 REU，其他部件的功能均相同。

　　音频管理组件（AMU）接收飞行员从 ACP 输入的各种选项指令，对飞机上的各种音频信号进行控制。具体功能包括：无线电通信和无线电导航系统的音频选择，飞行内话、勤务内话、客舱内话的连接控制，旅客广播及预录音频信号的播放控制，响应不同设备发出 PTT 指令并控制响应相应通信收发机发射信号。

　　AMU 与其他设备的连接关系如图 3.13 所示，AMU 内部结构与 REU 类似，通过 5 块信号处理板卡处理各种音频信号，5 块板卡处理不同站位工作人员的音频信号，分别是第一块处理正驾驶位，第二块处理副驾驶位，第三块处理前舱乘务员站位，第四块处理后舱乘务员站位，第五块处理选择呼叫系统（SELCAL）。

　　3 套 ACP 通过 ARINC429 总线向 AMU 送来机组人员的操作指令，3 套 ACP 的指令分别送到 3 块对应的处理板卡。AMU 接收来自各种机载无线通信、导航接收机以及内话系统输入的音频信号,按照 ACP 的操作指令,并结合音频转换选择开关、CIDS 等输入的控制信号进行信号处理。AMU 还能完成 SELCAL 的译码功能,可以有效降低成本,而 B737 飞机需要另外安装 SELCAL 译码器硬件设备。当 AMU 的系统自检(BITE)发现故障时,故障信息会送到中央故障显示系统(CFDS)显示。

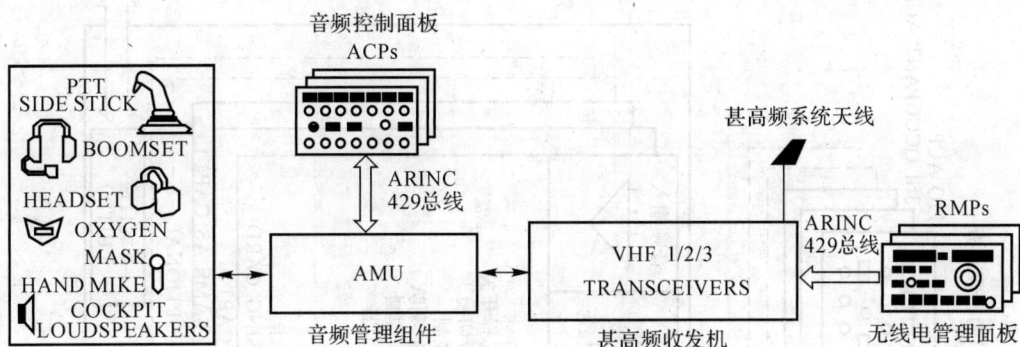

图 3.12　A320 飞机甚高频通信系统组成示意图

音频转换选择开关(AUDIO SWITCHING)用来进行 ACP 面板控制设备的切换,该开关有 3 个位置,如图 3.13 所示,正常情况下放"NORM"位,此时正驾驶(CAPT)对应的 ACP 控制正驾驶的通信设备,副驾驶(F/O)的 ACP 控制副驾驶的通信设备,观察员的 ACP 控制观察员的通信设备。假设 CAPT 的通信设备或者 ACP 故障时,则将开关转到 CAPT 3 位置,则系统转换为观察员的 ACP 控制 CAPT 的通信设备;当开关转到 F/O 3 位置时,则观察员的 ACP 控制 F/O 的通信设备。

3.2.3　甚高频通信系统收发机

1. 收发机前面板

B737 飞机和 A320 飞机上的 VHF 收发机都是由同样的设备厂商供货,因此所采用的收发机是完全相同的。如图 3.14 所示是两种常见的 VHF 收发机前面板,图 3.14(a)中带 LCD 显示屏的为较新型号的设备面板,图 3.14(b)为较旧型号的设备面板。

如图 3.14(a)所示,在较新型号的收发机面板上,LCD 显示屏可以显示:设备的部件号/软件版本,设备的状态,离散/数据输入状态,自检结果,维护辅助页面,内场维修记录,软件装载状态,航线维护信息等。按下 2 个维护按键中的任何一个,将启动收发机的系统自检,自检结果显示在 LCD 显示屏上。

收发机前面板有个闪存盘插口,闪存盘外形类似信用卡,容量为 20M,机务人员通过闪存盘可以很方便地升级系统软件或者下载故障数据。收发机的故障信息存储在其内部的存储器中,只有在内厂维护时才能读取这些故障信息,读取时可以直接通过 LCD 显示,也可以用闪存盘下载。收发机存储器中可以存储至少 64 个飞行航段(FLIGHT LEG)中出现的故障信息,但每个航段最多记录 4 个故障信息,且 64 个航段最多记录 30 个故障信息。从 PSEU 发出的空/地离散信号控制存储器中的计数器计算出飞机当前所处的航段。

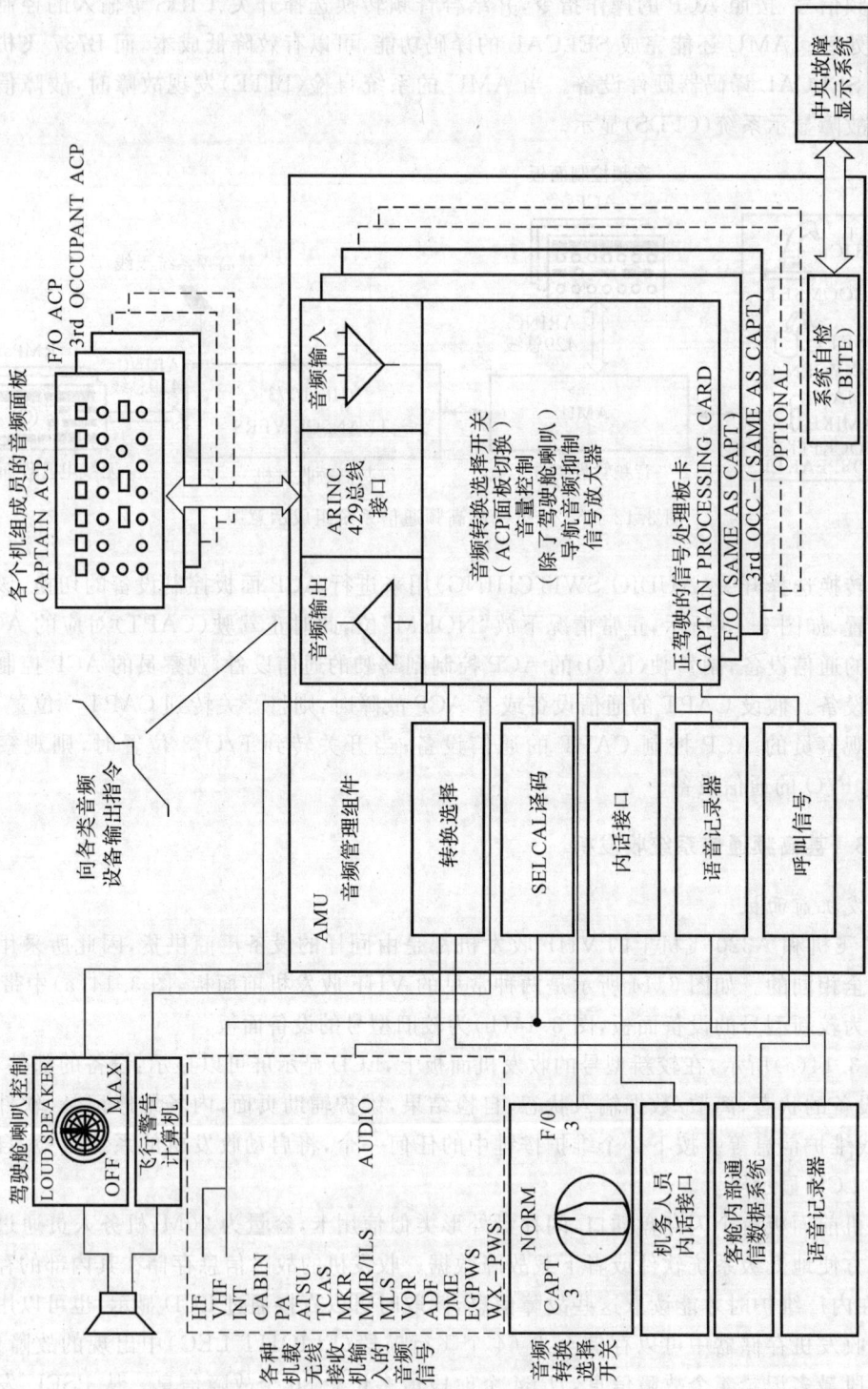

图3.13 音频管理组件的接口关系图

如图 3.14(b)所示,较旧型号收发机面板上,当收发机出故障时"LRU STATUS"灯亮,当 ARINC429 总线输入出故障时"CONTROL FAIL"灯亮,当天线出故障时"ANTENNA FAIL"灯亮。按下"TEST"按键,启动系统自检,自检内容包括:收发机自检,从 RCP 输入的 ARINC429 频率数据字检查,天线的电压驻波比(VSWR)检查。

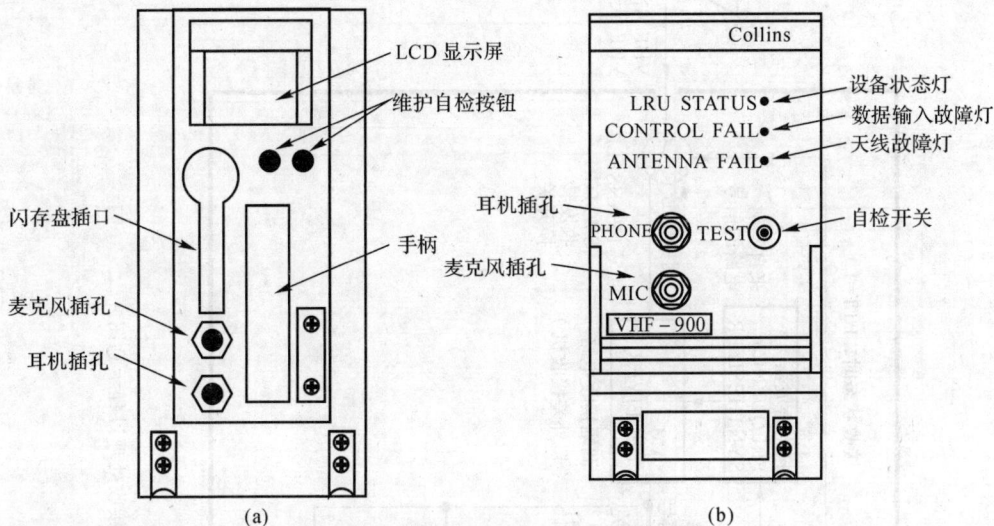

图 3.14　VHF 收发机的前面板
(a)较新型号收发机;　(b)较旧型号收发机

VHF 系统是一个半双工工作的系统,信号接收时不能发射,信号发射时不能接收,所以我们分别按信号接收过程和信号发射过程说明收发机的工作原理。

2. 收发机的信号接收处理过程

天线接收无线电射频信号后通过同轴电缆送到收发机,经过收发转换开关后送到调幅接收电路,收发转换开关用来实现共用一个天线收发信号的功能,是一种切换天线接收、发射工作状态的开关;调幅接收电路是一个二次变频的超外差电路,用来从调幅射频信号中解调出音频信号(基带信号),如图 3.15 所示。

接收电路解调出的音频信号分两路,一路送到语音信号输出处理电路,另一路送到数据通信输出处理电路,如果音频信号是语音信号,则信号送到飞行内话系统,由飞行内话系统输出给飞行员接听;数据通信输出处理电路会自动识别接收的音频信号中是否包含数据通信信息,如果含有,则通知微处理器关闭语音信号输出通道。

静噪比较器电路将接收的语音电平与门限电平比较,如果接收的语音电平比门限电平高,则静噪电路向 S1 开关发送一个接地信号,使 S1 保持信号输出,反之,S1 则断开语音输出。只有语音信号才经过静噪比较器电路,数据信号直接送到 SELCAL 译码器或 ACARS 系统。

飞行员从 RCP 选定的工作频率通过 ARINC429 总线送到收发机,收发机中的微处理器根据该频率指令,控制频率合成器生成调幅接收电路混频所需的本振信号;收发机处于接收状态时,微处理器输出 PTT=1 的逻辑信号,控制收发机处于接收状态。

对于 VHF3 收发机,当数据通信输出处理电路检测出信号是 ACARS 数据通信时,通知微处理器产生一个"AUDIO OFF=1"逻辑信号,该信号送到 S1 开关,使 S1 开关关闭语音输出,该信号同时也关闭静噪比较器电路。

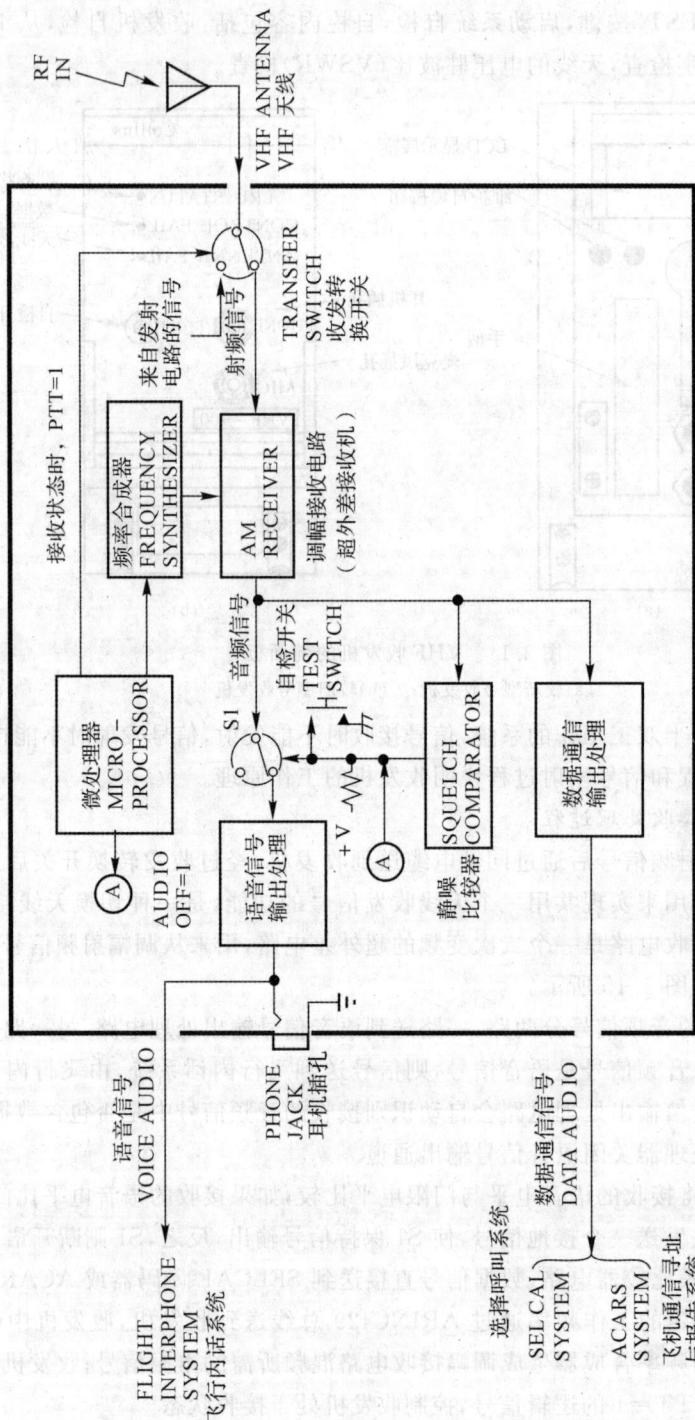

图3.15 甚高频收发机及信号接收处理过程示意图

VHF TRANSCEIVER 甚高频收发机（接收功能描述）

3.信号接收典型电路分析

VHF 收发机截至目前,包括最新的 B787 和 A320 飞机,都是采用模拟调幅通信方式,典型的接收处理电路包括二次变频的超外差电路,频率合成器电路,静噪电路等,下面分别简要说明。

(1)二次变频的超外差电路

根据放大器的频率特性,同一个放大器,对输入信号的不同频率分量放大倍数不同,这就可能造成信号在放大后失真,如图 3.16 所示。只有放大器的通频带大于信号带宽,信号放大后才不会严重失真,即一个放大器仅对一定带宽内的信号有较好的放大效果。对于 VHF 通信系统,有近 19MHz 的频带宽度,一般放大器难以有如此宽的通频带。

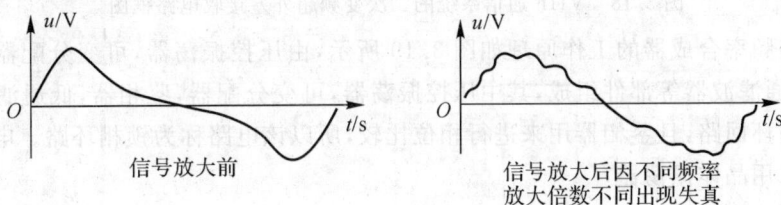

图 3.16　放大器对输入信号不同频率分量放大倍数不同造成的失真示意图

采用超外差电路则可以有效解决上述问题,超外差电路有两个重要特征,第一是需要混频器和本振,第二是通过混频器,将输入载频和本振频率相加或相减,获得固定载频的中频信号。由于中频信号载频固定,选用适合该频率的放大器就可以不失真地获得很好的放大效果。普通的超外差电路多数采用一次变频,如图 3.17 所示。

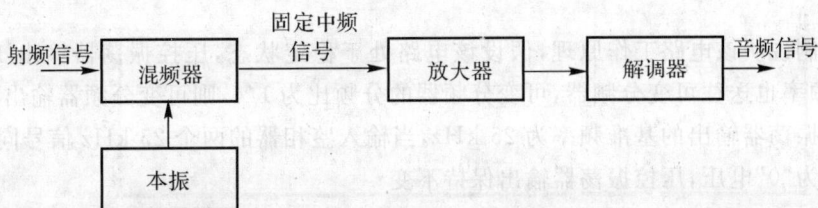

图 3.17　一次变频的超外差接收电路框图

VHF 收发机采用二次变频电路,如图 3.18 所示,该图也可以看成是图 3.15 中"调幅接收电路"的详细方框图。采用二次变频可以获得更好的通话效果,但电路的复杂程度、对元器件的精度要求都要大幅提高,会大量增加成本。在 VHF 收发机中,因为输入的射频信号是可变的,变化范围是 118.000～136.975 MHz,为了获得固定载频为 20.025 MHz 的第一中频信号,当输入射频信号的频率发生改变后,本振 1 的频率也要随之改变。

(2)频率合成器电路

机载通信设备有多个工作频道,在使用时要求能够很方便地改变工作频道,而且要求工作频率很稳定。常用的频率生成设备是压控振荡器(VCO)或晶体振荡器,压控振荡器通过改变控制电压可以很方便地改变输出频率,但频率稳定度不高,容易发生漂移,晶体振荡器的输出频率稳定度很高,但只能输出单一频率,人们利用自控原理将这两类振荡器的优点结合起来,开发了既便于改变输出频率,频率稳定度又高的锁相环路频率合成器。

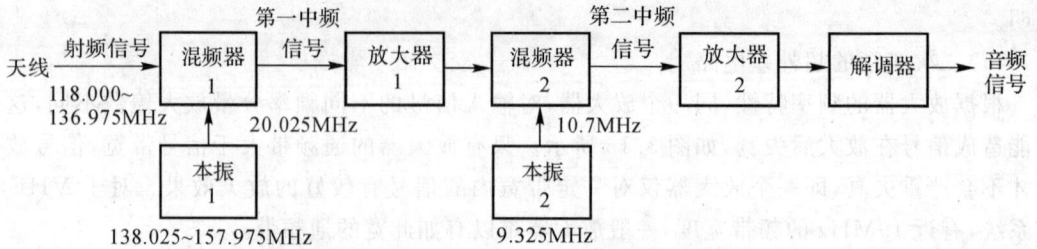

图 3.18 VHF通信系统的二次变频超外差接收电路框图

锁相环路频率合成器的工作原理如图 3.19 所示,由压控振荡器,可变分配器,鉴相器,基准振荡器,低通滤波器等部件组成,其中压控振荡器,可变分配器,鉴相器,低通滤波器构成一个负反馈的闭环回路,且鉴相器用来进行相位比较,所以该电路称为锁相环路。电路中的基准振荡器一般采用晶体振荡器。

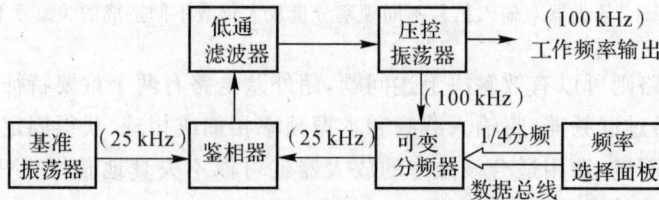

图 3.19 锁相环路频率合成器工作原理框图

我们举例说明该电路工作原理,假设该电路处于稳定状态,压控振荡器输出 100 kHz 频率,同时该频率也送往可变分频器,可变分频器的分频比为 1/4,则可变分频器输出为 25 kHz,基准(晶体)振荡器输出的基准频率为 25 kHz,当输入鉴相器的两个 25 kHz 信号同频同相时,鉴相输出为"0"电压,压控振荡器输出保持不变。

当压控振荡器因为某些原因发生了频率漂移,则可变分频器输出的频率也同步发生漂移,该漂移后的信号必然与基准振荡器输出的标准频率相位不一致,导致鉴相器比较两个信号相位后输出控制电压,偏移量越大,控制电压越大,该控制电压经低通滤波器滤除高频杂波后送到压控振荡器,控制其输出减少偏移,直到偏移量为零,这时可变分频器的输出再次和基准振荡器的输出同频同相。

假设用户在频率选择面板将输出频率从 100 kHz 调整到 125 kHz 后,频率选择面板通过数据总线(ARINC429 总线)将指令送到频率合成器的可变分频器,将可变分频器的分频比改为1/5,分频比刚改变时,压控振荡器的输出还是 100 kHz,这样可变分频器输出变成 20 kHz,与基准振荡器输出的 25 kHz 在鉴相器中比较后,鉴相器输出一个较大的控制电压,控制压控振荡器的输出从 100 kHz 向 125 kHz 偏移,使可变分频器输出不断从 20 kHz 向 25 kHz 偏移,这个循环过程直到压控振荡器输出变为 125 kHz,且可变分频器输出与基准振荡器输出同频同相为止。

在本例中,当需要改变锁相环路频率合成器的输出时,控制指令改变的是可变分频器的分频比,而分频比必须是整数分之一,这就意味着频率合成器的输出频率不能线性变换,而是有 25 kHz 的最低间隔,这就是 VHF 通信系统频率间隔是 25 kHz 的原因。

VHF 通信系统的频率合成器工作原理图如图 3.20 所示,由收发机微处理器输出的"接收/发射状态"逻辑加到压控振荡器(VCO)选择器。当收发机工作在接收状态时,"接收/发射状态"逻辑为"1",这时高频端压控振荡器工作,产生 138.025~157.975 MHz 的射频信号,提供收发机第一混频器所需的本振信号。当收发机工作在发射状态时,"接收/发射状态"逻辑为"0",这时低频端压控振荡器工作,产生 118.000~136.975 MHz 的射频信号,提供收发机调制射频信号所需的载波信号。当可变分频器输出信号与基准振荡器输出信号之间的相位相差太大,鉴相器无法保持正常输出电压控制信号时,鉴相器会发出环路失锁逻辑给键控逻辑电路。

飞行员在 VHF 通信系统的无线电通信面板(RCP)上选定新的工作频率后,RCP 通过 ARINC429 总线将新频率信息送到收发机的微处理器,在 ARINC429 总线数据字中频率信息用 BCD 码格式传输,收发机的微处理器根据新频率值计算出新分频比,并送去改变频率合成器中的可变分频器分频比,从而间接改变输出工作频率。

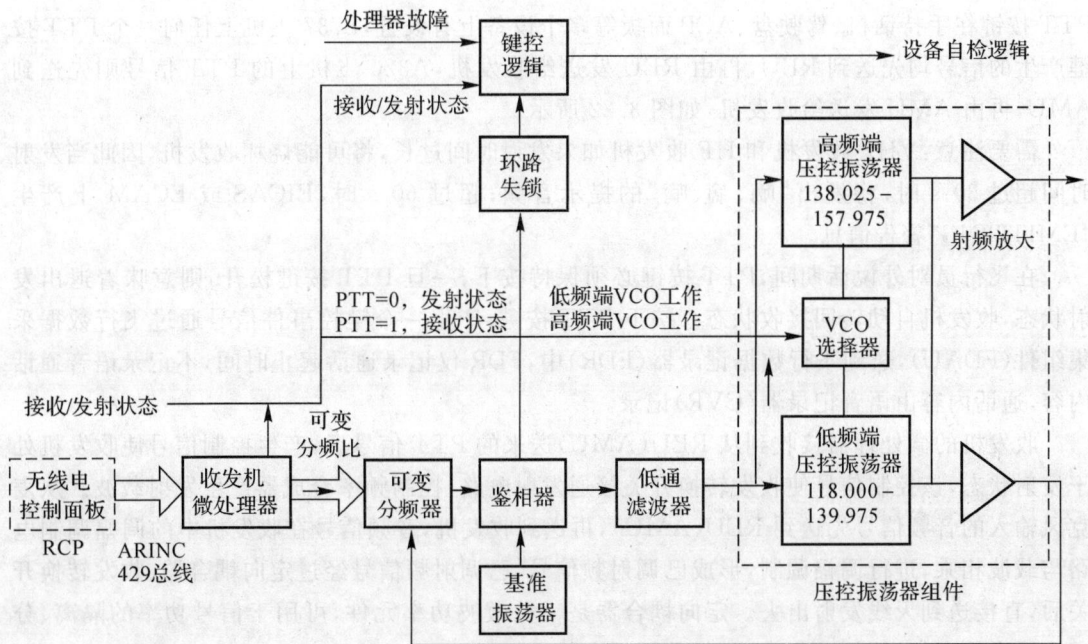

图 3.20　VHF 收发机内部的频率合成器示意图

(3)静噪比较器电路

静噪电路是当没有外来射频信号输入或外来输入信号的信噪比很小时,抑制噪声输出,从而减小飞行员的听力疲劳,即类似于老式 CRT 屏的电视机没有信号时用蓝屏代替雪花点屏。静噪电路原理图如图 3.21 所示。当检波器输出有用信号电平比静噪门限电平高时,静噪控制器控制音频门导通,使音频信号通过音频门输出。当没有外来射频信号输入或外来输入信号的信噪比很小时,送到静噪电路中的静噪比较器上的信号电平比静噪门限电平低,静噪控制器输出控制信号加到音频门,使音频门电路断开,噪声信号无法通过音频门输出。

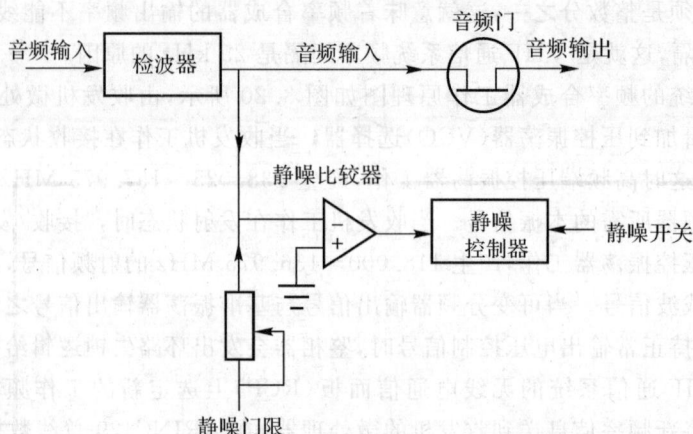

图 3.21　静噪电路原理示意图

4.收发机的信号发射处理过程

当飞行员需要对外说话时,必须先按下并保持按压 PTT 按键,收发机才能对外发射,PTT 按键在手持话机、驾驶盘、ACP 面板等多个设备上有设置,B737 飞机上任何一个 PTT 按键产生的信号均先送到 REU,再由 REU 发送给收发机,A320 飞机上的 PTT 信号则先送到 AMU,再由 AMU 发送给收发机,如图 3.22 所示。

需要注意:VHF 收发机和 HF 收发机如果发射时间过长,将可能烧坏收发机,因此当发射时间超过 30 s 时,将发出"嘀、嘀、嘀"的提示音频;超过 60 s 时,EICAS 或 ECAM 上产生"EMITTING"警告信息。

在飞行员对外说话期间,PTT 按键必须保持按下,一旦 PTT 按键松开,则意味着退出发射状态,收发机自动转回接收状态。按下 PTT 按键,产生一个键控事件信号通过飞行数据采集组件(FDAU),送到飞行数据记录器(FDR)中,FDR 仅记录通话起止时间,不记录语音通话内容,通话内容由语音记录器(CVR)记录。

收发机的微处理器接收到从 REU(AMU)送来的 PTT 信号后,产生控制信号使收发机处于发射状态,该控制信号使收发转换开关接通发射电路;控制频率合成器产生发射载波。从麦克风输入的音频信号先送到 REU(AMU),再送到收发机,音频信号在收发机中的调幅调制电路与载波相乘,进行调幅调制,形成已调射频信号,已调射频信号经过定向耦合器、收发转换开关后,直接送到天线发射出去。定向耦合器是一种微波功率元件,可用于信号功率的隔离、分离和混合等方面,例如功率监测、信号源隔离等。

从定向耦合器输出的射频信号,分出一个分量送到输出功率监控器,如果输出功率大于15 W,表示收发机输出正常,则输出功率监控器输出一个逻辑"1"信号。该逻辑"1"信号与来自微处理器的语音信号逻辑一起,决定监听侧音开关是否接通,接听侧音开关接通后,监听侧音送到接收解调电路解调回音频信号,然后送飞行内话系统供飞行员监听自己说出的语音,这类似于歌手在录音棚里录音时,通过耳机监听自己唱出的歌声。

语音信号逻辑只用于 VHF3 收发机,因为系统默认 VHF3 用于收发 ACARS 的数据通信信息,当 VHF3 收发机输入的是语音信号时,语音信号逻辑为"0",是数据信息时,逻辑为"1",这时音频输入关闭,监听侧音开关断开。

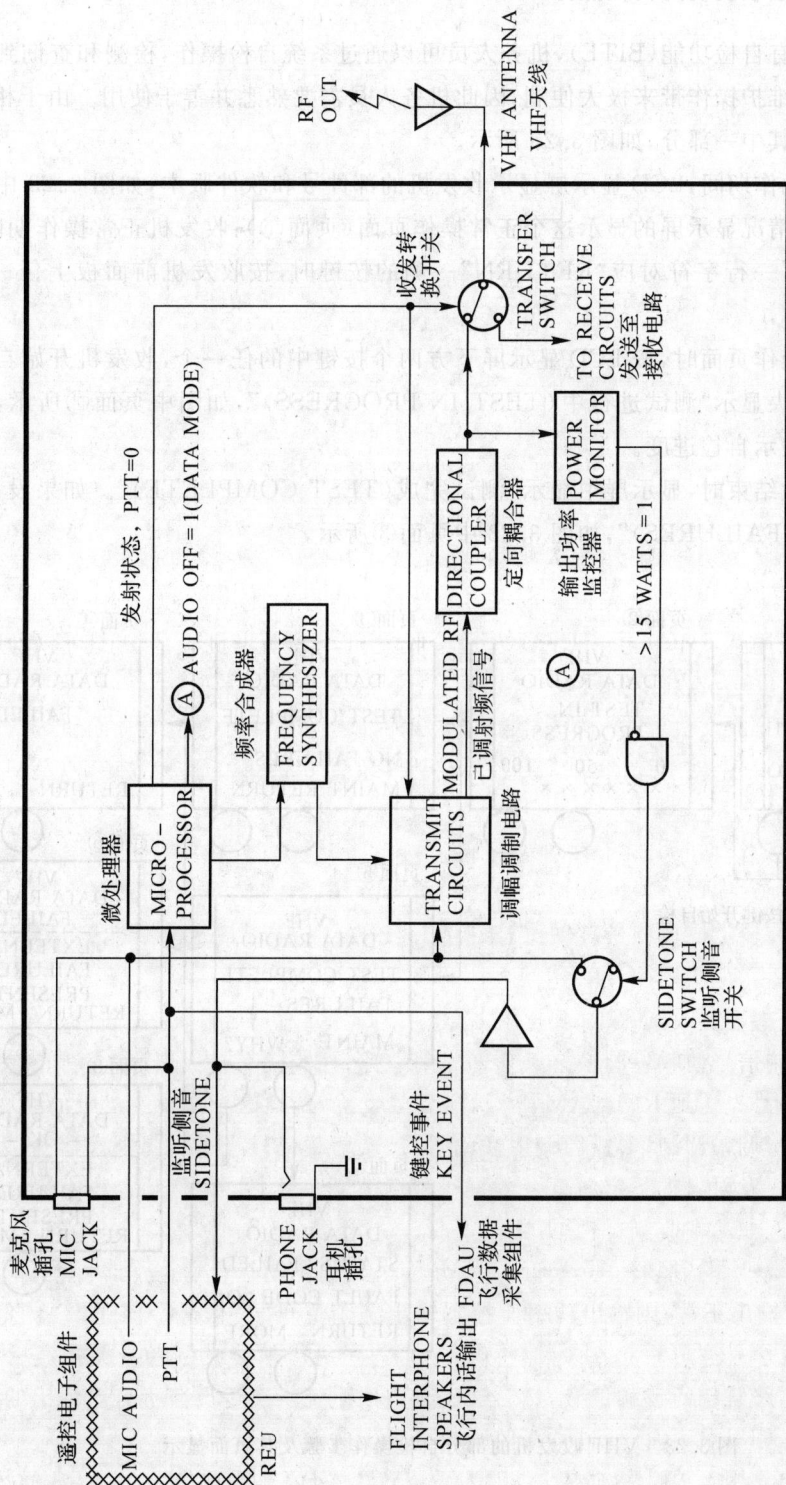

图3.22　B737飞机甚高频收发机信号发射处理过程示意图

3.2.4 甚高频收发机的自检操作

VHF 收发机有自检功能（BITE），机务人员可以通过系统自检操作，检测和查询到收发机的大多数故障，为维护操作带来极大便利，因此机务人员需要熟悉并善于使用。由于相关页面较多，本节只介绍其中一部分，如图 3.23 所示。

收发机正常操作期间，LCD 显示屏显示收发机的部件号和软件版本，如图 3.23 中页面①所示，在以下 3 种情况显示屏的显示这个正常操作页面（页面①）：收发机正常操作期间，在任何页面上按下最下一行字符对应"RETURN"一侧的按键时，按收发机前面板上任一按键 5 min 后。

在显示正常操作页面时，按 LCD 显示屏下方两个按键中的任一个，收发机开始自检。自检期间，显示屏中央显示"测试进行中（TEST IN PROGRESS）"，如图中页面②所示，显示屏下方"××××"显示自检进度。

当收发机自检结束时，显示屏中显示"测试完成（TEST COMPLETE）"。如果没有故障，显示"无故障（NO FAILURES）"，如图 3.23 中页面③所示。

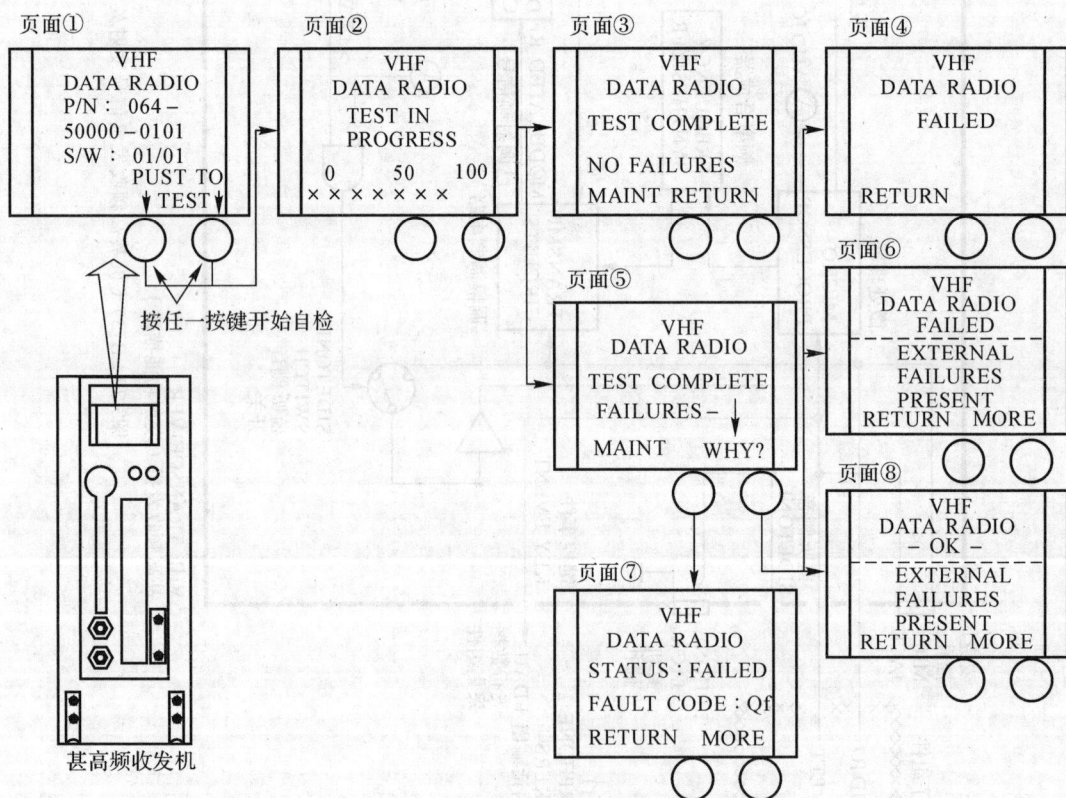

图 3.23　VHF 收发机的部分自检操作步骤及其页面显示

如果发现故障，显示"故障（FAILURES-）"，如图 3.23 中页面⑤，这时如果要进一步查看与故障有关的信息，则按页面⑤最下一行"WHY↓"一侧的按键，这时根据自检结果的不同，显示屏会有不同的显示内容。

如图 3.23 中页面④,仅有"FAILED"信息,表示收发机出故障。

如图 3.23 中页面⑥,显示"FAILED"和"EXTERNAL FAILURES PRESENT(存在外部故障)"信息,表示收发机出故障且存在其他(外部)系统输入收发机的数据故障,或者天线系统故障。

如图 3.23 中页面⑧,显示"OK"和"EXTERNAL FAILURES PRESENT",表示收发机正常,但存在其他系统输入收发机的数据故障,或者天线系统故障。

出现页面⑥和页面⑧时,如果要查看更详细的故障信息,按"MORE"一侧的按键可查看,由于相关页面有很多种,限于篇幅就不一一介绍了;按"RETURN"一侧的按键可以返回正常操作页面(页面①)。

在页面⑤时,如果按下"MAINT"一侧的按键,会进入页面⑦,页面⑦用于显示收发机和它的输入状态,如果出现"STATUS:FAILED"故障信息,则表示收发机或其输入有故障,按"MORE"一侧的按键可进一步查看故障信息;按"MORE"按键后会显示多个状态页面,其中第一个状态页面显示 VHF 收发机的状态,其他状态页面显示调谐输入、离散输入、程序销钉和中央维护计算机(CMC)输入等输入状态,限于篇幅就不一一介绍了。

注意:如果没有来自 CMC 的输入,可能是本飞机未安装 CMC 或 CMC 故障,会在相应状态页面上出现"INACTIVE"提示。

3.3　高频通信系统

高频通信系统(HF 通信系统)用于飞机与地面台之间的远距离通信,信号采用电离层反射的天波传输。系统的工作方式为单边带(SSB)方式或调幅(AM)方式,其中 SSB 方式为默认工作方式,工作频率为 2~29.999 MHz,频率间隔为 1 kHz,接通 115V AC/400 Hz 三相交流电源工作。

3.3.1　B737 飞机高频通信系统

B737 飞机的 HF 通信系统由音频控制面板(ACP)、无线电通信面板(RCP)、遥控电子组件(REU)、高频收发机、天线耦合器、天线等部件组成。如图 3.24 所示。

RCP 用来选择工作频率、工作方式以及调节灵敏度;ACP 用来选择采用哪套 HF 通信系统工作;高频收发机用来调制拟发送的语音信号和从接收到的 HF 信号解调出音频信号;从各种麦克风输入的语音信号首先送到 REU 进行处理,再由 REU 送到高频收发机调制输出发射;从高频收发机解调出的音频信号分别送到 REU 和选择呼叫译码器,REU 对输入的音频进行放大和筛选,然后把筛选好的音频输出到耳机或者驾驶舱喇叭,选择呼叫译码器对输入的音频信号译码,看是否包含有对本机的呼叫代码;天线耦合器用来使天线与发射机阻抗匹配,起虚拟天线的作用。

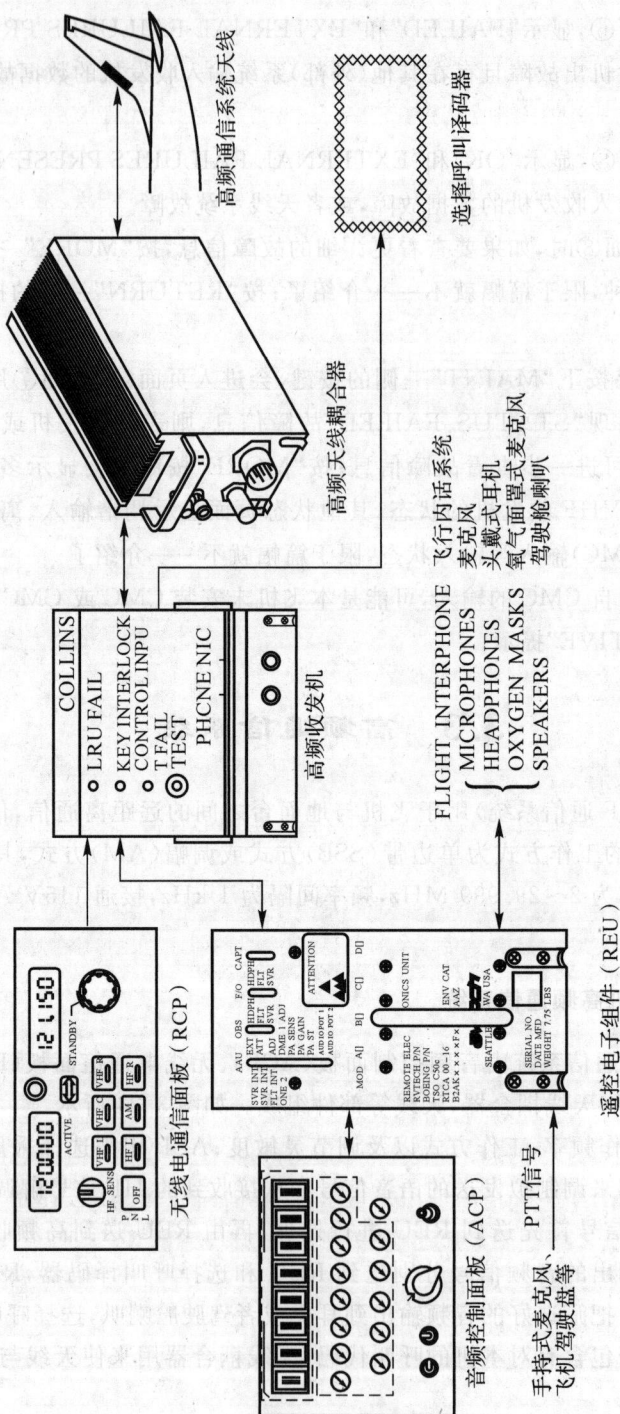

图3.24　B737飞机高频通信系统组成部件示意图

3.3.2　A320 飞机高频通信系统

A320 飞机的 HF 通信系统由音频控制面板(ACP)、无线电管理面板(RMP)、音频管理组件(AMU)、高频收发机、天线耦合器、天线等部件组成,如图 3.25 所示。其基本组成结构与 B737 飞机类似,只是用 AMU 代替了 REU,其他部件的功能均相同。

音频管理组件(AMU)接收飞行员从 ACP 输入的各种选项指令,对飞机上的各种音频信号进行控制。具体功能包括:无线电通信和无线电导航系统的音频选择,飞行内话、勤务内话、客舱内话的连接控制,旅客广播及预录音频信号的播放控制,响应不同设备发出 PTT 指令并控制响应相应通信收发机发射信号。

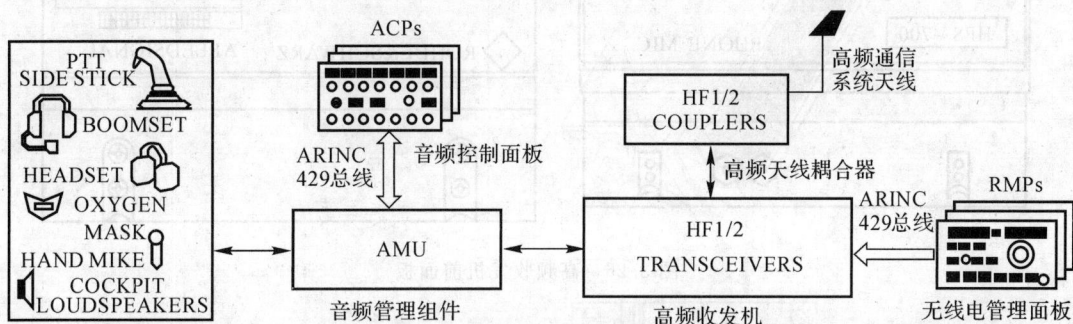

图 3.25　A320 飞机高频通信系统组成示意图

3.3.3　高频收发机

HF 收发机用来解调接收的射频信号和调制待发射的信号,安装在电子设备舱内。收发机有两种工作方式:一种是兼容调幅(AM)的工作方式,此时收发机收发 AM 信号;另一种是单边带(SSB)工作方式。工作在 SSB 方式时,输出峰峰值功率为 400 W,工作在 AM 方式时,输出峰峰值功率为 125 W。无论是波音系列还是空客系列飞机,其高频通信收发机都是相同厂商的设备。

1.收发机的前面板

高频收发机的前面板如图 3.26 所示,是两家不同公司生产的高频收发机,除了指示灯和按键的英文缩写不同,操作方法和指示灯点亮的触发条件都相同。

"LRU FAIL""KEY INTERLOCK(COUPLER FAIL)""CONTROL INPUT FAIL(EXTERNAL INPUT FAIL)"3 个指示灯用来指示收发机状态,"SQL/LAMP TEST(TEST)"测试电门用来测试收发机。当电源电压不足、发射机输出功率低、RCP 面板故障、频率合成器故障时,"LRU FAIL"故障灯亮;当天线耦合器处于调谐状态,此时收发机被锁定,或者当天线耦合器故障时,"KEY INTERLOCK(COUPLER FAIL)"故障灯亮,这时收发机停止信号发射功能;当控制面板和收发机之间数据传输有故障时,"CONTROL INPUT FAIL(EXTERNAL INPUT FAIL)"故障灯亮。

当按下"SQL/LAMP TEST(TEST)"测试电门时,静噪抑制电路失效,通过接到前面板耳机插孔上的耳机可以听到背景噪音,测试时 3 个故障灯都点亮。麦克风(MIC)插孔用来外接麦克风以直接向收发机输入音频信号供发射。耳机(PHONE)插孔用来外接耳机以监听收发机工作情况。

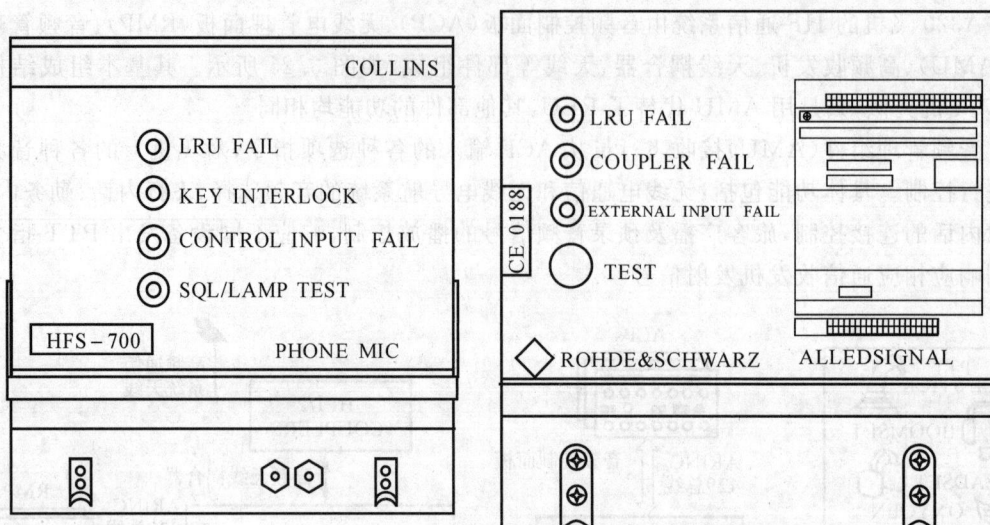

图 3.26　高频收发机前面板

2. 收发机的接收功能电路框图

HF 收发机的接收功能电路也是采用二次变频的超外差接收机,其原理如图 3.27 所示。

高频段电路由输入回路、射频衰减器、高频放大器等组成。通常要求高频电路线性好,动态范围宽,选择性好,灵敏度和抗干扰能力强。

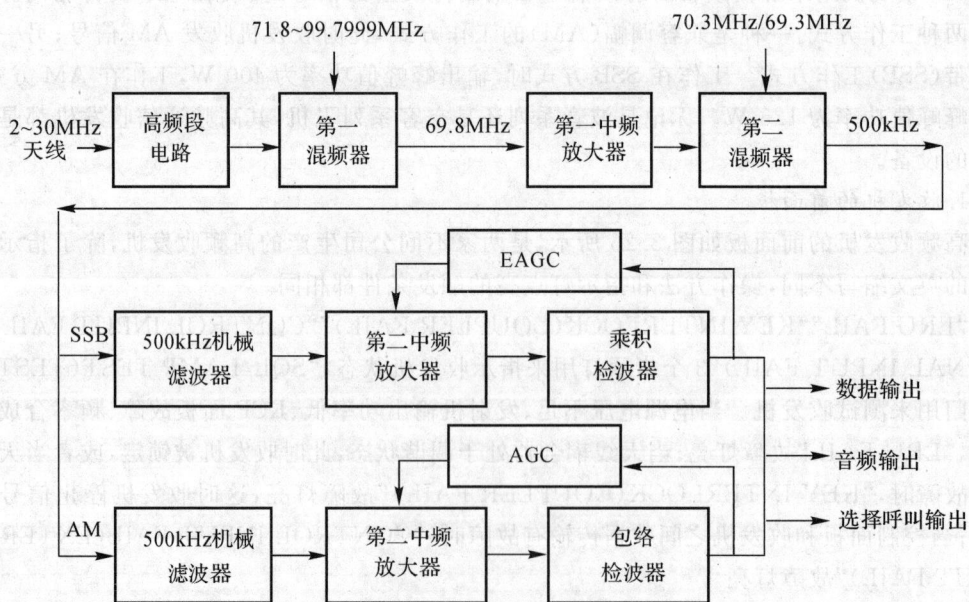

图 3.27　高频收发机接收功能电路原理简图

　　输入回路应有足够的选择性,用于过滤出系统工作频率的信号,滤除其他频率的干扰信号;应有足够的带宽,通频带至少满足 2~30 MHz 的工作频率范围。因为 HF 通信系统的工作距离较远,导致收发机接收的信号强度变化很大。例如:飞行员与同一个地面台分别在几公里外通话和在 2 000 km 外通话,显然在几公里外通话时收发机接收信号的强度会远大于 2 000 km 外通话的信号强度,射频衰减器用在输入信号强度过大时自动衰减输入,以防止烧毁接收机电路。高频放大器工作在甲类工作状态,用来提高接收机的信噪比。

　　中频段电路由两个混频器和对应中频放大器组成,与 VHF 通信系统的二次变频频率不同,HF 通信系统的第一中频采用高中频,高中频频率为 69.8 MHz,远高于输入信号的 2~30 MHz 的工作频率,因此称为高中频,第一中频采用高中频可以有效抑制镜像干扰。第二中频采用 500 kHz 的低中频,可以抑制邻道干扰。

　　与 VHF 通信系统使用航空专用频段且短距离通信不同,在 HF 通信系统的工作频段会有很多其他无线电设备在使用,形成大量非正常干扰信号源,而 HF 通信系统为远距离通信系统,采用天波传播,电离层的变化也会形成大量的干扰信号,且远距离传输,大气衰减也会形成干扰,这些因素都导致 HF 通信系统的通信质量不高,在接收电路设计时需要更多地考虑抑制各种干扰,因此采用频率较高的第一中频和频率极低的第二中频。

　　当输入信号在 2~30 MHz 范围变化时,来自频率合成器的第一本振频率也随之在 71.8 ~99.799 9 MHz 范围内变化,第一混频器输出固定的 69.8 MHz 第一中频信号。因为 HF 通信系统存在单边带(SSB)和 AM 两种调制工作方式,所以当系统采用 SSB 的下边带(LSB)方式时,来自频率合成器的第二本振频率为 70.3 MHz;当系统采用上边带(USB)或 AM 方式时,第二本振频率为 69.3 MHz。第二混频器输出固定的 500 kHz 第二中频信号,根据系统选择,分别送到 SSB 第二中放电路,或者送到 AM 第二中放电路。

　　SSB 信号和 AM 信号解调采用不同的解调器,所以需要分成两路分别处理,SSB 信号采用乘积检波器,AM 信号采用包络检波器。经检波器输出的音频信号反馈回第二中放构成 AGC 回路,因为 SSB 信号中的载波被抑制,如果采用 AM 信号所使用的普通 AGC 电路,会出现有信号时,信号前沿无法及时建立反馈(充电慢),造成信号前沿放大失真;无信号时,AGC 反馈电压迅速消失(放电快),造成噪声电平异常放大,因此 SSB 解调电路中采用特殊的自动增益控制电路称为 EAGC 电路。AM 解调电路则采用普通的 AGC 电路。

　3.收发机的发射功能电路框图

　　HF 收发机的发射功能电路原理如图 3.28 所示。

　　发射功能电路的音频输入电路由音频选择器、音频压缩放大器等组成,音频选择器(AU-DIO MUX)是多选一的筛选器,用来从数据音频、语音音频和等幅报等多个输入音频信号中筛选其中一个送入音频调制电路。音频压缩放大器用于当音频输入信号幅度(强度)变化较大时,保证电路下一级的调制器输出信号的调幅度变化很小,保持 90% 的调幅度,防止音频信号太强时引起过调。

　　调制电路采用平衡调制器,在平衡调制器中,输入的音频信号对 500 kHz 载波信号调制,产生一个抑制载波的双边带(DSB)信号;当系统工作在 SSB 方式时,通过 500 kHz 的机械滤波器将 DSB 信号滤除一个边带,生成 SSB 信号;当系统工作在 AM 方式时,通过在 DSB 信号中叠加 500 kHz 载波的方法生成 AM 信号。

　　在发射电路中,音频信号首先在平衡调制器与 500 kHz 载波调制,第一次变频,接着在下一级电路中采用的混频器 1、混频器 2 再进行两次变频,一共进行 3 次变频才形成最终射频信号,这是为了接收/发射共用变频电路,如果天线接收信号从该变频电路反向通行,就形成了二次变频的超外差接收电路。

VHF 通信系统的收发机内部变频电路结构与上述 HF 通信系统的类似,也是接收/发射共用变频电路,这样可以降低生产成本。

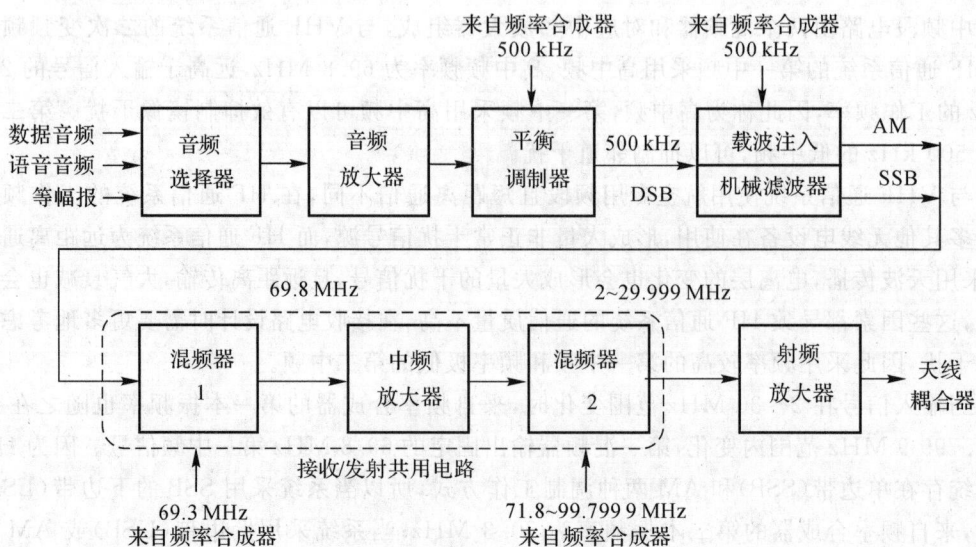

图 3.28　高频收发机发射功能电路原理简图

3.3.4　高频天线耦合器

高频天线耦合器是 HF 通信系统特有的一个部件,用来在 2~30 MHz 频率范围内调谐,调谐使天线阻抗与传输特性阻抗为 50 Ω 的高频电缆相匹配,调谐时间为 2~15 s,调谐目的是使电压驻波比(VSWR)不超过 1.3:1。天线耦合器安装在带密封垫圈的可卸增压外壳内(安装在垂直尾翼根部),如图 3.29 所示。无论是波音系列还是空客系列飞机,其高频天线耦合器都是相同的设备。

天线耦合器前面板上有 3 个与外部链接的接头,同轴电缆接头用来连接收发机,传输射频信号;测试接头用来连接外接测试设备;电气接头用来连接外部电源,给耦合器供电,以及传输与收发机之间的各种控制指令。压力气嘴用来给天线耦合器充压,由机务人员在维护期间操作,通常充干燥的氮气,压力约为 22 psi(1 psi=6.86 kPa),比外界气压高半个大气压左右,防止外面潮湿空气进入,降低耦合器内部抗电强度,当气压低于 15.5 psi 时,就必须充压。

因为天线耦合器是起虚拟天线作用,当 HF 通信系统刚通电时,需要调整其内部参数以与天线阻抗匹配,类似于我们新买回家的电视机需要调台;当 HF 通信系统正常工作后,飞行员从 RCP(RMP)面板选择了新的 HF 频率后,天线耦合器必须按新选定的 HF 频率调整其内部电阻、电容和电感等参数,耦合器调整其内部参数的过程就是耦合器的工作过程,这个过程需要一定的时间,正常操作应小于 15 s。

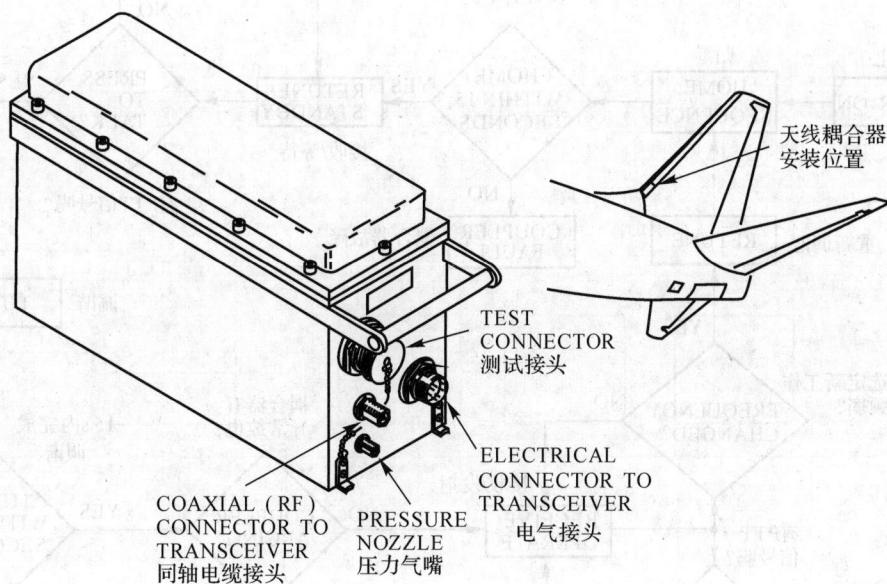

图 3.29 天线耦合器前面板及其安装位置示意图

按照耦合器工作过程的不同阶段,可将其工作过程分成以下几个模式:归零(HOME)、接收/等待(RECEIVE/STANDBY)、调谐(TUNE)和接收/发射(RECEIVE/OPERATE),其中调谐模式又细分为:调谐 A(TUNE A)、调谐 B(TUNE B)、调谐 C(TUNE C),如图 3.30 所示。

(1)归零 —— 当 HF 通信系统接通电源或者选定一个新频率时,天线耦合器中的调谐元件(电容和电感)被驱动到"归零"位置,类似于我们新买电视回家在调台时,一般是从最低频率的电视台(归零)开始向高频段逐台搜索。此时 HF 通信系统的信号发射功能被抑制,归零过程必须在 15 s 内完成,否则会产生一个耦合器故障信号。

(2)接收/等待 —— 当调谐元件完成"归零"后,系统就进入"接收/等待"模式,这时 HF 通信系统可以接收信号。

(3)调谐 —— 当飞行员准备对外通话,按下 PTT 按键并保持住以后,PTT 键控信号控制 HF 通信系统转入发射状态,这时耦合器进入"调谐"模式。为了防止调谐过程中收发机向耦合器发出射频信号,造成设备损坏,耦合器在调谐期间会产生一个"键控内锁"信号禁止收发机发出射频信号。天线耦合器的调谐过程由收发机内部微处理器控制完成,分为调谐 A、调谐 B、调谐 C 3 个步骤。

调谐 A —— 天线耦合器的鉴相器先测量射频调制信号中电压和电流的相位差,然后调节其内部电感、电容元件使相位差减少直至为"0",即与负载实现阻抗匹配。

调谐 B —— 调节其内部电阻元件使负载总电阻为 50Ω,即与天线实现阻抗匹配。

调谐 C —— 调节内部元件改变虚拟天线长度使电压驻波比(VSWR)少于 1.3 : 1。

当耦合器无法在 15 s 内完成调谐或者系统探测到耦合器内有异常放电现象时,系统会产生一个耦合器故障信号。

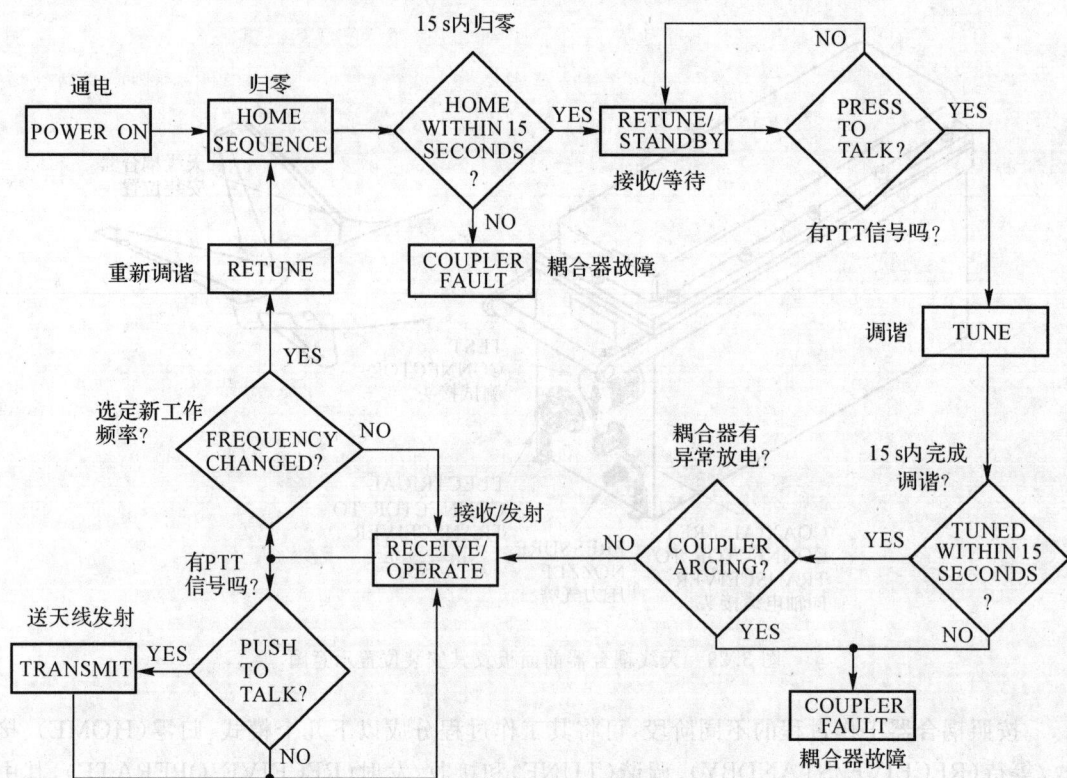

图 3.30　天线耦合器工作过程流程图

（4）接收/发射 —— 耦合器完成调谐后，键控内锁自动解除，调谐元件停止调谐，这时如果飞行员还按住 PTT 按键，则系统可以发射信号对外通话，当 PTT 信号消失后，系统进入接收状态。如果飞行员一段时间后再次按下 PTT 按键但没有选择另一个 HF 频率，则耦合器不需要重新调谐，系统直接按刚才已调谐好的 HF 频率发射信号。如果飞行员先重新选择了另一个 HF 频率，但没有按下 PTT 按键时，耦合器还是处于接收状态，不用重新调谐；但当飞行员再次按下 PTT 按键选新频率后，耦合器就需要按新选定的 HF 频率重新调谐，然后系统才能发射信号。

3.4　选择呼叫系统

3.4.1　系统概述

选择呼叫（SELCAL）系统在接收到地面台呼叫后，自动发出音频和视频提示信号，提醒驾驶员有地面台呼叫本架飞机，驾驶员应在适当时应答，以免除一直监听与地面台的通信而造成疲劳。

随着民航事业的发展，在同一空域内飞行的飞机密度不断增加，特别是在一些地面导航台或枢纽机场附近的空域，当地面台与其管制空域内飞行的飞机通话时，大多采用同一 VHF 频道，这就造成驾驶员在与地面台通话时会听到许多其他电台或其他飞机的无关信息，这样长时间监听将使驾驶员将非常疲劳,SELCAL 系统就是为解决这个问题而设计的。它给每架飞机指定一组唯一的四字呼叫代码,由地勤人员在内厂维护时在 SELCAL 编码器上输入,飞机通电后该四字呼叫代码自动写入 SELCAL 译码器中。当地面台呼叫飞机时,四字呼叫代码被调制在 HF 或 VHF 通信信号中发射,在地面台信号覆盖空域内的所有飞机都能收到该呼叫信号,但只有机载 SELCAL 译码器内的四字代码与地面台发出的四字代码相同的飞机才向驾驶员发出提示信号。

3.4.2　系统组成

1. B737 飞机的 SELCAL 系统

SELCAL 系统具有如下一些部件:选择呼叫译码器、选择呼叫控制面板、程序销钉组件等。各系统的连接情况如图 3.31 所示,程序销钉组件作为 SELCAL 系统的编码组件,当系统通电时,程序销钉组件自动向 SELCAL 译码器送出本飞机的 SELCAL 代码。当 VHF 通信系统或者 HF 通信系统接收到地面台呼叫信号后,将呼叫信号送给译码器,译码器将地面台的呼叫信号和本机代码比较,如果两者相同,表示地面正在呼叫本飞机。

当译码器确认地面正在呼叫本飞机时,向 SELCAL 控制面板送出一个控制信号,点亮接收到呼叫的那套通信系统所对应的提示灯。例如:如果是 VHF1 的收发机送来的地面台呼叫信号,则控制面板上的 VHF1 灯亮。同时还送出一个控制信号给 REU,由 REU 产生高/低谐音,控制音响告警组件(驾驶舱喇叭)发出声响提示。

飞行员按下 SELCAL 控制面板上亮灯的按键,则复位本次呼叫,同时音响提示也停止。

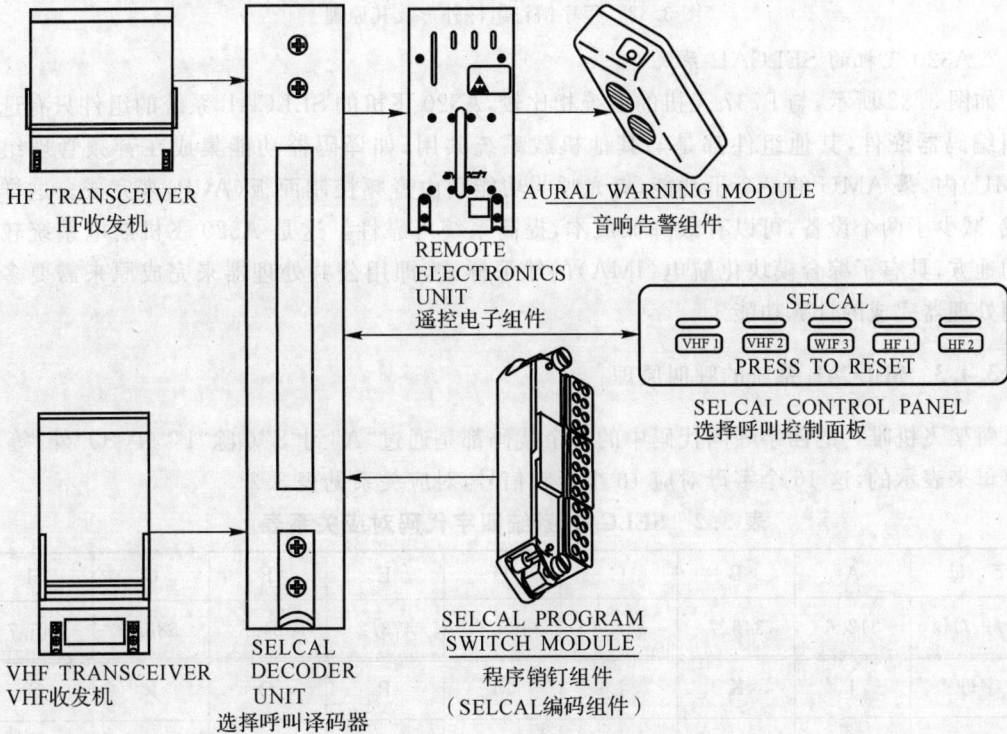

图 3.31　B737 飞机的 SELCAL 系统组件及信号连接情况

程序销钉组件如图 3.32 所示,是一个带记忆存储功能的组件,在民航飞机上应用很广。例如:在一些型号的紧急示位发射机(ELT)系统中,用程序销钉组件来存储该 ELT 的身份标识编码信息。SELCAL 的程序销钉组件用来存储本飞机的四字呼叫代码,该组件有 24 个开关,SELCAL 系统只使用其中 16 个,这些开关每 4 个一组,每组 4 个开关的不同开关位置组合对应不同的呼叫字母。

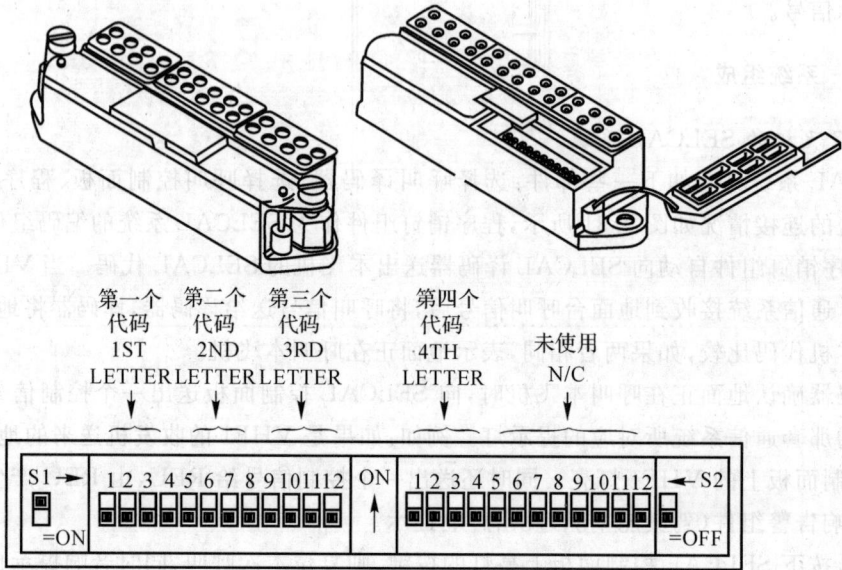

图 3.32　程序销钉组件外形及其原理

2. A320 飞机的 SELCAL 系统

如图 3.33 所示,与 B737 飞机的系统相比较,A320 飞机的 SELCAL 系统的组件只有选择呼叫编码器一件,其他组件都是与其他机载系统共用,如译码器功能集成在音频管理组件(AMU)内,是 AMU 的一个子功能,灯光呼叫功能则由音频控制面板(ACP)来完成。这样的组成,减少了两个设备,可以有效降低成本,提高系统可靠性。这是 A320 飞机航电系统较先进的地方,具有了综合模块化航电(IMA)的雏形样式,即用公共处理器来完成原来需要多个专用处理器完成的计算功能。

3.4.3　SELCAL 系统的呼叫原理

每架飞机唯一的四字呼叫代码中的每个代码都是通过"A"到"S"(除"I""N""O"外)等 16 个字母来表示的,这 16 个字母对应 16 个音频信号,对应关系见表 3.2。

表 3.2　SELCAL 系统四字代码对应关系表

字　母	A	B	C	D	E	F	G	H
音频/Hz	312.6	346.7	348.6	426.6	473.2	524.8	582.1	645.7
字　母	J	K	L	M	P	Q	R	S
音频/Hz	716.1	794.3	881.0	977.2	1 082.9	1 202.3	1 330.5	1 479.1

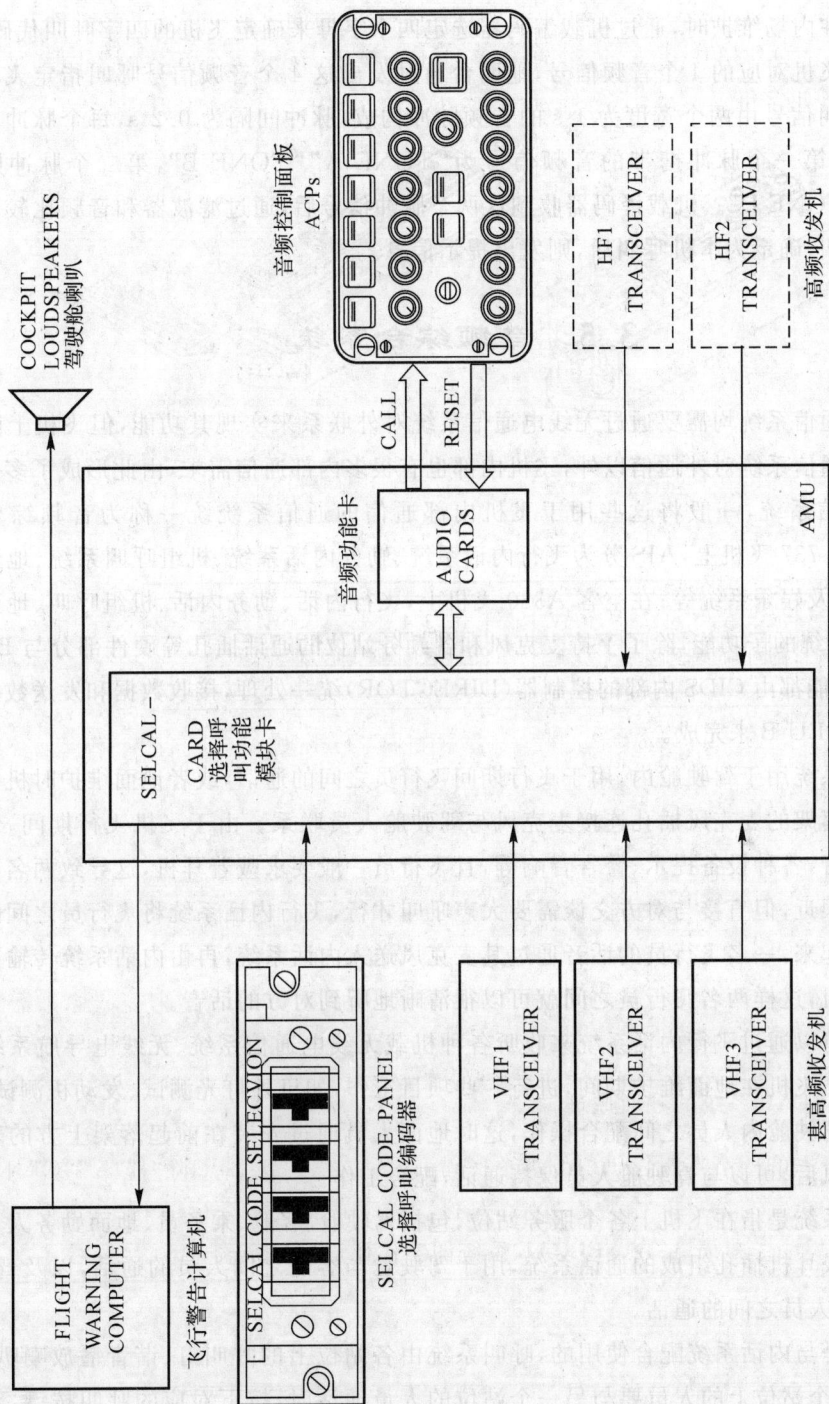

图3.33　A320飞机的SELCAL系统组件及信号连接情况

例如：某架飞机的四字代码为"AAJS"，则对应 4 个音频频率为"312.6""312.6""716.1""1479.1"，对应 4 个音频信号按顺序称为"TONE A""TONE B""TONE C""TONE D"。

机务人员在内场维护时，通过机载编码器选定四个字母来确定飞机的四字呼叫代码，同时也就确定了本飞机对应的 4 个音频信号，地面台通过发出这 4 个音频信号呼叫指定飞机。地面台发出的呼叫信号由两个宽度为 1 s 的音频脉冲构成，脉冲间隔为 0.2 s，每个脉冲内含有两个音频信号，第一个脉冲携带的音频信号为"TONE A""TONE B"，第二个脉冲则携带"TONE C"、"TONE D"。机载译码器收到这两个脉冲信号后，通过滤波器和音频比较器比较是否为本机呼叫，确定为本机呼叫后，则发出提示信息。

3.5　音频综合系统

上述 3 个通信系统均需要通过无线电通信系统对外联系来实现其功能，但飞机上除了需要通过无线电通信系统对外通信以外，飞机内部也有很多内部通信需求，由此形成了多个飞机内部通信的通信系统，一般将这些用于飞机内部通信的通信系统统一称为音频综合系统（AIS）。在波音 737 飞机上，AIS 分为飞行内话系统、勤务内话系统、机组呼叫系统、地勤呼叫系统、客舱广播及娱乐系统等；在空客 A320 飞机上，飞行内话、勤务内话、机组呼叫、地勤呼叫等都是 CIDS 系统的子功能，除了手持麦克风和各勤务站位的通话插孔等硬件部分与 B737 相似外，其他的功能都由 CIDS 内部的控制器（DIRECTOR）统一处理，接收数据和发送数据均通过 DEU A 和 DEU B 来完成。

飞行内话系统用于驾驶舱内，用于飞行期间飞行员之间的通话，或者地面维护时机务人员通过位于前起落架的麦克风插孔连接麦克风与驾驶舱人员联系。由于飞机飞行期间，驾驶舱内有发动机噪音，各种设备提示、警告音响等，且飞行员一般要求戴着耳机，这导致两名飞行员之间虽然距离很近，但直接与对方交谈需要大声吼叫才行，飞行内话系统将飞行员之间的耳机和麦克风连接起来，一名飞行员的话音通过其麦克风送入内话系统，再由内话系统传输至另一名飞行员的耳机，这样两名飞行员之间就可以很清晰地听到对方的话音。

飞行员还可以通过飞行内话系统来收听各种机载无线电通信系统、无线电导航系统接收到的音频信号。飞机在地面维护期间，进行一些项目工作，如机外灯光测试、发动机测试等，需要地面人员与驾驶舱内人员之间配合操作，这时地面人员通过安装在前起落架上方的麦克风插孔连接麦克风后，可以与驾驶舱人员保持通话，配合工作。

勤务内话系统是指在飞机上各个服务站位，包括驾驶舱、客舱、乘务员、地面勤务人员站位上安装的话筒或耳机插孔组成的通话系统，用于驾驶舱与客舱之间人员的通话，以及驾驶舱、客舱、地面勤务人员之间的通话。

呼叫系统是与内话系统配合使用的，呼叫系统由各站位上的呼叫灯、谐音播放喇叭、呼叫按键组成，当某个站位上的人员要与另一个站位的人员通话时，按下对应的呼叫按键，对方站位的喇叭会发出呼叫谐音或点亮呼叫提示灯，以此呼叫对方接通内话电话。呼叫系统还包括旅客座椅上呼叫乘务员的按键和乘务员站位的各种指示灯。

客舱广播及娱乐系统是飞机内向旅客广播通知和播放音乐、视频、甚至提供互动游戏的系统。B737 飞机将系统分成客舱播系统(PA - PASSENGER ADDRESS SYSTEM)和客舱娱乐系统(PES - PASSENGER ENTERTAINMENT SYSTEM)两个系统,其中 PA 用于向旅客发布各类广播通告,以及播放登机音乐等,PA 系统的技术较成熟,系统变化不大。早期 PES 用来给旅客播放一些存储在系统内的电影和音乐,近年增加了音频和视频点播、交互式游戏等,随着飞机接入互联网技术逐步成熟,未来旅客可以在飞机上完成收发电子邮件、浏览网页甚至观看在线视频等操作。A320 飞机上则不分 PA 和 PES,只有旅客娱乐系统(PES - PASSENGER ENTERTAINMENT SYSTEM)一个系统,广播通告和播放登机音乐等作为 PES 的一个功能模块,该类系统也称为机载娱乐系统(IFE — In - flight Entertainment Systems)。由于近年来通信技术、娱乐电子技术的日新月异,旅客娱乐系统的技术进步很快,因此不同航空公司、不同机型、甚至同一机型不同批次的飞机所使用的旅客娱乐系统都不完全相同,较难找到一类很典型的 PES。

3.5.1　飞行内话系统

飞行内话系统为驾驶舱人员之间通信提供服务,以及为地面勤务人员通过飞机前起落架舱的内话插孔与驾驶舱内人员通话提供服务。并为飞行员提供键控、发射、接听飞机无线电通信系统和无线电导航系统的语音信息。

飞行内话系统由 ACP 面板,PTT 开关,手持式麦克风,头戴式耳机的吊杆式麦克风,氧气面罩式麦克风、喇叭、REU 和外部电源插孔等设备组成。如图 3.34 所示。

使用飞行内话时,驾驶舱内飞行员通过 ACP 面板上的 I/C - R/T 开关选择到"I/C"位置,这时无论音频选择在什么位置,都可以进行飞行员之间的通话。当音频选择面板选择到"INT"位置时,使用麦克风和 PTT 按键可以进行飞行员之间的通话。无论使用什么样的麦克风通话,通话音频信号都记录在语音记录器中。

3.5.2　勤务内话系统

勤务内话系统是提供乘务员、驾驶舱和飞机各勤务内话站点之间内部通话的系统。使用内话系统时,飞行员拿起手持式麦克风,并在 ACP 面板上选择"勤务内话(SVC)"后,麦克风信号就直接输入该系统,其他勤务站点的接入方式类似,如图 3.35 所示。

勤务内话系统带有 3 个手持麦克风,一个是在驾驶舱前操作台下的飞行员手持麦克风,另外两个分别装在前舱乘务员和后舱乘务员面板上的手持话机,除了上述 3 个固定站位外,在其他站位如需要接入勤务内话,可以用头戴式耳机麦克风(HEADSET),将其插头接入勤务内话插孔内,A320 有 8 个勤务内话站点(B737 飞机有 7 个),分别在电子舱 2 个,电源面板 1 个,主轮舱 1 个,发动机站位 2 个,APU 舱 1 个,水平安定面 1 个。不同型号的飞机插孔数量不同。

当 ACP 面板上的勤务内话开关置于"OFF"位时,飞机上各站位的勤务内话插孔只能收听,无法输入音频;当开关置于"ON"位时,才能听和说。一般飞机在空中飞行时,勤务内话开关置于"OFF"位,以免飞机外部天线干扰信号输入内话系统;在地面时才置于"ON"位,可以保证在地面维护工作中与其他各维护站点的联系。

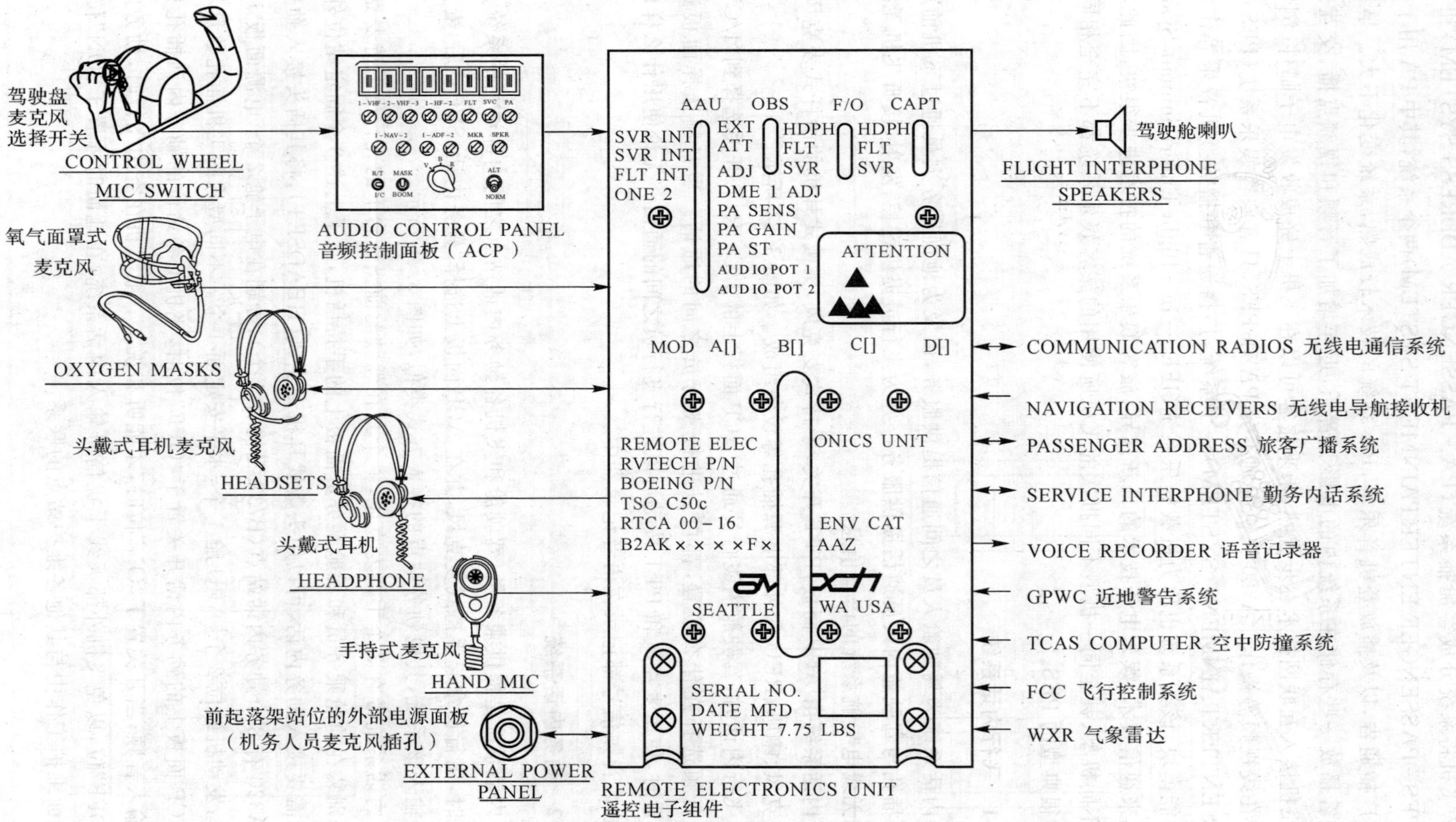

图3.34 B737飞机飞行内话系统组成及信号交联

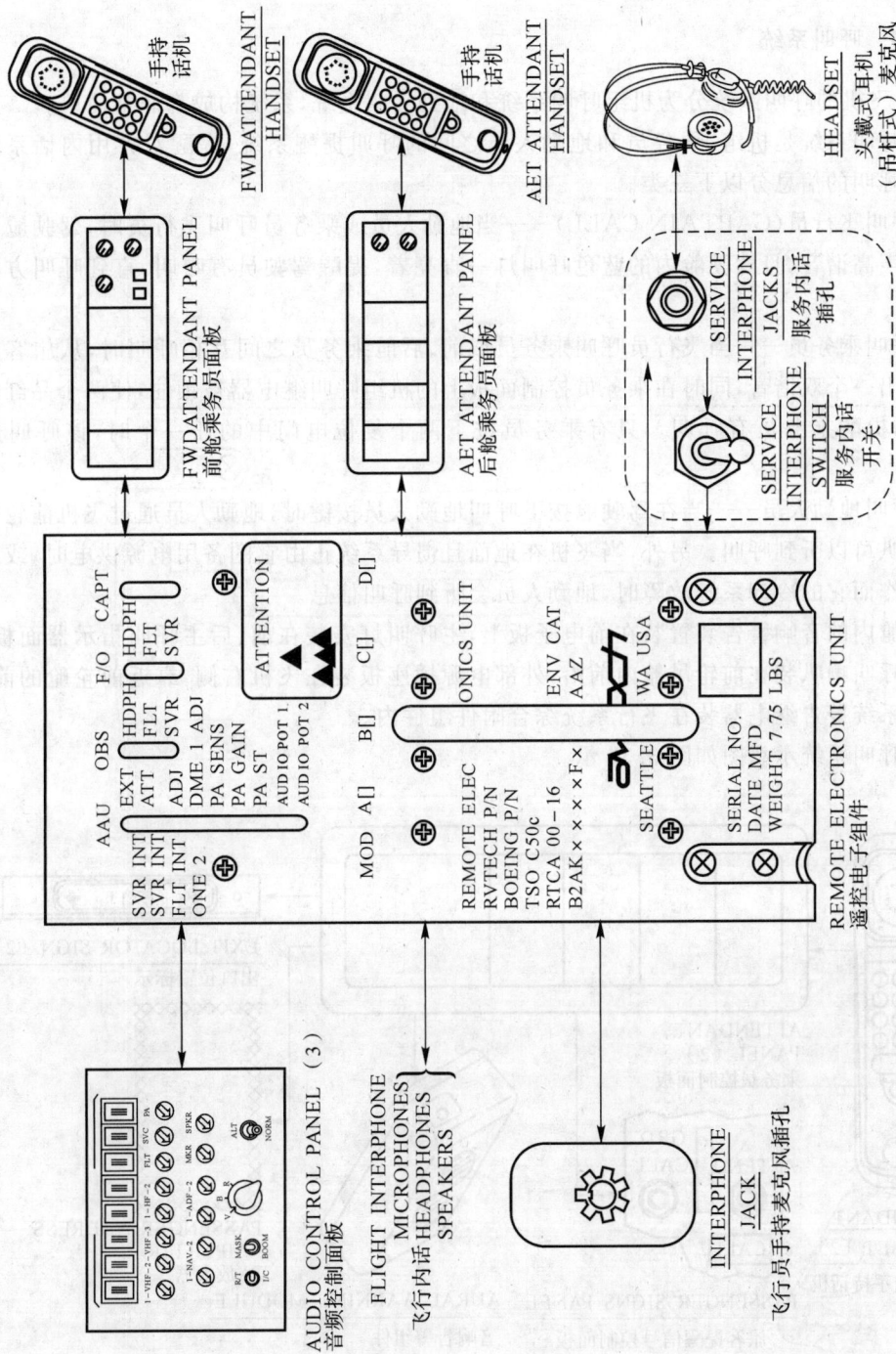

图3.35 勤务内话系统示意图

REU 内包含许多内话系统的放大器,其面板上有内话系统的增益音量调整点,其中 AAU 电路板上"SVR INT EXT"是用来调整各个勤务内话插孔的音量,"SVR INT ATT"是用来调整乘务员站位和驾驶舱站位手持麦克风音量的。这些调整工作只能在内场维护时操作。

3.5.3 呼叫系统

B737 飞机的呼叫系统分为机组呼叫系统和地勤呼叫系统,系统构成都非常简单。

机组呼叫系统是机组、乘务员和地勤人员之间的呼叫提醒系统,提醒对方用内话系统通话。机组呼叫的信息分以下三类。

(1)呼叫飞行员(CAPTAIN CALL)——当地勤人员或乘务员呼叫飞行员时,驾驶舱内可以听到一声高谐音,且驾驶舱内的蓝色呼叫灯一直亮着,提醒驾驶员有呼叫,直到呼叫方松开呼叫按键。

(2)呼叫乘务员——当飞行员呼叫乘务员或前、后舱乘务员之间互相呼叫时,从旅客广播系统中传出一个双谐音,同时在乘务员控制面板上的机组呼叫继电器被锁住,使两个品红色的呼叫灯亮,提醒乘务员有呼叫。只有乘务员按下两个复位电门中的任一个时,该呼叫灯才熄灭。

(3)呼叫地勤人员——当在驾驶舱按下呼叫地勤人员按键时,地勤人员通过飞机前轮舱内的呼叫喇叭可以听到呼叫。另外,当飞机在地面且惯导系统正由它的备用电源供电时,或当惯导系统工作而它的冷却系统故障时,地勤人员会听到呼叫信息。

驾驶舱内的音响警告装置装在前电子板上,主呼叫灯安装在前、后主呼叫指示器面板上;地面人员呼叫喇叭装在前轮吊舱内前沿,外部电源插座板装在飞机右侧,靠近前轮舱的前面,惯性基准系统警告继电器装在飞行系统综合附件组件内。

机组呼叫系统示意图如图 3.36 示。

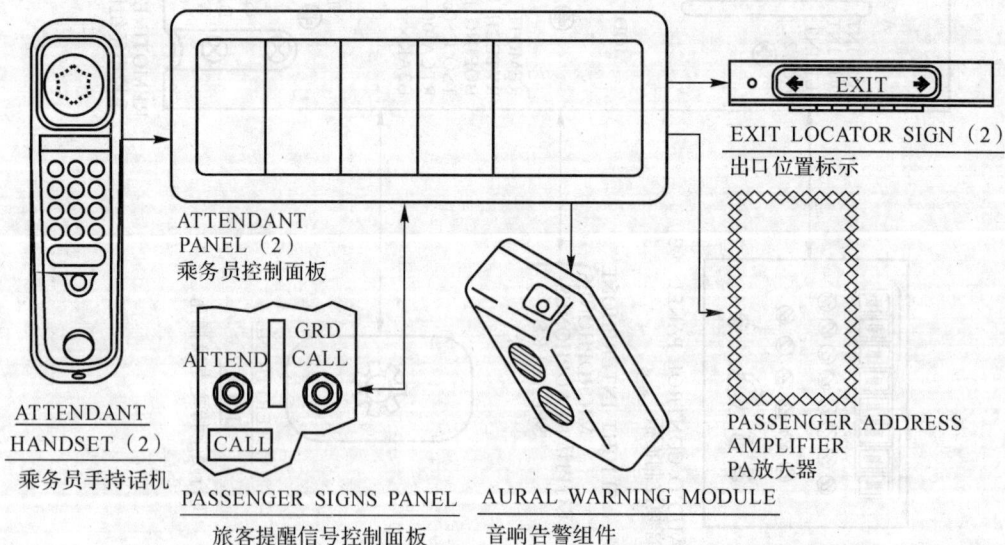

图 3.36　机组呼叫系统示意图

地勤呼叫系统用在飞机地面维护时,地面勤务人员可以和驾驶舱内人员互相呼叫对方通话,以保持配合维护飞机,如图 3.37 所示。飞行员呼叫地面勤务人员时,按下"GRD CALL"开关,安装在飞机前起落架上的呼叫喇叭会发出提示谐音;当飞行员松开开关,呼叫谐音停止;反之,当地面勤务人员通过安装在前起落架上的外部电源面板上的"PILOT CALL"开关呼叫驾驶舱人员时,该面板的"CALL"灯点亮,并可以听到提示谐音,当地面勤务人员松开开关,谐音停止,"CALL"灯熄灭。

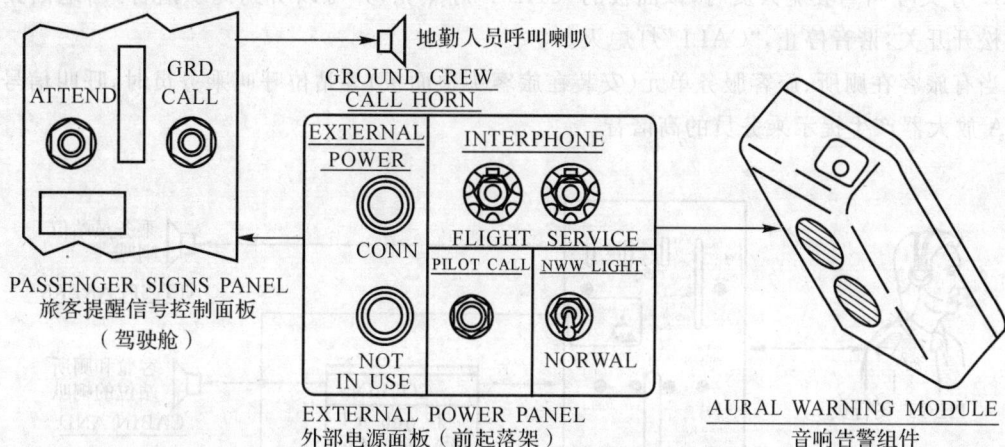

图 3.37　地勤呼叫系统示意图

3.5.4　B737 飞机的客舱广播系统(PA)

1. 系统概述

客舱广播(PA)系统用来向旅客广播通知、播放音乐和发出提示谐音。PA 系统包括客舱广播放大器、旅客和乘务员广播喇叭和磁带放音机等部件。在 B737 飞机上,PA 系统是一个独立的部件,在 A320 飞机上,PA 系统则是旅客娱乐系统 PES 的一个子模块功能,这与 SEL-CAL 系统类似,可以有效减少设备数量,降低用户成本。

B737 飞机的 PA 系统组成及信号交联如图 3.38 所示,PA 系统播放的音频输入来自驾驶舱麦克风、乘务员手持话机、磁带播放机等设备。系统工作时,PA 放大器从上述输入的音频中选择具有最高优先权的音频,经放大器放大后,送到客舱和厕所站位的喇叭广播。该音频信号触发 REU 内的静音电路产生一个抑制信号,当乘务员发布通知期间,前舱和后舱乘务员站位的喇叭被抑制以避免出现自激。

遥控电子组件(REU)用来连接音频控制板或乘务员控制面板与旅客广播系统组件,机务人员在内场维护时,通过 REU 上的控制钮可以进行客舱广播放大器调节、麦克风的灵敏度控制、系统过载保护和客舱广播系统发射信号的幅度调整等工作。

旅客提醒信号控制面板(PASSENGER SIGNS PANEL)由飞行员操作,在飞行员头顶面板,面板上有 4 个开关,2 个提示灯控制开关,分别控制客舱内旅客座位上方和客舱过道内的"NO SMOKING(禁止吸烟)"和"FASTEN BELTS(系好安全带)"提示灯点亮,并控制发出提示谐音。2 个呼叫控制开关,当驾驶员需要呼叫前舱或后舱乘务员通话时,按下"ATTEND"开关,则在前舱和后舱乘务员站位会听见提示谐音并看到提示灯亮;反之,当乘务员用手持话机上的开关呼叫飞行员时,该面板的"CALL"灯点亮,并可以听到提示谐音,乘务员松开开关后,提示音停止,"CALL"灯灭。当飞机在地面维护时,飞行员呼叫地面勤务人员时,按下"GRD CALL"开关,安装在飞机前起落架上的呼叫喇叭发出提示谐音,当飞行员松开开关,呼叫谐音停止;反之,当地面勤务人员通过安装在前起落架上的外部电源面板上的"PILOT CALL"开关呼叫驾驶舱人员时,该面板的"CALL"灯点亮,并可以听到提示谐音,当地面勤务人员松开开关,谐音停止,"CALL"灯熄灭。

当有旅客在厕所、旅客服务单元(安装在旅客头顶面板)等站位呼叫乘务员时,呼叫信号送到 PA 放大器产生提示乘务员的高谐音。

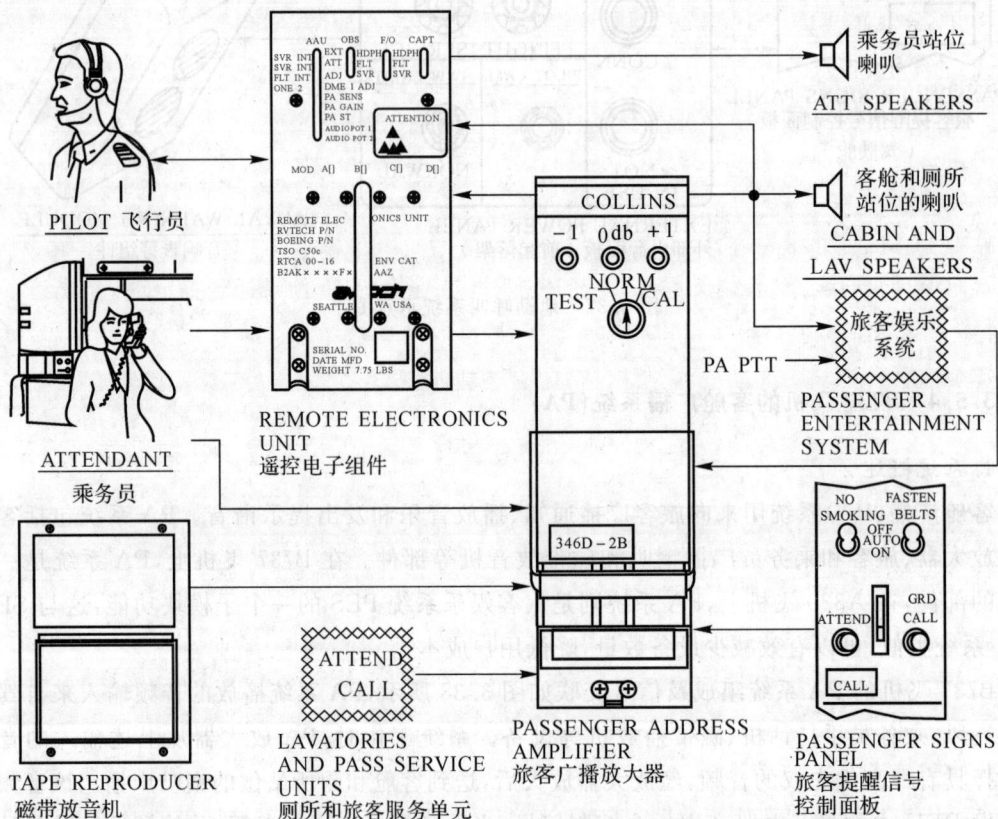

图 3.38 B737 飞机的 PA 系统组成及信号交联

2.系统部件功能

(1)客舱广播放大器。

客舱广播放大器(PA 放大器)是 B737 飞机 PA 系统的核心部件,用来提供输入音频优先级控制、音频信号放大、谐音(CHIME)信号产生等功能。输入音频信号播放优先级顺序由高到低依次是:紧急通告、驾驶舱通告、乘务员通告、自动播放的通告、音乐。当同时有几个机组通告信息要播放时,只有优先权最高的信息经放大器放大后才能播放。

PA 系统放大器还用来产生"禁止吸烟"、"系好安全带"等警告灯控制信号,启动洗手间内的烟雾监视器,产生由乘务员、旅客、洗手间呼叫电门引起的谐音信号,并会随飞机起落架和襟翼位置变换而发出低谐音信号。发动机滑油压力电门用来感受发动机工作状态,并产生一个控制信号,控制客舱广播放大器放大倍数,以补偿因发动机噪音变化而造成的影响。

PA 放大器前面板上的"TEST/NORM/CAL"功能选择开关用来进行 PA 系统测试和工作指示。如图 3.39(b)所示,当开关放在"NORM"位时,PA 放大器处于正常工作模式;当开关放在"TEST"位时,PA 放大器产生一个高谐音加到客舱喇叭网络,用于检查喇叭的工作情况;当开关放"CAL"位时,通过其前面板上的输出电平指示灯,检查 PA 放大器的输出功率。当输出功率小于 4 W 时,-1 dB 灯亮,等于 4 W 时,0 dB 灯亮,大于 4 W 时,$+1$ dB 灯亮;当输出功率大于 4 W 时,需要重新进行校准,校准需在内场维护时操作,调节放大器前面板上的"MASTER GAIN"主放大电平控制旋钮,调到-1 dB 或 0 dB 灯亮为止。

(2)磁带放音机。

磁带放音机用来自动播放通告和音乐给客舱广播放大器放大输出播放,放音机的磁带舱和控制板组合在一个组件中,微处理器控制放音机的全部操作。磁带放音机控制面板见图 3.39(a)。

磁带上有四道并行磁迹,第 1,2 道磁迹用于保存预录通告;第 3,4 道磁迹用于录制登机音乐,磁带只单面使用。共有 4 个磁头,每个磁迹对应一个磁头。预录通告播放时,从磁迹 1 开始,播放完后再播磁迹 2,最多可以预录 32 条信息,每条信息开头都有自己的地址编码,然后空白一小段后开始录制信息,信息结束后有 8 秒的间隔,用以区分下一条信息。

如图 3.39(a)所示,通过磁带放音机操作面板的 0~9 个数字键可以自行选择播放那一条预录通告,选择一个预录通告时要输入两个数字键,1~9 号信息要输入 01~09。"STOP"键可以清除上次输入的数字和输入错误的数字,当磁带进带或倒带找到所选的预录通告时,"READY"灯亮,此时按下"START"键即可播放所选信息。如果输入数字太大,磁带没有所选信息,LED 显示器显示出错"E",此时按"STOP"可以消除出错显示。

播放音乐时,选择音乐磁迹 1 或 2,按"START"键,即开始播放登机音乐。磁带末端有 20 s 的空白区,当系统检测磁带播放到头后,磁带机自动倒带,从头开始重复播放。由于预录通告播放的优先权高于音乐播放,所以播放预录通告时,音乐播放暂停,等信息播放完毕后从暂停处开始继续播放。

当飞机出现增压舱泄压事故时,压力传感器向磁带放音机提供紧急信息播放请求,此时存储在磁带放音机中固态存储器内的紧急信息会自动播放,该播放具有最高优先权。固态存储器通过话音分配开关(S1-1~S1-6)设定好存储有多少个通告信息,这些通告信息可以单个播放或几个一组一起播放。播放重复次数由程序开关(DIP SWITCH)S2-1~S2-3 来决定,最高播放 8 次。

新出品的播放设备已经采用闪存卡作为存储介质,用类似于手机存储卡的闪存卡代替磁带作为预录通告和音乐的存储媒介,但为了便于工作人员使用,减少培训工作量,其操作界面、操作步骤与磁带式设备基本相同。

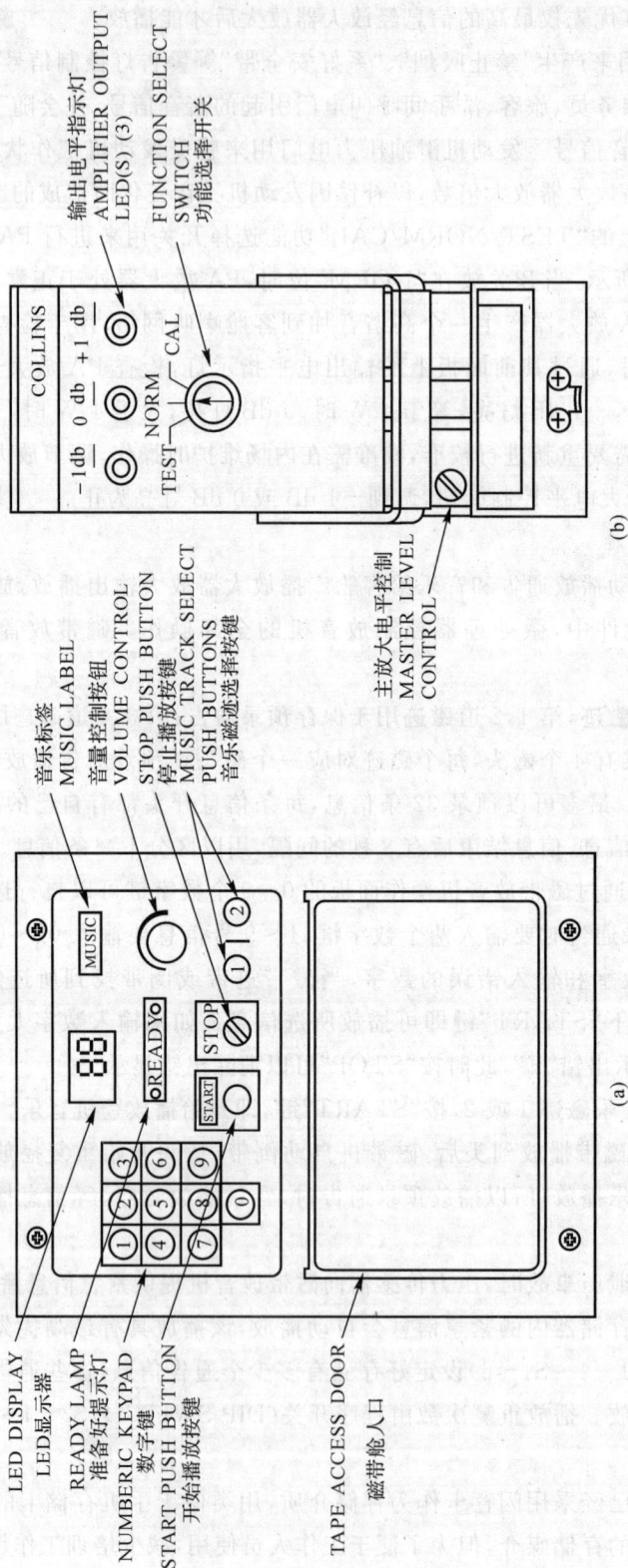

图3.39 磁带放音机操作面板和PA放大器前面板
(a)磁带放音机工作前面板;(b)PA放大器前面板

表 3.3 所示为在放音机操作面板的 LED 显示器上显示的维护码,用于指示放音机的状态,提醒乘务员进行下一步操作。

表 3.3　磁带放音机的维护码及其对应操作

维护码	状态	操作程序
90,91,92,93	打开磁带舱门	输入维护码,再按 MUSIC1 键。
80	播放磁迹	输入维护码,再按 MUSIC1 键,选择想要的磁迹。
81	带子快进(CUE)	输入维护码,再按 MUSIC1 键
82	反向倒带(Review)	输入维护码,再按 MUSIC1 键
83	紧急信息播放	输入码再按 MUSIC1 键,然后选择所要的信息。1 为应急信息,2~5 为 SSSV 信息。
MUSIC1 和 2	选择音乐磁道,执行(特殊)功能	按 MUSIC1 或 2 选择音乐磁道,在其他特殊功能中选择两个键。
STOP	停止或使操作复位	按这个键停止系统操作。

说明:MUSIC1 和 MUSIC2 对应音乐磁迹选择按键①和②。

机务人员在维护磁带盒组件时,打开磁带舱门时需要用本航空公司编制的代码才能打开磁带舱门。航空公司一般按行业惯例采用:90,92,93 这 3 个代码中的一个。取出磁带后,必须按操作手册规定的清洁方案操作,需要分别清洁磁头、导轮、主动轮、滚轴,清洁时特别要注意:不要用有腐蚀性的洗涤剂或溶剂清洗磁头。

3.PA 系统工作原理

PA 系统工作原理如图 3.40 所示。

从驾驶舱、前舱和后舱乘务员站位、预录通告和登机音乐送入 PA 放大器后,由输入电路接收,在接收电路内进行优先权比较,优先权逻辑电路提供优先权比较逻辑。输入音频按优先权处理后,通过 PA 放大器送到 REU,再由 REU 送到机内广播喇叭网络播放,PA 放大器输出到 REU 的音频包括:按优先级筛选后的话音音频,提示谐音(提示音),预录通告,登机音乐等。

各输入音频的 PTT 信号触发优先权判断,PA 放大器设置的优先权逻辑是:

第一优先权是驾驶舱广播或通告。当飞行员按下 PTT 按键时,PTT 信号送到 PA 放大器优先权逻辑电路,抑制或切断正在播放的所有其他音频,直到飞行员广播完毕,松开 PTT 按键后,其他广播或通告信息才继续播放。

飞行员发出的 PTT 信号还直接送到 REU,触发 REU 内的静音控制继电器(MUTE CONTROL RELAY),使该继电器导通,断开送往前舱乘务员静音(FWD MUTE)和后舱乘务员静音(AFT MUTE)的电源,这样保证在驾驶员发出广播期间,乘务员不能控制关闭其站位的喇叭,即飞行员发出广播时,客舱内所有喇叭都必须能发出该广播。

第二优先权是乘务员语音或通告。当没有飞行员 PTT 信号输入时,若乘务员要对旅客广播,则按下其手持话机上的 PTT 开关,发出的 PTT 信号在 PA 放大器内会抑制预录通告和登机音乐的播放。

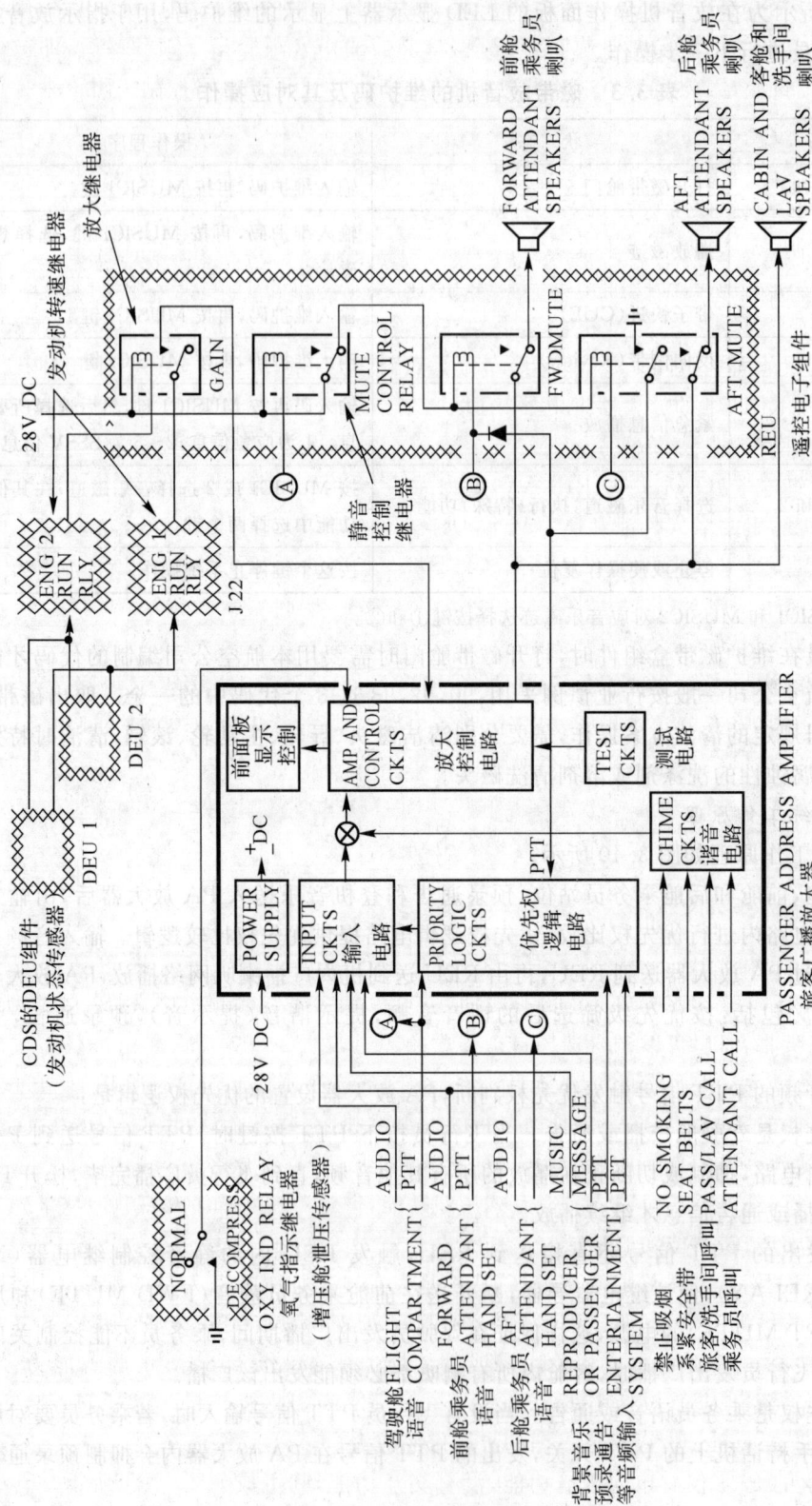

图3.40 B737飞机的PA系统工作原理

乘务员发出的 PTT 信号还直接送到 REU,触发 REU 内的静音(MUTE)电路,因为在窄小的客舱内乘务员的话筒和喇叭靠得很近,喇叭广播的声音很容易反馈到话筒,即被话筒接收,很容易产生自激,因此当某个乘务员对旅客广播时,"MUTE"电路控制关闭该乘务员站位处的喇叭。

第三优先权是预录通告,第四优先权是登机音乐,因为预录通告和登机音乐都是由磁带放音机播放,因此播放前磁带放音机先进行筛选,仅让两者之一输出,有预录通告要播放时,登机音乐自动被抑制,无法播放。

如图 3.40 所示,两个 CDS 的 DEU 组件用来监测发动机的工作状态,主要监测:①发动机的 N2 转速是否≥50%?②发动机起动手柄在慢车位,火警开关被复位,且 N2 转速是否≥50%?③飞机在地面上,且起动手柄在慢车位是否超过 5 min?只要出现上述几种状况中任何一种时,控制 REU 中的放大器继电器接通,产生指令使 PA 放大器的增益自动增加 6 dB,用以补偿发动机噪音造成的干扰。

氧气指示继电器(OXY IND RELAY)用来感应飞机是否存在失压状况。当发生失压事件时,会出现机舱里的氧气外泄和压力减小,使旅客在短时间内身体膨胀(压力低、沸点低)、缺氧窒息从而失去意识,如果还没有足够的氧气供应,就会缺氧死亡,因此,出现失压事件,PA 系统会立即控制 PA 放大器选择预录紧急通告信息播放,同时将 PA 放大器的增益自动增加 3 dB。

谐音电路能产生以下 3 种提示音:高谐音"叮",低谐音"咚",高/低谐音"叮咚"。当有乘务员呼叫信号从旅客服务单元或厕所发出时,谐音电路产生一个高谐音;当"禁止吸烟"或"系好安全带"灯亮时,产生一个低谐音;从驾驶舱或某乘务员站位呼叫另一个站位的乘务员时,产生一个高/低谐音。当飞行员或乘务员有提醒呼叫时,高/低谐音响 3 次。谐音信号直接与 PA 放大器输出的音频信号叠加,它对优先权逻辑电路没有影响。

3.5.5　B737 飞机的旅客娱乐系统(PES)

B737-800 飞机的 PES 用来给旅客提供多通道的音频和视频播放,旅客通过配发的耳机,接入座椅扶手上旅客服务单元上的耳机插孔,可以从多个音频频道中选择一个收听,类似于我们用耳机听收音机,可以调台选择自己喜欢的频道收听。视频播放是由机载播放机从磁带、光盘或者硬盘内读取预存的影视节目,经过视频系统播放控制组件(PSCU),通过公共的显示屏向旅客播放。B747,B777 等长途飞行的大型客机上,每位旅客的前排座椅后面都带有一块显示屏,供后一排的那位旅客使用,这种配置的 PES 可以供旅客进行视频点播,选择自己喜欢的视频节目,部分系统可以支持交互式游戏功能,但这些视频和游戏都只能从事先预录好的节目或游戏中选择,不能实时播放。

PES 的购买、运营和维修成本都较高,特别是大幅度增加了机务人员的维修工作量,以及增加了乘务员的培训工作量,所以很多航空公司都不愿对此投资太多。但使用 PES 又是大势所趋,所以航空公司正研究通过相关广告或其他增值服务来提高 PES 的收入能力。目前,PES 系统主要产品供应商包括 Panasonic Avionic、Thales、Rockwell Collins、Honeywell 等,其中 Panasonic Avionic 和 Thales 占据的市场份额较大。

B737 飞机的 PES 仅有单向传输功能,没有交互功能,其组成如图 3.41 所示。其中视频存储播放器是视频信号的来源,可以是磁带式、光盘式或硬盘式存储播放设备,所有机上播放的视频节目都来自这里。视频分配组件具体控制播放显示屏的显示内容,每一个视频分配组件控制两个显示屏。是否播放视频节目的最终决定权在于飞行员,通过飞行员头顶面板上的视频播放开关控制,打开该开关,所有客舱内的显示屏才能播放视频节目。

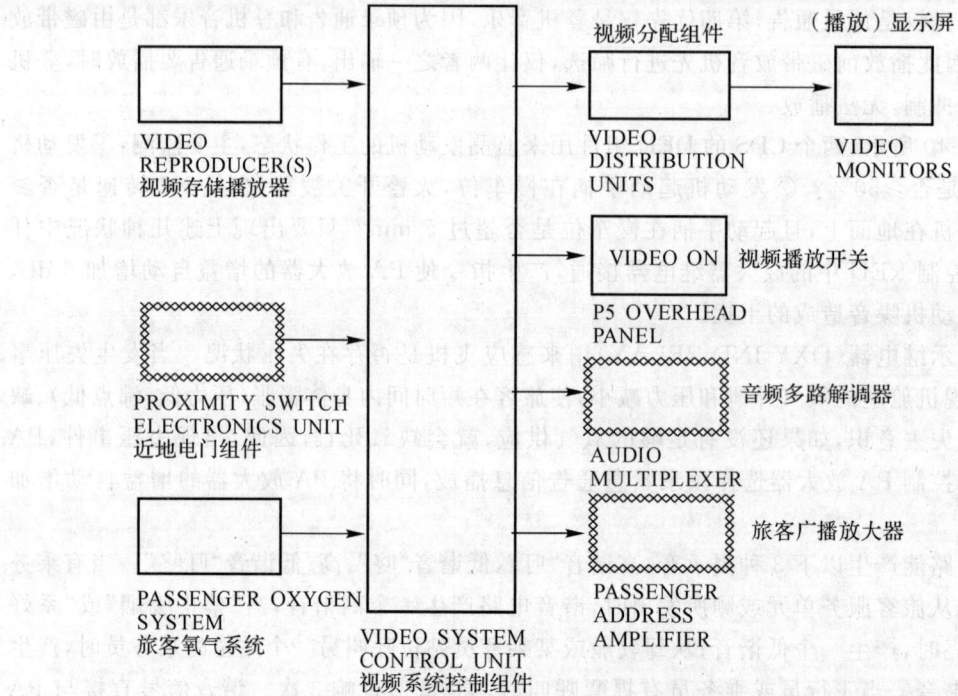

图 3.41 B737 飞机 PES 组成

在飞机上用公共显示屏播放视频节目是不带音频广播的(静音播放),因为不是每位旅客都愿意观看,很多旅客会睡觉,为了不干扰旅客休息,视频节目的音频通过音频多路解调器分别送到每位旅客座椅扶手上的旅客服务单元,需要的旅客自行通过配发的耳机接入收听。在特定情况下,如果需要将视频节目的音频在客舱广播,可以将视频节目的音频信号输入客舱广播放大器,通过 PA 系统的喇叭网络广播。

当遇到紧急情况,旅客的氧气面罩落下时,旅客氧气系统会发出一个离散控制信号,停止视频播放,且控制显示屏收回初始位置(折叠回行李架内)。近地电门组件向 PES 提供前起落架放下、空/地状态、飞机刹车状态、飞机起飞倾斜状态等一些飞机当前工作状态离散信号,飞机处于这些状态时,禁止使用视频播放功能。

PA 系统有 4 个优先权顺序,其中第一优先权是驾驶舱音频、第二优先权是乘务员音频、第三优先权是预录通告的播放,这 3 个优先权的级别比 PES 的播放级别高,当 PA 系统有这三类音频需要播放时,会控制 PES 暂停播放视频节目。

视频系统控制组件控制视频播放的功能方框图如图 3.42 所示,视频控制组件分前舱和后舱,视频信号通过三路视频线传输,类似于家用电视机背后连接的红、绿、蓝三色视频线。通过视频分配组件来控制和发送视频信号,每一个视频分配组件控制两个显示屏,同时播放显示屏的工作状态也通过视频分配组件反馈回视频控制组件。

视频控制组件在发送视频信号时,先将视频信号送到第一个视频分配组件,再由第一个视频分配组件将信号放大后送到第二个视频分配组件,以此类推。最后一个视频分配组件上带有一个终结器(Termination Plug),终结器能告诉视频控制组件整条视频线路在何处终结。终结器具有特定的电阻值,视不同设备不同,B737 飞机上和地面视频网络常用的终结器电阻值为 50 Ω。

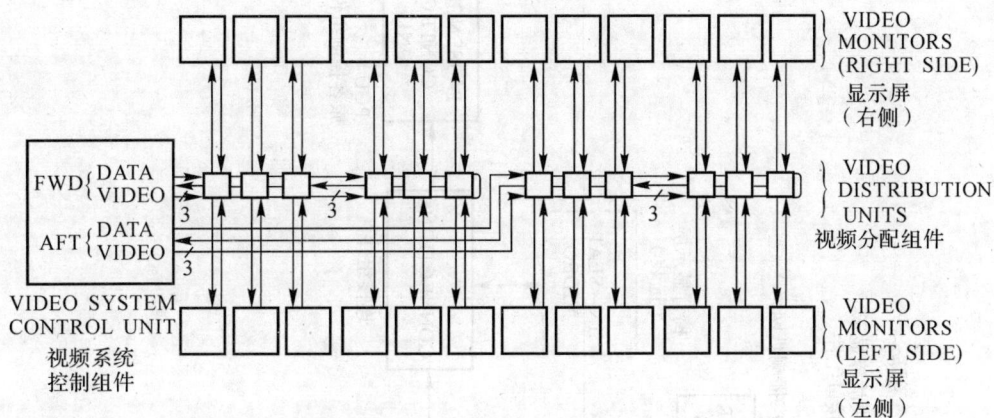

图 3.42　PES 的视频播放功能方框图

PES 系统的组件大多安装在后客舱右侧顶部行李架上,包括视频存储播放器、视频系统控制组件,视频分配组件安装在过道顶部天花板上面,显示屏在旅客座椅头顶。

3.5.6　A320 飞机的旅客娱乐系统(PES)

A320 飞机的 PES(IFE)综合了上述 B737 飞机的 PA,PES 和旅客服务功能(阅读灯、呼叫乘务员等操作),系统组成如图 3.43 所示。

PRAM 是采用磁带或闪存卡的存储播放器,用来存储 PA 播放的预录通告和登机音乐等预录信息,最新设备一般采用闪存卡,机组人员更换预录信息直接更换已经录制好的磁带或闪存卡就可以了,PRAM 由乘务员在前舱乘务员操作和控制面板(FAP)上操作。当需要播放 PA 信息时,PA 信息先送到客舱内部通信数据系统(CIDS),再送到客舱喇叭网络播放。CIDS 同时将 PA 信息送到 PES 的主多路解调器(MUX)中,MUX 也同时接收 PES 预录的视频节目、音频节目的音频信号,这三类音频信号采用频分复用方式同时送到旅客控制组件(PCU),旅客可以用配发的耳机连接 PCU 收听,并通过 PCU 调台收听不同的音乐节目。

与 B737 飞机一样,所有的视频节目都通过视频系统控制组件(VSCU)控制。PA 信息的优先权高于 PES 预录视频节目和音频节目,即如果有 PA 信息广播时,PES 的视频节目和音频节目都暂停。A320 的标配显示屏是公共显示屏,安装在旅客座椅头顶行李架下方,隔几排座椅安装一套,平时折叠收入行李架下方,播放时打开,所有旅客只能收到相同的视频节目,不能选台;但有一些航空公司采用高端配置,不装公共显示屏,而选装椅背显示屏,即每张椅后部有个显示屏,供后排旅客观看视频节目,且这类配置的 PES 一般有旅客互动装置,即旅客可以选择收看不同台的预录视频,甚至可以玩视频游戏。

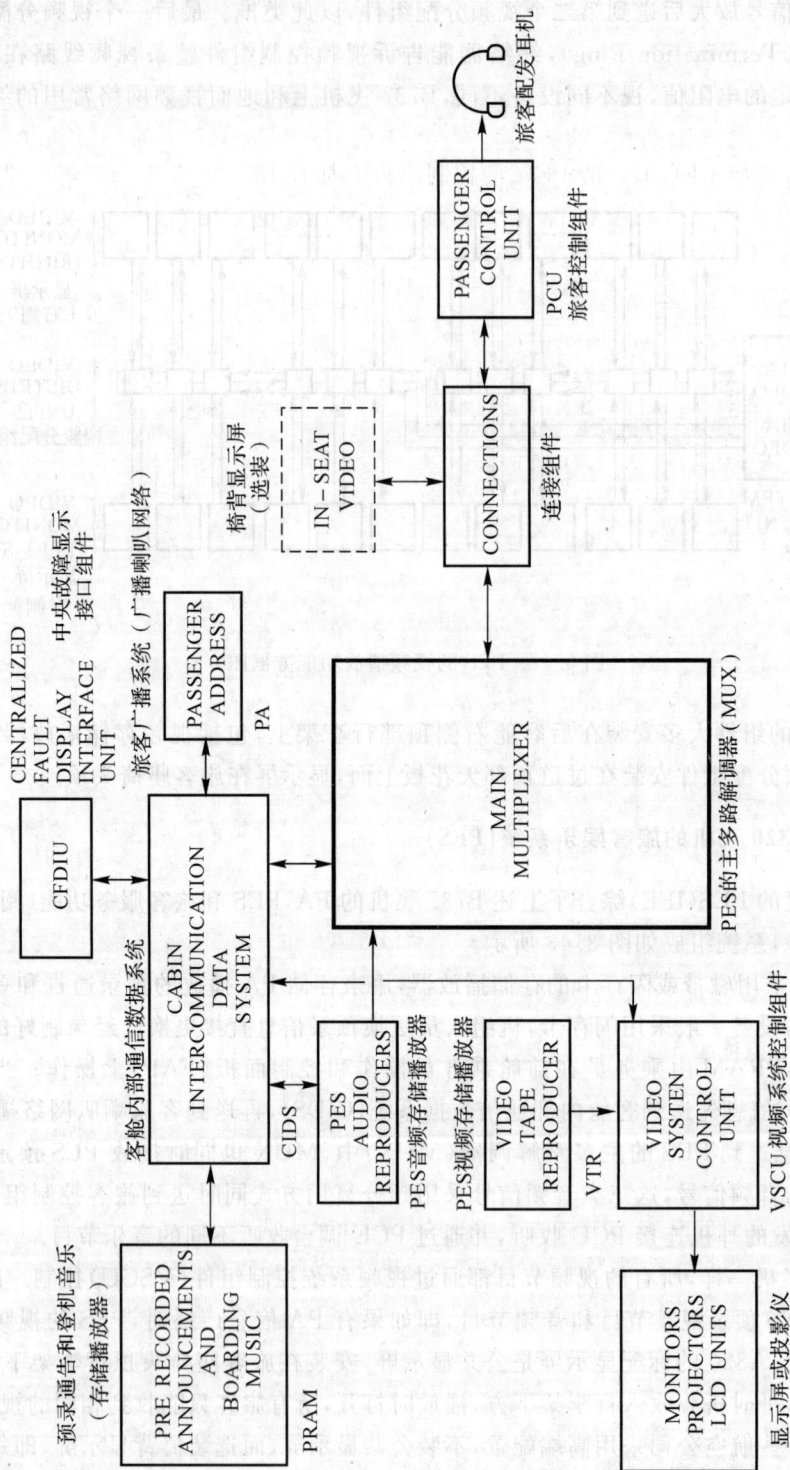

图3.43　A320飞机的PES系统组成

CENTRALIZED FAULT DISPLAY INTERFACE UNIT　中央故障显示接口组件

CFDIU

CABIN INTERCOMMUNICATION DATA SYSTEM　客舱内部通信数据系统

CIDS

PASSENGER ADDRESS　旅客广播系统（广播喇叭网络）

PA

PRE RECORDED ANNOUNCEMENTS AND BOARDING MUSIC　预录通告和登机音乐（存储播放器）

PRAM

PES AUDIO REPRODUCERS　PES音频存储播放器

VIDEO TAPE REPRODUCER　PES视频存储播放器

VTR

VIDEO SYSTEM CONTROL UNIT　VSCU 视频系统控制组件

MONITORS PROJECTORS LCD UNITS　显示屏或投影仪

MAIN MULTIPLEXER　PES的主多路解调器（MUX）

IN - SEAT VIDEO　椅背显示屏（选装）

CONNECTIONS　连接组件

PASSENGER CONTROL UNIT　PCU 旅客配控制组件

旅客配发耳机

连接组件包括：侧壁脱开盒（WDB）、座椅电子盒（SEB），PES 发出的音频模拟信号送到 MUX 后，在 MUX 内进行模数转换，数字信号用数据总线经 WDB 传输到 SEB，SEB 把数字信号转换回原来的模拟信号，然后送到 PCU 供旅客收听。WDB 的作用是座椅选择，每一个 WDB(Wall Disconnect Boxes) 支持最多两个 SEB(Seat Electronic Boxes) 组件，SEB 的作用是筛选输出，即只将旅客选定频道的音频送到 PCU，防止其他音频信号输入产生干扰。不同厂商的 PCU 设备构型不同，但一般 PCU 的控制面板上都有 18~20 个声音频道供旅客选择，其中 1 与 2 频道是正在播放的视频节目伴音，其余的声音频道是预录音频节目，如古典音乐频道、摇滚音乐频道等。

当 PES 自检（BITE）时，由 CIDS 向 MUX 发出自检指令使 PES 进入自检模式，自检主要对 SEB 和 PCU 内部所有音频通道进行检测，看是否能正常工作。BITE 期间发现的故障数据由 MUX 收集并发送给 CIDS，CIDS 将这些故障数据用 ARINC429 总线发送给中央故障显示接口组件（CFDIU），然后传给中央故障显示系统（CFDS）。

由于 PES 的用户为旅客，且使用频率很高，很多设备故障是由于旅客操作不当或者长期使用磨损造成的，因此维护工作量较大。

思　考　题

1. B737 飞机的 REU 与 A320 飞机的 AMU 有什么异同？

2. A320 飞机的 CIDS 的功用是什么？

3. A320 飞机的 PTP 有什么功用？

4. A320 飞机的 FAP 中 CAM 有什么功用？

5. ACP 面板有哪些选择按键和旋钮？

6. A320 的旅客功能模块中的 DEUA 和 DEUB 有什么区别？

7. 飞行员在什么情况下操作 ACP 面板？在什么情况下操作 RCP 面板？

8. 甚高频通信系统的工作频率范围是多少？频率间隔是多少？为什么需要 8.33kHz 的频率间隔？

9. 无线电设备采用超外差接收电路有什么优点？采用二次变频电路有什么优点？

10. 锁相环路频率合成器是如何工作的？

11. 简述静噪电路的工作原理。

12. 简单说明机务人员如何利用 VHF 收发机前面板实施系统地面自检？

13. 机载高频通信系统用什么技术措施解决信号远程传输受到干扰的问题？

14. 机载高频通信系统天线耦合器如何防止设备内部受潮？

15. 高频天线耦合器分哪几种模式（几个步骤）完成调谐过程？

16. 选择呼叫系统在 B737 型飞机、A320 型飞机、B777 型飞机上各以什么形式存在？

17. 简述选择呼叫系统工作原理。

18. 飞行员之间交谈为什么要通过飞行内话系统？

19. B737 型飞机的客舱广播系统与 A320 型飞机的相关系统有什么不同？

20. 机务人员维护磁带放音机时需注意什么？

21. B737 型飞机客舱广播系统输入音频信号的优先级顺序是什么？

22. B737 型飞机上前舱乘务员向旅客广播时，为什么要抑制其工作站位上的喇叭发出广播？

第4章　民航飞机机载卫星通信系统

4.1　卫星通信系统概述

4.1.1　背景知识

平时我们使用手机通话,如果发现手机的信号不满格、通话效果时断时续,马上就会想到是信号不好,排除手机质量问题以外,手机信号不好的主要原因是离基站过远,手机处于无线电信号覆盖盲区造成的。为什么会产生信号覆盖盲区?目前的手机通信基本上都是频率在300 MHz~300 GHz之间的微波通信,微波通信由于传播距离短,因此必须建设大量的中继设施转发信号才能实现信号远距离传送,这种中继设施就是基站。每个基站由于其发射功率、天线方位和角度、周边建筑屏蔽等因素限制,其信号覆盖都有一定的范围。如果一部手机所处的位置在基站信号覆盖的范围之外,则该手机就处于信号盲区。

地面建设基站,传播距离短,受周边高大建筑等环境影响大。如果把基站放在卫星上,从高空转发信号,那么受地形地貌影响就会小很多,信号的覆盖范围会空前扩大。卫星通信(SATCOM)就是利用卫星作为信号基站转发或反射无线电信号,从而实现远距离通信的方式。目前,SATCOM已经在航空领域、军事侦察、通信广播、电视直播、导航定位、气象预报、资源探测、环境监测和灾害防护等国防和民用的各个领域得到广泛的应用,成为了现代社会中不可缺少的通信手段。例如:我们打开电视,收看的广东卫视、湖南卫视、江苏卫视等,均是通过卫星通信系统转发的电视节目;遇到地震、洪水等天灾时,地面通信网络往往被破坏,指挥救灾、记者现场采访等均使用卫星通信系统。

长期以来,民航飞机上的地空通信和飞机之间通信是使用高频(HF COMM)通信系统和甚高频(VHF COMM)通信系统,这两个系统的信号传输距离有限,需要依靠地面基站的支持才能实现更远距离传输。而随着我国人民生活水平不断提高,因出差、旅游、探亲、访友等原因乘坐飞机的人越来越多,民航飞机也越造越大,越飞越远,日常旅行乘坐飞机跨洋飞行在今天已经是轻而易举的事情,传统的HF COMM系统和VHF COMM系统已远远无法满足飞机长时间、远距离跨洋飞行的需要。

与手机地面基站信号存在覆盖盲区类似,HF COMM系统和VHF COMM系统的地面基站也存在覆盖盲区,对飞机的监控都有鞭长莫及的时候,飞机在跨洋飞行或者在地面基站稀少的偏远地区飞行时,可能因为地面基站覆盖不到而无法被地面运行控制中心(AOC)掌控精确位置和实际运行状态,一旦发生意外情况,定位和搜救将十分困难。2009年法国航空447航班和2014年马来西亚航空MH370航班在远离陆地的大洋深处"失联"事件,让人们深刻认识到在远离陆地的地方,在地面基站覆盖盲区的地方,失联飞机寻找难度很大。而在飞机上引入机载SATCOM系统,发挥SATCOM系统全球覆盖的优势,成为避免类似事件再次发生的最好选择,但过高的使用成本成为 SATCOM 系统在航空领域推广的主要障碍。

SATCOM 系统由空间卫星系统、地面通信服务网络以及卫星用户终端等部分组成。卫星用户终端即 SATCOM 收发机,机载卫星通信系统、新闻记者和抢险救灾人员在前线使用的卫星电话等都是卫星用户终端。空间卫星系统作为中继基站,转发无线信号到地面主站,再由地面主站接入地面通信服务网络,将信息送至本网或他网的用户终端以实现卫星通信。地面主站的作用是向卫星发射信号,同时接收由其他地面站经卫星转发来的信号。我们日常看电视中的凤凰卫视、广东卫视、湖南卫视等卫视节目就是一个典型的 SATCOM 系统应用的例子。各地的卫星电视节目,由当地电视台制作完成后,通过设置在电视台附件的卫星地面站传输给卫星,其他省份的电视台或者闭路电视服务商通过卫星转发、接收到该省的卫视节目后,通过地面的闭路电视网络送到千家万户。

4.1.2　卫星通信系统的分类

卫星通信系统有多种分类方式:

(1)按基带信号类型分:可以分为模拟卫星通信系统,数字卫星通信系统。

早期的卫星通信系统采用模拟通信技术,随着计算机技术发展,数字通信技术的比较优势越来越明显,2000 年后发射的商用通信卫星(非实验卫星)基本上是数字通信卫星,数字通信卫星可以兼容发射模拟通信信号。

(2)按卫星的运动方式分:可以分为静止卫星通信系统、中轨道卫星通信系统、低轨道卫星通信系统。

静止卫星离地面约 36 000 km,对地面的覆盖面积大,要达到全球覆盖,只需要 3 颗卫星就行了。卫星相对地面静止,地面用户不需要建立复杂的跟踪系统就能接收到信号。通信信道大部分在真空空间,干扰小,工作稳定;但距离远,导致信号传输损耗和传输时延都较大,两极地区存在盲区,且静止同步轨道只有一条,可容纳的卫星数量有限,ITU(国际电信联盟,是联合国的一个重要专门机构)在 1985 年通过国际会议决议规定:静止同步轨道卫星密度为 2°一颗,而且需要申请、经 ITU 批准才能布放。中轨道的通信卫星要达到全球覆盖需要 12 颗,其轨道高度为 10 000 km 左右。低轨道移动通信卫星离地面约 500~1 500 km。与静止轨道卫星通信系统相比,低轨道卫星通信系统主要有三方面的优势:一是轨道低,传输速度快,信号损耗小,通信质量高;二是不需要专门的地面接收站,每部卫星终端都可以直接与卫星连接,因为通信距离近,较小功率的终端所发射的信号也能够直达卫星;三是覆盖范围更广,两极地区没有盲区,但缺点是需要大量的卫星,运行和控制技术复杂,运营成本高,例如:"铱星系统"的星座需要 66 颗卫星。

(3)按通信覆盖区域分。可以分为全球卫星通信系统、区域卫星通信系统、国内卫星通信系统。

全球卫星通信系统是指通信范围能提供全球覆盖的系统,例如国际移动卫星组织(IN-MARSAT)的海事卫星系统、铱星公司的铱星系统,这两个系统侧重于海、陆、空领域移动用户之间或移动用户与固定用户之间完成彼此通信。国际通信卫星组织(INTELSAT)经营的商用通信卫星系列,这个系统侧重于卫星电视节目转发等卫星固定通信业务。区域卫星通信系统是指通信范围能覆盖若干国家的系统,例如:欧洲通信卫星组织(EUTELSAT)(覆盖 47 个欧洲国家)、阿拉伯卫星通信组织(ARABSAT)(覆盖 21 个阿拉伯国家)。国内卫星通信系统,卫星通信的范围仅限本国境内或周边有限区域,目前大多数经济条件许可的国家均建设有用于本国境内的卫星通信系统。

(4)按多址方式分:可以分为频分多址(FDMA)卫星通信系统、时分多址(TDMA)卫星通信系统、空分多址(SDMA)卫星通信系统、码分多址(CDMA)卫星通信系统、混合多址卫星通信系统等。

多址方式是指在移动通信系统中,多个用户同时通过同一个基站(卫星)和其他用户进行双向通信,必须给不同用户发出的信号赋予不同特征。这些特征使基站从众多用户发射的信号中,区分出某一个信号是从哪一个用户的手机发出来的;接收用户能从基站发出的众多信号中,识别出哪一个信号是发给自己的。

(5)按通信业务种类分:可以分为卫星固定通信系统和电视广播卫星系统、卫星移动通信系统、海事通信卫星系统、跟踪和数据中继卫星系统等。

卫星固定通信系统和电视广播卫星系统,主要指用卫星转发广播电视信号的卫星通信系统。广播电视信号通常是从固定的地面台转发到其他固定的地面台,再通过地面闭路电视网传输到千家万户。例如:国际通信卫星组织(INTELSAT)经营的商用通信卫星系列(全球覆盖),中国的鑫诺系列卫星、中星系列卫星(东亚地区覆盖)等。卫星移动通信系统、海事通信卫星系统,通过卫星转发海、陆、空的移动目标之间的语音和数据信息,用卫星实现移动通信是传统的卫星固定通信与移动通信结合的产物,例如:海事卫星系统、铱星系统。跟踪和数据中继卫星系统,用于星星之间的通信。例如:中国的北斗导航卫星,有 30 多颗卫星围绕地球高速运行,由于美洲与中国在地理上对称(经度差约 180°),从中国发出的卫星控制信号无法直接到达美洲上空,而中国在美洲暂时没有建设合适的地面控制中心,当需要对位于美洲上空的卫星实施控制时,就需要通过中继卫星将控制指令转发给目标导航卫星。

4.1.3 机载卫星通信系统的主要运营商

我国的用户购买了手机以后,如果要使用手机通话和收发短信,必须从中国移动、中国联通、中国电信等多个移动通信运营商之中选择一个,购买该运营商的用户身份识别卡(SIM卡),才能使用该运营商提供的通信网,即才能用手机通话和收发短信。与之类似,航空公司购买并在飞机上安装了机载卫星通信设备(类似我们购买了手机)以后,还要从多个卫星通信运营商(类似中国移动、中国联通等电信运营商)之中选择其一,购买其提供的卫星通信服务(类似我们购买某运营商的 SIM 卡),由该运营商提供的卫星和地面站网络支持,才能使用机载卫星通信设备。

因为飞机运行时一直处于飞行运动之中,所以机载卫星通信系统属于卫星移动通信系统,当今国际上机载卫星通信系统普遍使用的运营商是国际移动卫星组织(INMARSAT)和铱星公司。虽然国际上能够提供机载卫星通信服务的运营商有十几家,但只有 INMARSAT 的海事卫星和铱星公司的铱星系统能够提供全球范围绝大多数地区的信号覆盖,其他的卫星通信运营商只能提供部分区域覆盖,而不是全球覆盖的通信服务。我国尚不具备全球覆盖的通信服务能力,因此,我国的航空公司如安装或加装机载卫星通信系统,目前只能购买上述两家卫星通信运营商其中之一的服务,见表 4.1。

表 4.1　手机运营网络与机载卫星通信系统运营网络的类比关系

用　户	移动终端	服务运营商
手机用户	不同品牌的手机	中国移动、中国联通、中国电信等公司
卫星通信用户	不同厂商生产的机载卫星通信设备	国际移动卫星组织(INMARSAT)、铱星公司等

4.1.4　航空移动卫星业务(AMSS－Aeronautical Mobile-Satellite Service)

　　航空移动卫星业务(AMSS)是卫星移动通信系统的主要业务之一,可以提供卫星覆盖范围内的全双工语音通信、传真和数据通信服务。卫星移动通信按应用环境可分为海上、空中和地面,因此分为:海事卫星移动通信系统(MMSS)、航空卫星移动通信系统(AMSS)和陆地卫星移动通信系统(LMSS)。卫星移动通信技术是传统的转发广播电视节目的卫星固定通信技术与移动通信技术结合的产物。移动通信技术从 20 世纪 80 年代以来发展迅速,成为推动现代通信技术进步的主要动力,移动通信是指通信双方或至少一方是在移动中进行信息传输和交换。由于是移动体在运动中进行通信联系,信号必须依靠无线电波传输,因此无线电通信是移动通信的基础。

　　AMSS 与 MMSS 或 LMSS 业务有明显差异,首先飞机高速运动引起的多普勒效应比较严重,当飞机飞向卫星时,频率变高,飞离卫星时,频率变低,这就有可能出现在载波相同的情况下,飞机发射信号和接收信号的频率有一定偏移,且飞行速度越快,频移越大;其次受安装体积和飞机供电能力限制,机载卫星通信设备的高功率放大器的输出功率和天线的面积、增益受限。因此在机载卫星通信系统设计中,需要采取许多技术措施,如采用新型天线,使天线自动指向卫星;采用前向纠错编码、比特交织、频率校正和增大天线仰角等技术,以改善多普勒频移的影响。

　　AMSS 的发展与地面移动通信技术的发展基本同步,也经历了从模拟式向数字式的过渡,从单纯语音通信向语音通信与数据通信并重的演变。但 AMSS 技术受卫星平台技术水平限制,进步速度无法与地面移动通信技术相比。以我们日常用的手机为例,由于 3G 和 4G 技术的应用,在数据通信业务上,广播电视网络与互联网已能较好地融合,即手机上可以收到实时的广播电视节目,也可以从互联网下载视频观看。但是在 AMSS 领域,广播电视业务和语音、数据通信业务还是不同业务领域,需要用不同的卫星网络支持不同的业务领域。例如:同样是全球覆盖的卫星通信网络,INMARSAT 的海事卫星系统和铱星公司的铱星系统,这两个系统侧重于 AMSS 业务,只能用于语音与数据通信(收发短信等),无法转发广播电视节目,因此其便携式移动终端话机还是采用传统“直板手机”的样式;INTELSAT 的商用通信卫星系列则侧重于转发广播电视节目等卫星固定通信业务,无法实施卫星移动通信。

　　现代卫星移动通信系统均是数字式系统,其 AMSS 的语音和传真通信业务主要用于飞行员与地面空中交通管制人员交流对话和传真,以及为部分高端旅客提供卫星电话、传真服务;AMSS 的数据通信业务主要用于与航空公司的 ACARS 有关的数据服务通信以及与控制交通管制(ATC)部门有关的数据链通信服务。目前国际上能够提供全球覆盖的卫星移动通信服务网络只有 INMARSAT 的海事卫星系统和铱星公司的铱星系统。

4.2 国际移动卫星组织（INMARSAT）的海事卫星系统

海事卫星系统由国际移动卫星组织（INMARSAT）负责运营和管理，是第一个全球覆盖的商用卫星移动通信系统。1976 年国际海事组织（IMO）通过了《国际海事卫星组织公约》和《国际海事卫星组织业务协定》，并于 1979 年生效，同年 7 月成立了政府间经济合作机构"国际海事卫星组织"（INMARSAT），总部设在英国伦敦。1994 年更名为"国际移动卫星组织"（英文简写 INMARSAT 不变），1999 年 INMARSAT 改制为股份制公司，2005 年初 INMARSAT 公司成功上市。中国作为国际海事卫星组织 88 个创始成员国之一，由中国交通运输部和中国交通通信信息中心代表中国参加了该组织，中国交通通信信息中心也是 INMARSAT 公司的股东之一。海事卫星电话在汶川大地震等中国近年发生的重大灾害事件中发挥了重要作用。全球主要有三个生产厂商可以提供海事卫星终端产品（不同厂商的卫星终端产品类似于不同厂商生产的不同品牌的手机），分别是新加坡 ADDVALUE 公司、丹麦泰纳（Thrane&Thrane）公司、美国休斯公司，可以满足不同行业的不同需求。

海事卫星系统由空间段（卫星）、地面站和移动终端组成。如图 4.1 所示。

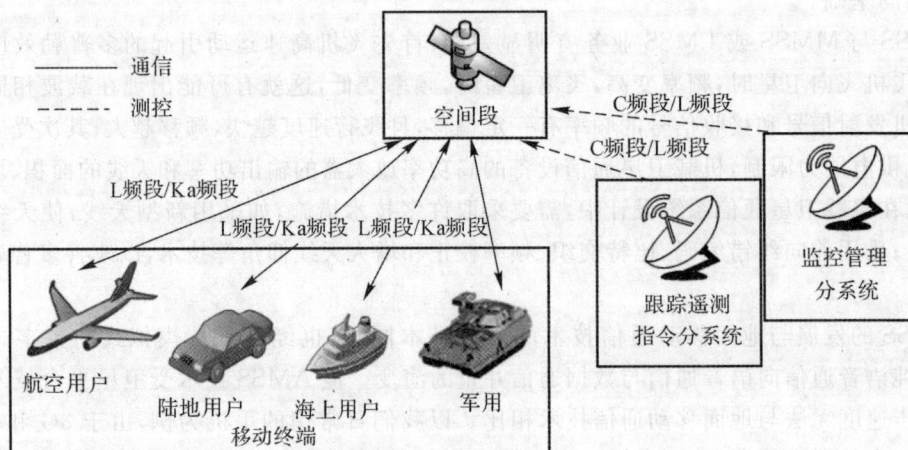

图 4.1 国际海事卫星系统应用框架图

4.2.1 海事卫星系统的空间段

1. 海事卫星系统概况

空间段即天空中的卫星，INMARSAT 的海事卫星运行在 36 000 km 的地球静止轨道上，每颗卫星可覆盖地球表面约 1/3 的面积，可以为除了南北纬 82 度以上的极地区域外的全球区域提供通信服务。如图 4.2 所示。采用静止轨道卫星，理论上只需要 3 颗卫星就可以实现全球覆盖，但由于陆地和海洋不是均匀分布在地面上的，造成一部分地区用户量很大，一部分地区用户量很小。因此系统运行时有 4 颗卫星提供服务，分别定位在大西洋东区（AOR - E）、大西洋西区（AOR - W）、太平洋区（POR）和印度洋区（IOR）四个洋区的上空。INMARSAT 的海事卫星经过近 40 年的发展，一共发展了五代卫星，分别是 INMARSAT - 1，INMARSAT - 2，INMARSAT - 3，INMARSAT - 4，INMARSAT - 5。目前第一代 INMARSAT - 1 和第二代 INMARSAT - 2 已退役,第三代 INMARSAT - 3 已转为备用,第四代 INMARSAT - 4 和第五代 INMARSAT - 5 主要提供服务。

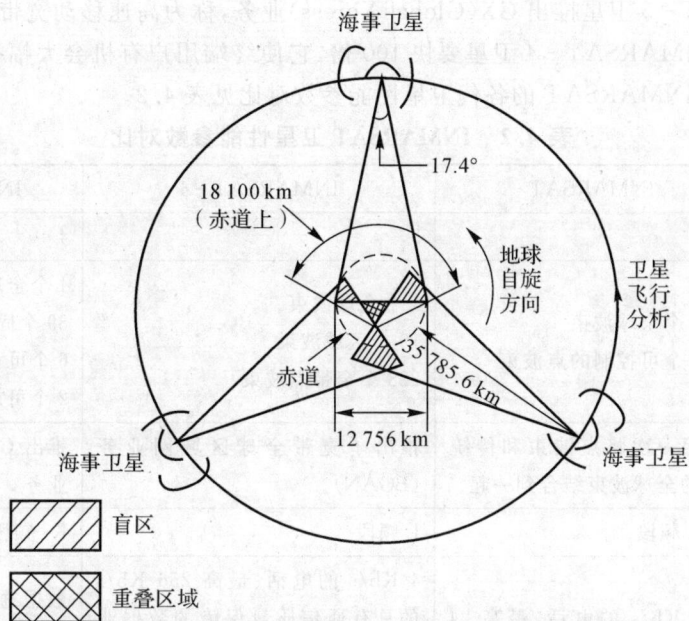

图 4.2　INMARSAT 静止卫星的位置

INMARSAT - 3 卫星于 1996 年至 1998 年间发射,共 5 颗卫星,其中 1 颗为备份星,其容量为 INMARSAT - 2 的 8 倍,除全球波束外,每颗卫星具有 5 个可控制的点波束,能对某些特定区域提供更高的功率和更大的容量。INMARSAT - 4 卫星于 2005 年至 2008 年 8 月期间发射,共 3 颗卫星,容量为 INMARSAT - 3 的 20 倍,增强了数字移动通信服务的能力,同时也兼容传统的电路交换服务,提高了数据通信速度,推出了宽带全球区域网业务(BGAN - Broadband Global Area Network),BGAN 是 IP 和电路交换服务,可以提供语音电话和多种宽带服务,包括 internet 接入、视频会议等,数据传输速度最高可达 432 Kb/s。第五代卫星于 2013 年至 2016 年间发射,共 4 颗卫星,已发射 3 颗。

INMARSAT 系统卫星通信信号工作频率规定:在卫星与移动终端(机载设备)之间上行和下行线路均采用 L 频段,以便让移动终端的体积更小;地面站与卫星采用 L 频段和 C 频段双重频段,数字信道采用 L 频段,语音模拟 FM 信道采用 C 频段,如图 4.1 所示。例如:一个终端用户在中国北京,另一个终端用户在美国华盛顿,当北京的用户呼叫华盛顿的用户建立语音通信时,北京用户的语音信号用 L 频段载波先送到信号覆盖中国的海事卫星,信号覆盖中国的海事卫星将信号从 L 频段载波调制到 C 频段载波,再将语音信号用 C 频段载波发送给北京地面关口站,从北京地面关口站用 C 频段载波转发到下一颗卫星,再用 C 频段载波送到下一个地面关口站,最后送达覆盖美国的卫星,在卫星上信号转换回 L 频段载波,才传输到华盛顿终端用户。如果发送的不是语音信号而是数字信号,则卫星也要进行载波频段转换,只是从一个 L 频段转换到另一个 L 频段,以防止在卫星上收、发信号同频干扰。

INMARSAT - 5 卫星由美国波音公司制造,星上有 89 个 Ka 频段转发器,设计使用寿命 15 年。海事卫星的第一代至第四代均使用 L 频段,但 ITU 分配给海事卫星系统的 L 频段只有 34 M 的有限带宽,已无法满足现代移动通信高带宽、高速度的需求,所以只有采用 Ka 频段才能分配到更宽的带宽。

INMARSAT-5 卫星推出 GX(Global Xpress)业务,称为高速移动宽带服务,GX 业务据称上网速度比 INMARSAT-4 卫星要快 100 倍,它使终端用户有机会大幅提升连网表现、使用大流量应用。INMARSAT 的各代卫星性能参数对比见表 4.2。

表 4.2 INMARSAT 卫星性能参数对比

	INMARSAT-3	INMARSAT-4	INMARSAT-5
卫星颗数	5	3	4
覆盖方式	1 个全球波束 5 个可控制的点波束	1 个全球波束 19 个区域波束 228 个窄带点波束	1 个全球波束 89 个固定点波束 6 个可移动高容量载荷 2 个可旋转网关波束
技术改进	第一次将点波束和传统的全球波束结合到一起	推出了宽带全球区域网业务(BGAN)	推出 GX(Global Xpress)业务
工作频段	L 频段	L 频段	Ka 频段
传输速率	4 Kb/s 的电话,最高 24 Kb/s 的数据通信。	4 Kb/s 的电话、最高 256 Kb/s 的具有通信质量保障的数据业务和最高 492 Kb/s 的共享数据业务、短信业务等。	数据通信及联网速度最高上行 50 Mb/s,下行 50 Mb/s。
设计寿命	13 年	13 年	15 年
卫星净重	约 3 t	约 6 t	约 6.1 t
是否支持导航	支持	支持	支持

四代星以前的在轨卫星部分还能工作,但目前主要起备份作用,防止在新卫星发射期间,或卫星正常工作期间如果出现意外,可以启用备份星保证通信服务网络正常工作。目前主要由 INMARSAT-4,INMARSAT-5 两代卫星提供通信服务。

2.通信卫星的组成

典型的通信卫星由空间平台和有效负荷两部分组成。

卫星的空间平台由维持卫星正常工作的保障系统构成,主要包括结构、温控、电源、控制、跟踪、遥测、指令和测距等分系统,静止轨道卫星还包括远地点发动机等。结构分系统是卫星的主体,使卫星具有一定的外形和容积,并能承受卫星上各种载荷和防护空间环境的影响。温控分系统用来控制卫星各部分的温度。电源分系统由一次能源、二次能源及供配电设备组成,一次能源采用太阳能电池阵,二次能源采用化学能电池,供卫星进入地球阴影区(星蚀)时使用。控制分系统由各种可控的调整装置,如喷气推进器、各种驱动器和各种转换开关等组成,在地面遥控指令控制下,完成对卫星的姿态、轨道等的调整。跟踪、遥测、指令分系统通常简称 TT&C 系统,其中跟踪部分用来为地面站跟踪卫星发送指引信标信号,遥测、指令部分用来接收地面台各种指令,并将指令送到控制分系统执行。

卫星的有效载荷包括全部的天线和通信转发器。

卫星天线分遥测天线和通信天线,遥测天线用来收、发遥测数据,采用全向天线;通信天线采用定向天线,根据天线定向波束的宽度不同,可以分为全球波束、区域波束和点波束三类。全球波束信号覆盖范围最大,点波束信号覆盖范围最小,区域波束介于两者之间。

全球波束信号覆盖范围大,卫星发射信号的能量分散,到达终端的信号弱,接收终端需要较大的天线才能收到该信号;在整个信号覆盖区内,信道数量固定,当用户大量增加时,容易导致通信拥堵。固定点波束是指所有的点波束彼此独立地照射地面上不同的固定区域,多个固定点波束合成的总波束则覆盖某个国家或地区。点波束由于信号覆盖范围小,能量集中,使接收终端可以减小天线和设备体积;当不同点波束覆盖区域不重叠时,位于这些不重叠的点波束覆盖区中的不同终端可以使用相同的信道而互不影响,这相当于北京和上海可以使用同一号码的不同固定电话用户,理论上 n 个点波束可以使整个系统的通信容量增大 n 倍。但采用点波束技术将极大增加卫星及其天线的设计、制造和控制难度。

卫星通信转发器实质是一部宽频带的无线电收发机,主要功能是接收地面站、地面移动终端发来的信号(称为上行信号),上行信号在转发器内经过处理、放大后,发射回地面用户(称为下行信号),为了避免在卫星的通信天线中产生同频率信号干扰,上行信号和下行信号的频率是不同的。一个通信卫星往往有多个转发器,每个转发器覆盖一定频段。转发器是通信卫星的核心,通常分为透明转发器和处理转发器两类。

透明转发器用于早期卫星通信系统,它在接收到地面站上行信号后,只进行放大、变频、再放大后发回地面站,对信号不进行任何处理,结构简单,但误差会不断累积,影响通信质量。处理转发器用于现代数字卫星通信系统,它将接收到的信号先进行解调,得到数字基带信号,对基带信号进行修复后再调制后发回地面,结构复杂,但通信质量较好。

4.2.2　海事卫星系统的多址技术

所有移动通信系统均要解决的关键问题是:既要使各用户能实时地使用信道,又要最大限度地提高信道利用率。目前解决该问题的办法是采用多址技术,多址技术主要包括信道复用技术和信道分配制度。

1.信道复用技术

信道复用技术是指在卫星覆盖区内的多个地球站,通过同一颗卫星的中继,建立相互之间的通信线路所采用的技术手段。即解决一个基站(卫星)可以容纳多少个移动终端同时通话的问题。

由于 INMARSAT 的终端用户遍布在辽阔的海域、广阔的荒漠地区等,通信业务零散,因而海事卫星采用比较特殊的需分多址连接(DAMA - Demand Assignment Multiple Access)技术。DAMA 可以根据用户需要动态分配卫星转发器频率资源,该系统的信道资源是由位于伦敦的控制中心地面站管理,某一通信信道只有在用户通信时才被占用,一旦通信结束,就可以由其他用户使用,所有这些过程都由控制中心地面站自动完成,所以系统的频率利用率很高。

DAMA 实际上是频分多址(FDMA)和时分多址(TDMA)混合技术的一种派生方式,信道先按频率分割,然后每个频率分量的全部或一部分被分割成一定间隔的信道,这些信道可以被地面上所有具有 DAMA 功能的终端用户所使用。例如:如果一个运营商有 10 MHz 的带宽,假设单纯用 FDMA 方式且频道间隔为 100 kHz,那么在理想情况下,一个基站能够容纳同时通话的用户数(可提供的信道)也只有 10 MHz/100 kHz＝100 个。这类似于家里的闭路电视，不同电视台的节目是靠占用不同频道而实现同时传输的，这种技术称为频分复用，是 FDMA 的技术基础。

如何能够让有限的带宽承载更多的用户？这时就需要在 FDMA 技术基础上引入 TDMA 技术，在上述将 10 MHz 带宽分成 100 等分后，每个等分 100 kHz 是一个频道，然后每个频道再按时间进行分割，假设分割为 8 个时隙，那么一个 100 kHz 频道就又可以容纳 8 个用户同时使用。当时隙时间较短时，通信双方是感受不到时隙存在的。这样将 10MHz 带宽先按 FD-MA 再按 TDMA 分割后，可以同时通话的用户量就达到 100×8＝800 个，即可同时接通的信道数量达 800 个，见表 4.3。

表 4.3　DAMA 方式频道和时隙分割示意图

		TDMA 方式							
	信道	时隙 1	时隙 2	时隙 3	时隙 4	时隙 5	时隙 6	时隙 7	时隙 8
FDMA 方式	频道 1	信道 1	信道 2	信道 3	信道 4	信道 5	信道 6	信道 7	信道 8
	频道 2	信道 9	信道 10	信道 11	信道 12	信道 13	信道 14	信道 15	信道 16
	频道 3	...							
	频道 4		...						
	频道 5			...					
	频道 6				...				
	频道 7					...			
	频道 8						...		
	频道 9							...	
	频道 10								信道 800

海事卫星的全球波束采用了上述 DAMA 的多址连接方式，利用有限的 34 MHz 带宽，为全世界近 40 万终端用户提供服务，实际使用中分割的频道数远超 10 个，时隙数也远超 8 个。从第三代 INMARSAT-3 开始采用的点波束则是采用空分多址的多址连接方式。

频分多址(FDMA)：多个地球站共用一个卫星转发器，把卫星转发器的可用频带分割成若干互不重叠的部分，分配给各终端用户作为载波使用。类似收音机不同电台的广播、电视机不同电视台的节目那样，通过不同载波而区分不同电(视)台。

时分多址(TDMA)：按终端用户的多少排队，在统一的同步信号控制下，给各地面站分配不同的工作时间间隙，所有站轮完一次称为一帧，各终端用户以"帧"为周期在指定时隙期间工作。

空分多址(SDMA)：卫星有多个点波束分别指向不同区域的地面站的方式。(利用天线的不同指向来区分)，但对于同一区域的多个地面站之间，还要靠其他多址方式来区分工作。

码分多址(CDMA)：CDMA 技术虽然暂时没有应用在海事卫星系统，但该技术代表了卫星移动通信技术的发展方向，例如：手机通信的 3G,4G 技术基础都是 CDMA 技术，近年新建立的若干个区域(国内)卫星通信系统大多采用 CDMA 技术。CDMA 给每个用户分配一个唯一的扩频码(地址码),通过该扩频码的不同来识别用户。目前常用各种伪随机噪声(编码)作为扩频码。CDMA 由于采用扩频技术,因此具有扩频通信的优点:抗干扰能力强,保密性强,改变地址灵活;缺点是频带利用率低,通信容量小。

现代卫星通信系统大多采用几种多址方式混合的工作方式,以扩大系统容量,提高服务质量。

2.信道分配制度

信道复用技术和信道分配制度之间关系,我们举个马路通车的例子类比说明,例如一条新修好的马路,在马路上用线隔出 4 个车道,这样一条马路可以同时并排通行 4 辆车,这种多个用户同时共用马路的技术就是复用技术;但当车辆越来越多,假设有 10 辆车希望同时通行时,显然该马路是无法容纳的,这时就要对马路使用权进行分配,10 辆车须按照一定的规则、分先后才能顺畅通行,这种马路使用权分配的规则就是分配制度。

常用的信道分配制度有预分配(PA)、按申请分配(DA)、随机分配(RA)三大类。

(1)预分配。

1)固定预分配。这种分配方式是按事先规定,固定分配给每个用户一定数量的信道,各用户只能用事先分配给它的信道进行通信,其他用户不能占用这些频率。例如:在上述 4 车道的公路上,假设第一条车道给轿车专用,且轿车只能用这条车道,当有多辆轿车要通行时,各轿车只能按时间先后顺序排队通行。

这种分配制度优点是实施简单,占用信道快,不需要控制设备,缺点是不灵活,信道不能相互调剂,当一些信道空闲不用时,其他繁忙的信道不能利用它,信道利用率低。

2)按时预分配方式。针对固定预分配方式信道不能相互调剂的缺点,对于一些系统,在一天时间内,如果各个时段的通信业务量呈现一定的周期性,则可以约定一天内信道按该周期做出若干次调整,以提高信道利用率,这种方式就称为按时预分配。

(2)按需分配。

信道不是固定分配给某些用户专用,各用户在需要使用时先申请,申请获批准后,用户临时使用该信道,通信完毕后,信道收回系统供其他新申请用户使用。

这类系统一般要设置一个中心站集中控制信道分配。当某用户需要通信时,它先与中心站联系,中心站根据信道占用情况给通信双方安排信道。采用按需分配制度,虽然系统设备复杂,但信道利用率高。INMARSAT 的海事卫星系统的信道分配大多数采用该方式。

(3)随机占用(亦称争用)。

该方式没有一个中心信道控制系统,当用户需要通信时,可按约定的协议随机占用信道,该方式常用于数据通信,在互联网通信和机载数据总线(ARINC429、ARINC629、AFDX 总线等)通信中应用非常广泛。最常用的随机占用协议是 ALOHA 协议和 CSMA/CD 协议,ALOHA 协议分为“纯 ALOHA 协议”和“时隙 ALOHA 协议”。

1)纯 ALOHA 协议(Pure ALOHA)。当发送端用户有数据需要发送时,先在数据前端加个报头,其中含有收、发双方的地址及某些控制码,数据末端加个检错码,形成数据包,然后将数据包直接送到信道上发送出去,接收端收到该数据包后,检查数据包有没有出错,如没有错,则发个反馈信息给发送端后,通信结束;如果数据包检出错,也发个反馈信息给发送端要求重发;数据包重发和检错重复上述过程。

当有多个用户需要同时用同一个信道发送数据时,由于各用户将各自的数据包同时送到信道上,数据包之间就相互干扰,称为"碰撞",遇到碰撞情况,信道将所有数据包丢弃,各用户在碰撞后,各自延迟一段随机时间后再重发数据包,延迟随机时间使下次数据发送时发生碰撞的概率降低。

当用户量很多,数据传输业务繁忙时,采用纯 ALOHA 协议时,发生碰撞的概率大大增加,造成用户陷入"发送-碰撞-重发-再碰撞-再重发……"的等待状态,类似于马路上出现塞车,令整个系统传输效率大幅降低。

2)时隙 ALOHA 协议(S/ALOHA)。当同时需要发送数据的用户量很多时,先将用户分组,每个组有个用户数量上限,用户数超过该组上限后,下一个用户自动分到下一组。不同组之间按固定的时间间隔开,不同组按时序先后占用信道。例如:假设每组用户数上限为 10 个,如果有 23 个用户准备发送数据,如果将这些用户分为 3 个组,第 1、2 组用户数 10 个,第 3 组用户数 3 个;在信道使用安排上,假设每组使用时隙是 5 s,则第一组 10 个用户在头 5 s 内使用信道,这 10 个用户按纯 ALOHA 方式争用该信道,5 s 后,这 10 个用户无论是否发送完数据,都必须结束发送,未完成数据发送的用户需等到下一次分配给本组的 5 s 才能再次争用信道发送;第二个 5 s 给第二组用;第三个 5 s 给第三组用;依次轮流,直到所有用户发送完数据,或者拟同时发送数据的用户量减少。该方式类似于马路出现塞车时的临时管制措施,塞车缓解后就可以取消该临时管制措施。

4.2.3 海事卫星的地面站

类似于手机之间通信需要依赖地面基站,海事卫星实现星星之间通信也同样需要依赖地面关口站(LES)。2013 年 12 月 4 日北京关口站正式启用,INMARSAT 是唯一在中国设有卫星地面关口站的全球卫星通信运营商。北京卫星关口站由北京船舶通信导航公司拥有和自主运营,专门处理 INMARSAT 网络来自中国的海、陆、空的所有流量,可以有效保障通信安全。

卫星的地面站主要完成跟踪遥测、发布指令、监控管理等职能,其中跟踪遥测及指令分系统对卫星进行跟踪测量,控制其准确进入静止轨道的指定位置,并对在轨卫星的轨道、位置及姿态进行监视和校正。监控管理分系统对在轨卫星的通信性能及参数进行业务监测和控制,以保证用户正常使用卫星通信系统。

INMARSAT 的控制中心地面站位于英国伦敦 INMARSAT 总部的大楼内,它的任务是监视、协调和控制 INMARSAT 网络中所有卫星的工作运行情况。4 颗卫星对应的 4 个洋区分别有一个网络协调站,该站作为"接线员"对本洋区的移动终端用户与地面关口站(LES)之间的电话和电传信道进行分配、控制和监视。地面关口站设在相关国家内,归所在国主管部门所有及经营,它既是卫星系统与地面系统的接口,又是一个控制和接入中心。网络协调站和地面关口站都是双频段(L 频段和 C 频段)工作。

4.2.4 移动终端

移动终端是设在海、陆、空运动物体上的地球站,即通信用户,包括便携式终端和机载(船载)式终端。便携式终端外形类似于机场地面服务用的对讲机,例如:海事卫星手持机 Isat-Phone 2、IsatPhone Pro 等,非常适合政府、媒体、救援、石油天然气、采矿和建筑行业的专业用户,可以提供带蓝牙免提功能的卫星电话、语音信箱、短信和电子邮件等功能。船载终端安装在各类远洋船只,例如:丹麦泰纳公司出品的 SAILOR6140 MINI - C 海事卫星终端,把天线、主机和 GPS 集成到一个密闭容器里,适合于渔船在海上、使用环境恶劣的情况,该终端内置 GPS 和全向性天线,确保即使在最不利的条件下,也能把船舶的 GPS 定位位置通过海事卫星传送回来。机载式终端即机载卫星通信系统,安装在各种商用和军用飞机上,例如:霍尼韦尔公司(Honeywell)的 MCS 系列机载终端安装在国内许多民航飞机上。机载终端必须满足:一是天线满足稳定度的要求,它必须能够排除飞机位移以及飞机姿态的俯仰、滚转和偏航的影响而跟踪卫星;二是必须设计得小而轻,使其不至于影响飞机的性能,同时又要设计得有足够带宽,能满足各种数据通信业务需要。

INMARSAT 的移动终端在海、陆、空不同的领域采用不同类型的终端系统,在航空领域,根据所提供的功能、覆盖范围、设备尺寸和成本方面的不同需求,INMARSAT 的移动终端也分成若干种不同的终端系统。这类似于我们购买手机,同一个品牌,也分为高端、中端、低端产品,这些产品虽然基本功能相近,但在运行速度、配置、用户体验等方面不同,价格也就有了差别。

目前典型(Classic)的 INMARSAT 机载终端系统分为以下几类。

(1)Aero - H 系统 :Aero - H 是为民航航班,商业航班和政府用机提供双向的数字语音和世界范围的实时数据通信。它适用于 80% 以上的长途飞行国际航线和政府、企业包机。

主要业务:多路语音通话信道和语音加密业务;4.8 Kb/s 的传真;实时的双向数据传输速率为 9.6 Kb/s;具有 X.25,RJ11 和 RJ45 接口;可根据用户自己定义的协议来传送数据;可为 ACARS/AIRCOM 提供数据链路;系统通过了 ICAO 认证的空中管制和遇险通信功能。

目前 Aero - H 整合了 Swift64 功能,支持多路的语音信道,最高带宽可以到达 0.5 Mb/s。

(2)Aero - H⁺ 系统:提供和 Aero - H 一样的服务,但是它的使用费更加便宜。在点波束的覆盖区内使用点波束,点波束覆盖区外使用全球波束。系统通过了 ICAO 认证的空中管制和遇险通信功能。

(3)Aero - HS D⁺ 系统:Aero - H⁺ 系统 + Swift64 系统 = Aero - HSD⁺ 系统;Aero - HSD⁺ 整合了 Aero - H⁺ 业务和 swift64 高速数据业务。系统通过了 ICAO 认证的空中管制和遇险通信功能。

主要特点:系统主机上可以连接传真机、调制解调器、辅助电话;系统的设置部分非常简单,方便使用;系统体积小、重量轻,可以有效地减小飞机负荷和燃料消耗,是用来代替那些陈旧的、体积庞大的笨重设备的最佳选择;提供按流量计费的 MPDS 业务,非常适合 INTERNET 低速上网和 E - MAIL 业务;ISDN 业务可以方便用户传送大型文件、开视频会议;系统可以提供 3.1 KHz 语音通话;可选择 STE/STU 加密业务,确保信息安全传送。

(4)SWIFT64 系统:是 INMARSAT 最新推出的为民用航班,商业航班,政府包机等所使用的系统。它可以提供较大的带宽和较高的传输速率,可以提供 4 条 64 Kb/s 的信道,数据传输速度最高可以达到 256 Kb/s,可以满足高质量的语音通话、E - MAIL、INTERNET、企业内部局域网的接入、视频会议等业务。系统可以提供两种类型的全球数据业务:移动 ISDN 和 MPDS。ISDN 提供较高的传输速度和较大的传输带宽,收费较高;而 MPDS 提供十分经济的接入,但传输速度较低和带宽较小。用户可以根据自己的实际需求来选择不同的服务类型,见表 4.4。

表 4.4　SWIFT64 系统的 ISDN 和 MPDS 业务对比

	ISDN 数据业务	MPDS 数据业务
典型业务	高速联网业务,大型文件传输(语音文件,图形数据,照片,图像),视频会议,语音流媒体,静态和动态图像	低速联网业务,小型文件的传输,EMAIL,低速的安全接入企业和私人的局域网
付费	按分钟收费	按流量收费,用户可以 24 h 在线
主要特点	双向 64 Kb/s,传输速度快	完全支持(IP),可 24 h 在线

(5)Swift Broadband 系统:是 SWIFT64 系统的升级,用来满足各航空区域的宽带通信需要。通过单一天线为整个飞机(驾驶舱、客舱)提供高质量语音和数据通信,以及操作应用。

该系统能提供增强的数据业务:允许用户同时并行存取需要的应用。可通过压缩和多个数据信道,进一步提高数据传输速率。支持选择争用业务和数据 streaming IP 业务,以及电路交换应用于向后兼容。能提供所有关键的驾驶舱和客舱应用,包括飞行中的电话、VoIP、文本信息、电子邮件、互联网和 VPN 接入,以及飞行计划、天气和图表更新。安全性上兼容政府级加密和安全通信标准,包括 STU - III,STE,KIV - 7 和 Brent 等。

(6)Aero I 系统:是为了中小型飞机设计的,它可以提供飞行员和乘客的语音通话和传真业务,以及 0.6 Kb/s 或 4.8 Kb/s 的数据通信业务。系统可以使用点波束,设备可以更加小巧,方便携带,费用也比使用全球波束更加经济。系统通过了 ICAO 认证的空中管制和遇险通信功能。

(7)Aero - L 系统:Aero - L 系统主要用于空中交通管制。提供世界范围内的双向数据传输业务。Aero - L 包括一个定向片状天线和一个数据终端设备。系统通过了 ICAO 认证的空中管制和遇险通信功能。

主要业务:提供 600~1 200 b/s 的实时,双向数据业务;提供 X.25,RJ45,RJ11 标准接口;ICAO 空中交通管制和遇险通信,自动位置报告功能;可为 ACARS/AIRCOM 提供数据链路。

(8)Aero mini - M 系统:是为小型飞机和普通的航空作业设计的,用于通用航空和较小的公务机。系统外设包括:天线、传真机和笔记本电脑。它适用于在 VHF 地面台覆盖区之外,但又在陆地范围之内。mini - M 仅提供一条信道,可以进行语音、传真和 2.4 Kb/s 的数据业务。它适合于边界巡逻、海岸巡视、紧急突发事件等。

主要业务:语音、传真和 2.4Kb/s 的数据业务;支持 SIM 卡数据存储;支持 STU - iii 加密语音业务;支持 INMARSAT 的点波束。

(9)Aero C 系统:可以提供低速数据业务,支持双向 0.6 Kb/s 的数据存储转发和数据报告服务,它适用于小型飞机在本地或者局部地区执行任务。Aero C 系统有一个类似 VHF 刀型天线样式的非常小巧的天线,可以很方便地安装在普通小型飞机和直升机上。该系统仅用于非安全相关的用途,即不包括航行安全通信。

INMARSAT 的新业务,例如宽带全球区域网业务(BGAN),Fleet Broadband,GX(Global Xpress)等业务部分已经在航海领域、陆上交通中使用,但在民用航空领域还处于试验和拓展阶段。

4.2.5　静止轨道卫星通信系统的星蚀和日凌

所有静止轨道卫星,每年在春分和秋分前后各 23 天,当星下点(卫星与地心连线同地球表面的交点)进入当地时间午夜前后,此时,卫星、地球和太阳共处一条直线上,地球挡住阳光,卫星进入地球的阴影区,由于没有太阳照射,一般卫星的星载电池只够维持星体正常运转外,难以为各转发器提供充足的电源,即无法正常工作,这种现象叫星蚀。

每年在春分和秋分前后,在静止轨道卫星的星下点进入当地中午前后的一段时间,卫星处于太阳与地球之间。此时地球站天线在对准卫星的同时也可能会对准太阳,强大的太阳噪声使通信无法进行,称为日凌。如图 4.3 所示。

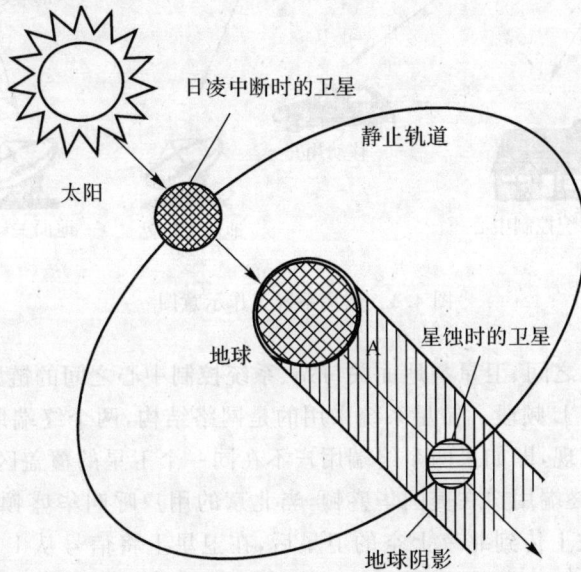

图 4.3　静止轨道卫星的星蚀和日凌示意图

对于近地轨道通信系统,如铱星系统,卫星在运行过程中,卫星、地球和太阳共处一条直线上,但由于卫星相对地面是高速运动,卫星、地球和太阳共处一条直线上的时间只有几十分钟,对卫星通信系统正常运行影响不大。

4.3　铱星公司的铱星系统

铱星系统是美国摩托罗拉公司设计的全球移动通信系统,是一种低轨道移动卫星通信系统,由美国铱星公司负责运营和管理,共有 66 颗在役卫星和十几颗备用卫星分布在 6 条卫星运行轨道上,铱星系统的技术亮点是"星上处理技术"和"星际链路技术",即通过卫星与卫星之间的接力来实现全球通信,使其在系统结构上具有不依赖于地面通信网络的支持就可建立全球移动个人通信系统的能力。铱星系统工作示意图,如图 4.4 所示。

铱星系统建成初期由于投入过高、用户数量少导致资金周转不灵,一度宣布破产,后经美国国防部出资支持其度过困难时期。在美国"9·11"恐怖袭击事件、中国汶川大地震中,铱星电话大显身手,为其赢来了大量来自政府、军队、石油企业、航海企业、航空公司等用户的订单,目前铱星公司与波音公司合作共同运营与维护铱星系统,用户数量和营业收入均在不断增长,美国国防部一直是其最主要的用户和投资者。铱星系统的终端设备(便携话机和机载设备)主要由美国摩托罗拉公司生产。

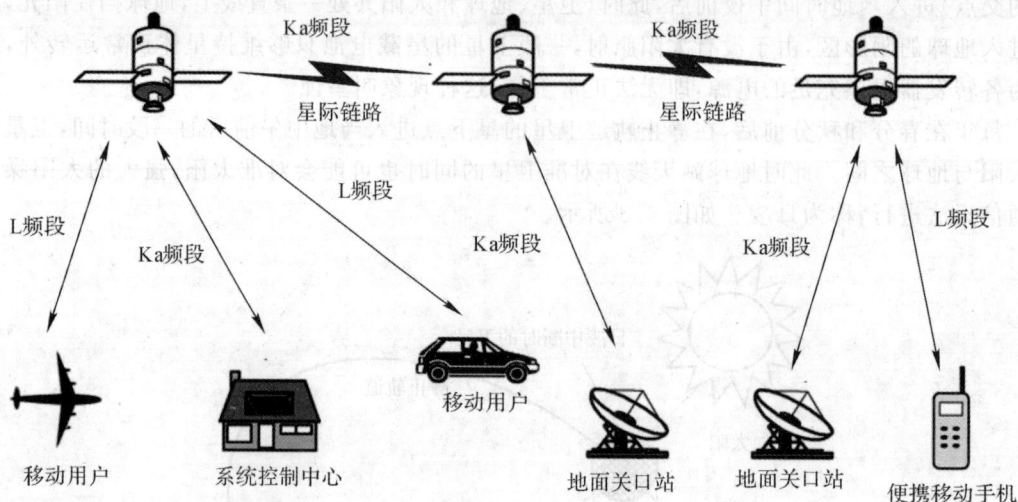

图 4.4　铱星系统工作示意图

"铱星"系统的卫星之间、卫星与地面关口站、系统控制中心之间的链路采用 ka 频段,卫星与移动终端间链路采用 L 频段。铱星系统采用的是网络结构,两个终端用户之间的通信可以经过卫星的中继直接实现,即如果两个终端用户不在同一个卫星的覆盖区。例如:一个终端用户在中国北京,另一个终端用户在美国华盛顿,当北京的用户呼叫华盛顿的用户建立通信时,通信信号用 L 频段载波上传到北京上空的卫星后,在卫星上将信号从 L 频段载波转换到 Ka 频段载波(即星上处理技术),再以卫星转发到卫星的方式(即星际链路技术),不再经过地面站转发,用 Ka 频段载波将信号转发到华盛顿上空的卫星,卫星再将信号转换为 L 频段载波,然后传输到华盛顿用户。这种方式使卫星通信的时延最小,保证了通话质量。

铱星系统的终端用户链路的多址方式是 FDMA/TDMA,即系统利用 66 颗卫星和每颗卫星上的 48 个点波束,按照相邻 12 个波束使用一组频率的方式,对全部可用频带进行空分多址,然后在每个波束内把频带分为许多条 TDMA 信道,这种方式与海事卫星系统的 DAMA 多址方式类似。

由于目前我国民航飞机较少装备支持铱星系统的机载卫星通信系统,且铱星系统的工作频率在我国目前还属于临时批准,即临时批准期过后,是否能继续使用基于铱星系统的机载卫星通信系统还不确定,因此,基于铱星系统的机载卫星通信系统本书暂不详细介绍。

4.4　海事卫星系统和铱星系统比较

两种卫星通信系统的不足之处:海事卫星是静止轨道卫星,处于高轨道、传输时延大,难以满足语音业务对时延的高要求,海事卫星系统的卫星之间通信必须通过地面关口站转发,无法如同铱星系统那样在卫星之间直接传输。

铱星系统是低轨道移动卫星通信系统,虽然时延相对较小,但由于卫星运动速度很高,带来的多普勒频移很大,会严重影响系统性能。由于卫星一直高速运动,一颗卫星不能对某一地区进行连续覆盖,必须利用多卫星构成星座。因为卫星高速运动,星座中任一颗卫星对地面的覆盖时间是有限的,为了保证通信的连续性,需要频繁切换卫星,技术复杂,用户终端的天线需要能够跟踪运动中的卫星,或者采用全向天线。卫星每轨都有太阳阴影区,对星载电池提出了更高的容量要求,见表 4.5。

表 4.5　海事卫星与铱星系统的参数对比

	铱星系统	海事卫星系统
卫星数量	66 颗(另有 13 颗备用)	约 11 颗(使用 4 颗,其他备用)
轨道	近地低轨道(约 770 km)	同步卫星轨道(约 36 000 km)
覆盖范围	全球 100% 覆盖	南北纬 82 度以内,两极地区信号不佳
工作频率	L 频段的 1 616~1 626 MHz	L 频段的 1 525~1 660 MHz
通话质量	接近有线电话	时延较大
信号传播	星际传输,不依赖地面基站	依赖地面基站
通话资费	较高,双向收费	适中,单向收费
接通率	97.7%	92%
机载设备重量	约 7 kg	约 20 kg
机载设备售价	约 120 万人民币(2010 年)	约 300 万人民币(2010 年)
数据通信带宽	2.4 Kb/s	2.4 Kb/s(第三代)

总体来说,海事卫星由于处于同步卫星轨道,信号传输距离遥远,导致信号时延较大,机载终端设备需要较大的发射功率,因此体积和重量大,终端设备的起动时间较长,搜星速度较慢,但随着电子技术的进步,该不足已逐步改进。铱星系统由于卫星处于近地轨道,因此信号时延小,通话质量好,机载终端设备体积和重量小,终端设备的起动时间短,搜星速度快。两者的通话费用相近,都比较昂贵,适合于应急情况使用。

从另一个角度看,海事卫星系统由多个国家的政府直接投资,具有广泛的国际基础,是该领域唯一不受某一国家操纵的公司,因此有较可靠的国际保障,不易受国际突发事件和政治因素的影响。该系统充分考虑到各国主权问题,所有通信必须经过当事国认可的关口站,不损害当地电信管理者的利益,也不侵犯当地的电信主权,有可靠的通信安全保障。系统所采用的频率是经过国际电联无线电大会批准的专用频段,我国国家无线电管理委员会也做出了相应的规划,预留了相应的频段。

4.5　航空移动通信系统的近况

目前,SATCOM 系统在航空领域的应用日益广泛,已被许多发达国家的航空公司用于运行控制。飞机制造商正在生产的和新推出的民航机型均具备安装或加装 SATCOM 系统的适航条件,因此,为保障安全飞行,提高对运行中飞机的实时监控能力,中国民航局近几年一直在积极推进 SATCOM 系统在我国航空公司运行管理中的应用,并于 2012 年 12 月出台了《航空公司运行控制卫星通信实施方案》,方案要求在 2017 年底前,我国的航空公司应当利用卫星通信系统,实现每架飞机与航空公司的运行控制中心(AOC)之间在 4 min 内建立及时、可靠的语音通信联系的目标。

根据该实施方案确定的时间表,从 2013 年至 2017 年分为 3 个阶段:第一阶段是 2013 年上半年,航空公司应完成实施计划的制定及申报工作,并获得民航局认可,2013 年下半年在计划经各地区民航管理局认可的前提下,航空公司应当开始按计划启动飞机卫星通信系统的加、改装工作;第二阶段是 2014 年初至 2015 年底,开始方案全面实施工作,实现 50% 的飞机安装卫星通信系统;第三阶段是 2017 年年底前,我国的所有民航飞机都按要求全部完成加改装计划,满足运行控制通信联系要求。

可用于民航飞机的机载卫星通信系统包括海事卫星系统、铱星系统,以及基于 VSAT(甚小口径天线)技术的 Ku 和 Ka 卫星通信系统等。国际民航组织(ICAO)建议的卫星移动通信系统为海事卫星系统和铱星系统,我国的航空公司在实施跨洋航线的飞机和在青藏高原机场运行的飞机上安装的大多是海事卫星系统,少量飞机安装了铱星系统。

国际民用航空组织(ICAO)在 2015 年 2 月举行的高级别安全会议上,通过了一个称为"追踪客机位置"的新规定,该规定要求航空公司使用定位和信号发射系统,以 15 min 为间隔报告飞机位置;当飞机遇险时,这个系统需每一分钟重复发射一次信号。这项新规计划于 2016 年起开始在全球范围内强制施行。该会议同时同意了在商业飞机上加装可弹射、可漂浮的黑匣子,以便在海面上寻回黑匣子。这项决议已得到空中客车等公司的响应。不过,根据 2015 年 9 月国际民航组织顾问委员会建议,"追踪客机位置"计划可能会延到 2018 年 11 月以后施行,以便给航空公司更多时间来准备和实施这项变革。要施行"追踪客机位置"计划,在无地面基站支持的海洋上空、荒漠地区上空,机载卫星通信系统是最好的选择。

国际民用航空组织(ICAO)是联合国的一个专门机构,1944 年为促进全世界民用航空安全、有序的发展而成立。总部设在加拿大蒙特利尔,制订国际空运标准和条例,中国为该组织的一类理事国。

4.6 典型机载卫星通信系统

与我们购买不同型号的手机类似,国际上生产机载卫星通信(SATCOM)系统的厂商有多家,航空公司根据自身的需要,选择不同厂商的机载卫星通信产品,与所安装的机型无关。不同厂商生产的机载卫星通信产品略有不同,主流的厂商有:霍尼韦尔(Honeywell)、柯林斯(Collins)、泰雷兹(Thales)等。我们以国内多家航空公司安装的霍尼韦尔(Honeywell)公司的MCS 系列 SATCOM 为例,说明卫星通信系统在民航飞机上的组成和使用情况。

4.6.1 概述

机载 SATCOM 设备能为机组提供语音通信和数据通信,具有全双工的电话通信功能。机载 SATCOM 系统还作为飞机通信寻址报告系统(ACARS)的数据链路,与甚高频(VHF)通信链路互补。ACARS 在有 VHF 地面站支持的地区,采用 VHF 数据链路,在跨洋飞行和荒漠地区等没有 VHF 地面站的上空,则采用 SATCOM 数据链路。

因为霍尼韦尔公司(Honeywell)与国际移动卫星组织(INMARSAT)互为商业伙伴,所以 Honeywell 公司的 MCS 系列机载 SATCOM 系统大多采用 INMARSAT 作为其卫星通信运营商,使用海事卫星系统,这类似于我们购买手机时遇到的"电信定制版"或"联通定制版"之类手机。

4.6.2　机载 SATCOM 组成

机载 SATCOM 系统由一个卫星数据组件(SDU)、一个射频组件(RFU)、一个射频衰减器(RF ATTN)、一个 A 类(甲类)大功率放大器(HPA)、一个射频率合并器(RFC)、一个大功率继电器(HPR)和两套天线子系统组成。

两套天线子系统包括两个波束操纵组件(BSU)、两套高增益天线(HGA)和两个低噪声放大器/双工器(LNA/DIP)。机载 SATCOM 系统组件示意图如图 4.5 所示。

SDU 是机载 SATCOM 的核心,用来与其他机载系统接口,形成拟发送的信号,处理接收的信号。在 SDU 形成的拟发射信号为基带信号或中频信号,送到 RFU 中调制到 L 频段射频信号,经过 RF ATTN 衰减后,送 HPA 进行功率放大,再由 HPR 送到两套天线其中之一,HPR 每次只向一套天线发送射频信号,天线子系统中的双工器使 SATCOM 系统能够按全双工方式工作,BSU 是在飞机姿态变化时,操纵天线的指向,使天线保证指向卫星,以获得最好的收发效果。

从天线接收的 L 频段射频信号,经过双工器发送到 RFC,系统允许两套天线同时接收信号,当只有一套天线工作时,天线接收的信号直接通过 RFC 送到 RFU 解调,当两套天线同时工作时,RFC 将两套天线接收并送来的 L 频段信号合并,合并后的信号送到 RFU 中解调出基带信号或中频信号,送到 SDU 处理。

1. 卫星数据组件(SDU)

(1)SDU 的信号交联及功用

机载 SATCOM 系统的核心是卫星数据组件(SDU),SDU 控制系统中大多数部件的工作,并监测它们的工作数据。SDU 同时还是机载 SATCOM 系统的接口组件,与其他飞机系统交联见图 4.5,SDU 分别与 MCDU,AMU,CTU 和 AIMS 交联。

机载 SATCOM 系统的工作状态数据经 SDU 送到控制显示组件(MCDU),在 MCDU 的 SATCOM 控制和状态页面显示。MCDU 一共有 3 套,在飞行中,飞行员可以通过 MCDU 查看 SATCOM 的工作状态,在地面维护时,机务人员可以通过 MCDU 操作对 SATCOM 系统进行检测。

SATCOM 接收的音频信号送到音频管理组件(AMU),再由 AMU 转送到所需的用户(飞行员、乘务员、旅客等),虽然 SATCOM 是全双工的系统,但 VHF 通信系统和 HF 通信系统都是半双工的系统,飞行员接通说话前需要按 PTT(push-to-talk)按键,为了保持习惯,飞行员接通 SATCOM 语音通话前,也需要按 PTT 钮,该按键离散信号通过 AMU 传输到 SDU,控制 SATCOM 处于语音通信模式。

对于向旅客开通机上卫星通信功能的航班,旅客的信息通过客舱通信组件(CTU)送到 SDU,再由 SDU 控制发出送给卫星。

HGA (2)
高增益天线

LNA/DIP (2)
低噪声放大器/双工器

BSU (2)
波束操纵组件

天线子系统

HPR
大功率继电器

CLASS A HPA
A类大功率放大器

RFC
射频合并器

RF ATTN
射频衰减器

RFU
射频组件

SDU
卫星数据组件

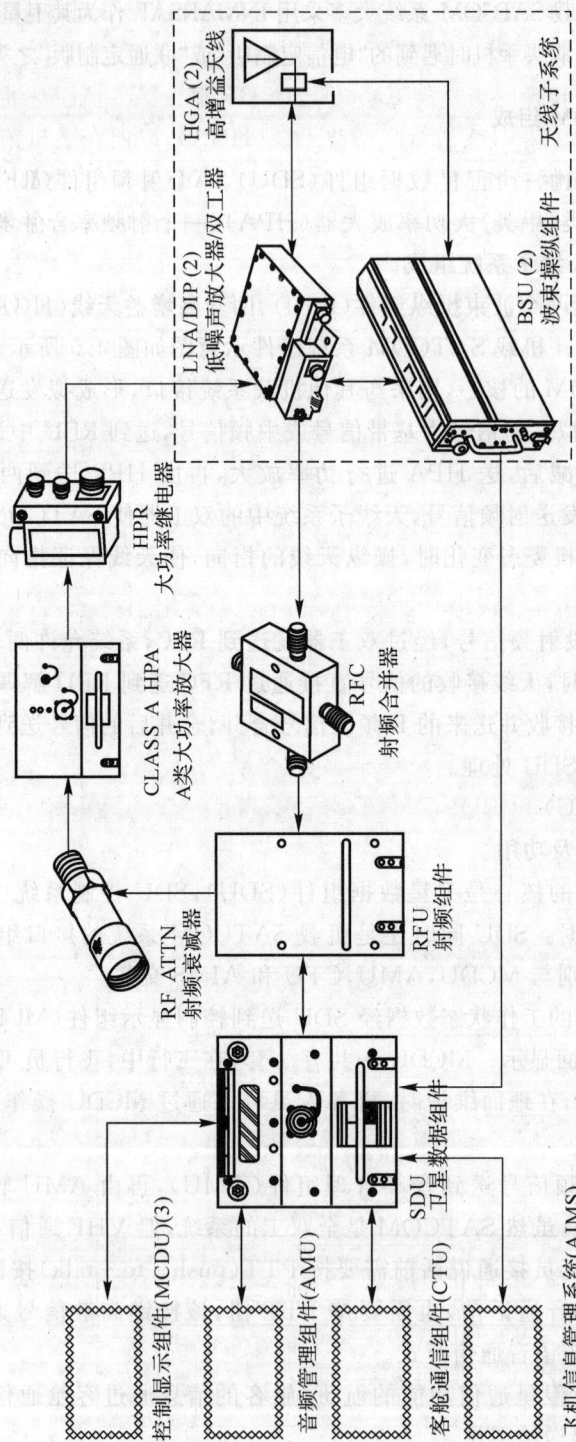

图4.5 机载SATCOM系统组件示意图

控制显示组件(MCDU)(3)

音频管理组件(AMU)

客舱通信组件(CTU)

飞机信息管理系统(AIMS)

B777 飞机上,SDU 通过飞机信息管理系统(AIMS)交联完成以下一些操作。

1)调取 AIMS 的数据通信管理功能(DCMF),DCMF 完成 ACARS 的卫星通信数据链路操作,DCMF 代替了早期 ACARS 系统中 CMU 硬件的功能,即第三代 IMA 系统的特点。

2)调取 AIMS 的数据转换网关功能(DCGF),DCGF 将飞机上惯性基准系统(IRS)的地理参考坐标数据通过 ARINC429 总线送给高增益天线(HGA),以便在飞机俯仰、倾斜等姿态变化后,控制 HGA 天线方向保持指向卫星。此外,每个 SATCOM 系统都分配有一个唯一的 ICAO 编码(飞机地址码),DCGF 从飞机上的程序销钉组件读取并保存该地址码,当 SAT-COM 需要时,可以从 DCGF 中读取。

3)SDU 通过 AIMS 与中央维护计算机系统(CMCS)连接,CMCS 由 CMCF(中央维护计算功能模块)、维护进入终端(MAT)与便携式维护进入终端(PMAT)及其接口和地面测试电门组成。MAT 和 PMAT 是专为机务人员维护飞机而设置的维护终端,在航线维护和内场维护期间,机务人员通过 MAT 和 PMAT 上的菜单选择,可以对选定的机载电子系统(包括 SATCOM)进行测试操作,以及查阅选定机载系统的故障历史记录。

(2)SDU 组件

卫星数据组件(SDU)是个外场可更换部件(LRU),重 24 lb,其前面板如图 4.6 所示。机务人员通过它前面板(见图 4.6)上的控制按键和指示灯,可以进行系统测试和了解系统的是否有故障:

SDU 故障指示灯(SDU FAIL)-当 SDU 出现故障时,则"SDU FAIL"灯亮红色;

SDU 测试开关(SDU TEST)-按下 SDU 测试开关,SDU 开始自检;

系统状态显示屏 -显示 SDU 的自检结果是通过还是有故障;

显示内容转换旋钮(CM/SCROLL)-转动该旋钮,系统状态显示屏上显示的系统各部件状态信息随之上、下滚动切换显示。

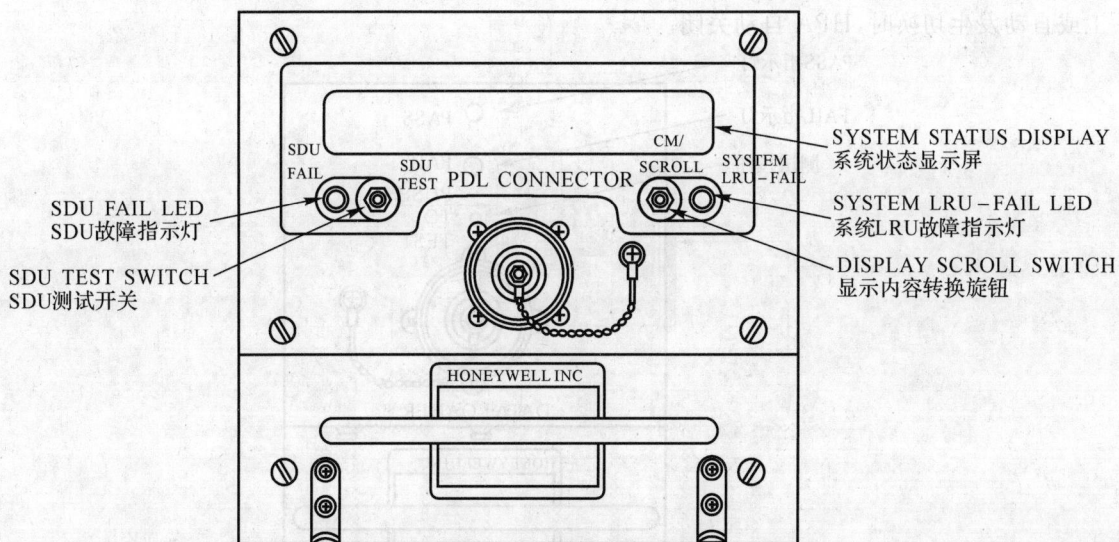

图 4.6　卫星数据组件(SDU)前面板

系统 LRU 故障指示灯(SYSTEM LRU - FAIL)-如果 SATCOM 系统的其他 LRU(如:

天线、HPA 等)出现故障,则此指示灯亮红色。

2. 射频组件(RFU)

射频组件(RFU)由低功率放大器、滤波器、变频器等组成,在信号发射阶段,将 SDU 送来的基带或中频信号与 L 频段载波相乘,调制成 L 频段的射频信号;在信号接收阶段,将天线收到的 L 频段信号解调为基带信号或中频信号后送 SDU 处理。RFU 与 SDU 之间以及 RFU 与射频衰减器之间,均采用同轴电缆传输信号。

RFU 是个外场可更换部件(LRU),重 16 磅,其前面板如图 4.7 所示。机务人员通过前面板上的控制按键和指示灯,可以进行系统测试和了解系统是否有故障:

PASS 指示灯-如果在自检后,RFU 没有故障,则该指示灯显示绿色。

FAIL 指示灯-如果在测试之后,RFU 有故障,则该指示灯显示红色。

测试按键-按下测试按键,则开始 RFU 的自检。

3. 衰减器(ATTN)

衰减器用来调整射频信号电平,使 RFU 的输出电平达到 HPA 输入电平的要求。衰减器一般是个内部含有电阻性材料的部件,通过电阻发热消耗信号能量来达到衰减目的。因为 HPA 是个大功率放大器,放大倍数一般是固定的,那么其输出电平的大小是由输入电平值决定,过大的输入电平会导致 HPA 放大后的输出电平超过额定值,结果就是烧坏电路,所以需要用射频衰减器对超过额定电平的 HPA 输入信号进行衰减,以作为下一级放大用的基础信号。

4. 大功率放大器(HPA)

HPA 放大拟发射的信号,是 A 类(甲类)放大器,为天线/卫星链路提供足够功率的电平发射。HPA 放大后的信号送到大功率继电器(HPR),由 HPR 转送两套天线其中之一,HPR 每次仅向一套天线输出信号。HPA 输出的射频信号功率由 SDU 发出的指令控制,当天线人工或自动发生切换时,HPA 自动关闭。

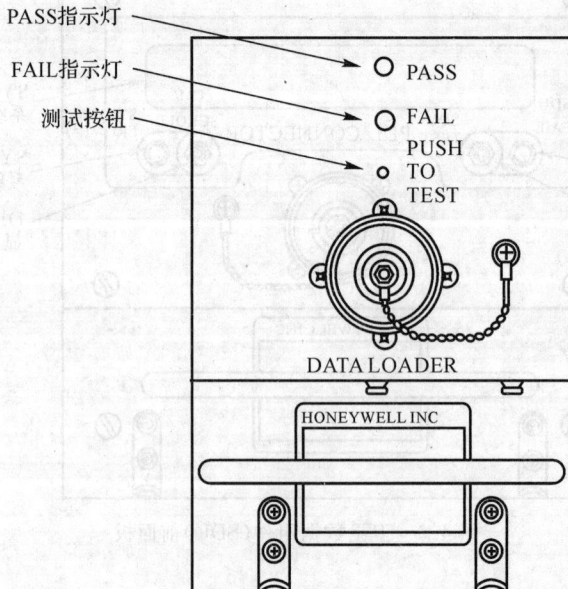

图 4.7　射频单元组件(RFU)前面板

HPA 的前面板如图 4.8 所示,机务人员通过它前面板上的控制按键和指示灯,可以进行系统测试和了解系统是否有故障:

PASS 指示灯-如果在自检后,HPA 没有故障,则该指示灯显示绿色。

FAIL 指示灯-如果在测试之后,HPA 有故障,则该指示灯显示红色。

测试按键-按下测试按键,则开始 HPA 的自检。

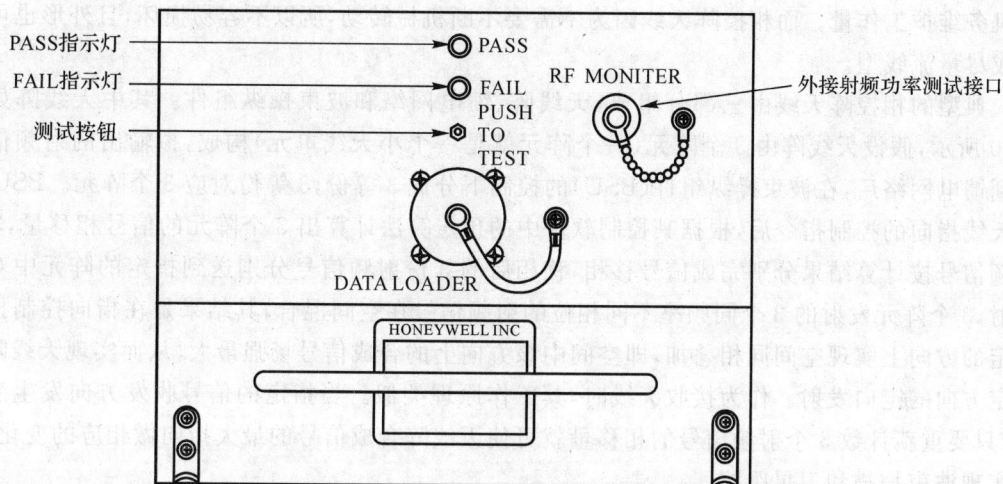

图 4.8　大功率放大器(HPA)的前面板

5.高增益天线(HGA)

高增益天线系统用于接收和发射语音和数据信号,一共有两套。发射信号时,高功率继电器(HPR)一次只给一个高增益天线(HPA)系统传送信号,即向卫星发射信号时,只有一套天线系统工作。接收信号时,系统允许两套天线同时接收信号,当只有一套天线工作时,天线接收的信号直接通过 RFC 送到 RFU 解调,当两套天线同时工作时,RFC 将两套天线接收并送来的 L 频段信号合并,合并后的信号送到 RFU 中解调为基带信号或中频信号,送到 SDU 处理。

每一套天线系统均由高增益天线(HGA)、波束操纵组件(BSU)、低噪声放大器/双工器(LNA/DIP)三部分组成。

霍尼韦尔(Honeywell)公司的 MCS 系列 SATCOM 的 HGA 是先进的相控阵天线,它的设计符合 ARINC781 技术规范。天线外形及与 LNA/DIP 的连接情况如图 4.9 所示。

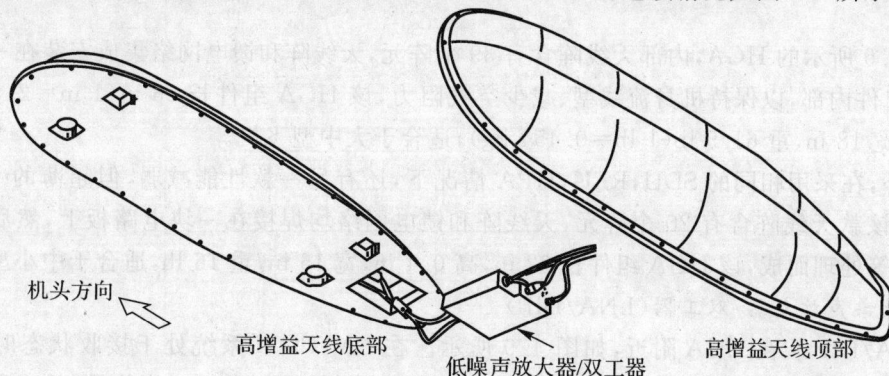

图 4.9　高增益天线(HGA)及其与低噪声放大器/双工器(LNA/DIP)的连接

相控阵天线是目前卫星移动通信系统中最重要的一种天线形式,因为相控阵天线是不转动的,全靠移相来实现多方向指向接收和发射。飞机在高速飞行中,为了取得最好的通信效果,天线在发射信号时,需要始终跟踪卫星并指向卫星。例如:早期抛物面天线的中心焦点指向卫星时通信效果最好。如果采用抛物面天线,在飞机外表面就需要安装一个不断机械运动跟踪卫星的天线,显然会导致飞机性能下降,且天线的机械运动机构也容易磨损出现故障,增加机务维护工作量。而相控阵天线因为不需要不断机械转动,所以不容易损坏,且外形也可以制成尽量流线型。

典型的相控阵天线由三部分组成:天线阵、馈电网络和波束操纵组件。其中天线阵如图4.10所示,假设天线阵由3个阵元(一个阵元就是一个小天线单元)构成,拟输出的射频信号送到馈电网络后,在波束操纵组件(BSU)的控制下分成3等份,3等份对应3个阵元。BSU收到天线指向的控制指令后,根据其控制软件中的预定算法计算出3个阵元的信号相移量,3份射频信号按计算结果分别完成信号移相,移相后的3份射频信号分别送到指定的阵元中对外发射,3个阵元发射的3个同频率不同相位的射频信号在空间混合,其结果是在指向控制指令规定的方向上实现空间同相叠加,即空间中该方向上的合成信号场强最大,从而实现天线阵对指定方向的定向发射。作为接收天线时,其工作原理类似。当指定的信号收发方向发生变化时,只要重新计数3个射频信号的相移量就可使天线阵合成信号的最大指向做相应的变化,从而实现波束扫描和卫星跟踪。

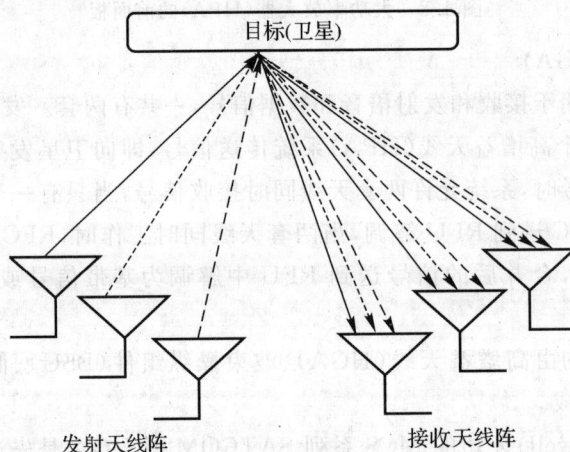

图4.10 相控阵天线原理示意图

图4.9所示的HGA,内部天线阵含有39个阵元,天线阵和馈电网络集成安装在一个穹顶结构的组件内部,以保持机身流线型、减少空气阻力,该HGA组件长66 in(1 in=2.54 cm),高5 in,宽18 in,重61.5 lb(1 lb=0.454 kg),适合于大中型飞机。

此外,在采用相同的SDU,RFU,HPA情况下,还有另一款性能减弱,但超薄的HGA可以选装,该款天线阵含有20个阵元,天线阵和馈电网络均焊接在一块电路板上,然后再做防水、绝缘等处理而成,该HGA组件长32 in,高0.4 in,宽16 in,重16 lb,适合于中小型飞机。

6.低噪声放大器/双工器(LNA/DIP)

LNA/DIP装在HGA附近,如图4.9所示。在SATCOM系统处于接收状态时,LNA/DIP既是滤波器,又是低噪声放大器,滤波器作用是消除其他频率的干扰信号,放大器的作用是增强系统对弱电平卫星信号的接收能力。在 SATCOM 系统处于发送状态时,LNA/DIP 仅起滤波器作用。

LNA/DIP 作为双工器,使 SATCOM 系统能同时进行发射与接收,即全双工方式,类似我们用手机通话时,双方能够同时说话。如图 4.5 所示,从 HPA、HPR 来的发射信号通过双工器送到天线,天线接收的信号通过双工器送到 RFC、RFU,收发信号在双工器内部没有通路,相互隔离,不会混合。一般采用全双工方式且共用一个天线的无线电通信系统,在收发机和天线之间均安装有双工器,例如手机。

7.波束操纵组件(BSU)

BSU 利用飞机上的惯性导航系统建立一个地理坐标基准,一旦出现以下情况:由于飞机高速飞行导致天线指向偏离卫星,或由于飞机俯仰、倾斜等姿态运动导致天线指向偏离卫星等,BSU 立即测量出与地理坐标基准的偏差,解算出天线需要修正的量,计算出每个天线阵元需要的移相值,从而控制天线波束指向始终对准卫星,以达到实时、不间断地通过卫星与其他地面站进行图像、语音、数据的双向传输。SATCOM 系统这种利用惯导系统帮助对准卫星的工作方式称为惯导跟踪方式。

惯导跟踪方式的优点是不需要利用 GPS、卫星信号、载波信号等信号校正天线波束方向,也不受地磁、雨、雪、雾等天气环境的干扰,即使卫星信号被遮挡或者丢失卫星信号,甚至没有卫星信号,都不会影响天线的指向。但惯导系统存在累积误差,这些累积误差会影响 BSU 的对准精度。

BSU 通过定时从 HGA 和 LNA/DIP 分别采样射频信号进行频率对比,作为对天线子系统的自检(BITE),自检结果通过状态报告形式由 BSU 直接发送给 SDU。

8.射频合并器(RFC)

RFC 允许 SATCOM 系统可以通过两套天线子系统同时接收信号。两套天线接收的信号均通过 LNA/DIPLEXER 送到 RFC,RFC 将两个信号合并后送 RFU 解调。

4.6.3　机载 SATCOM 的操作

飞行员和机务人员通过控制显示组件(CDU)的卫星通信页面来对机载 SATCOM 进行操和控制。如图 4.11 所示。包括卫星通信主菜单(SATCOM MAIN MENU)、卫星通信子菜单(SATCOM SUBMENU)、卫星通信目录(DIRECTORY)等。

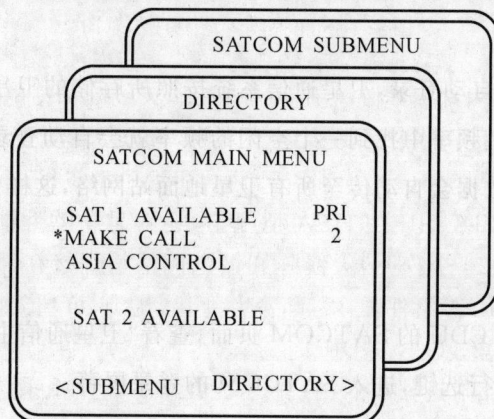

图 4.11　CDU 的 SATCOM 控制和状态显示页面

卫星通信主菜单显示当前连接的卫星的状态。卫星通信的子菜单显示卫星通信当前的登录状态。它包括系统登录和退出登录选项。其他选项可查看每个卫星通信通道的状态,并检查 SATCOM 部件的配置情况。

4.6.4　登录 SATCOM 系统

飞机必须登录才可以使用卫星通信系统,登录是 INMARSAT 公司为了收取服务费用而设置的,只有缴费用户才会获得登录密码。登录的操作也是通过 CDU 进行,如图 4.12 所示。

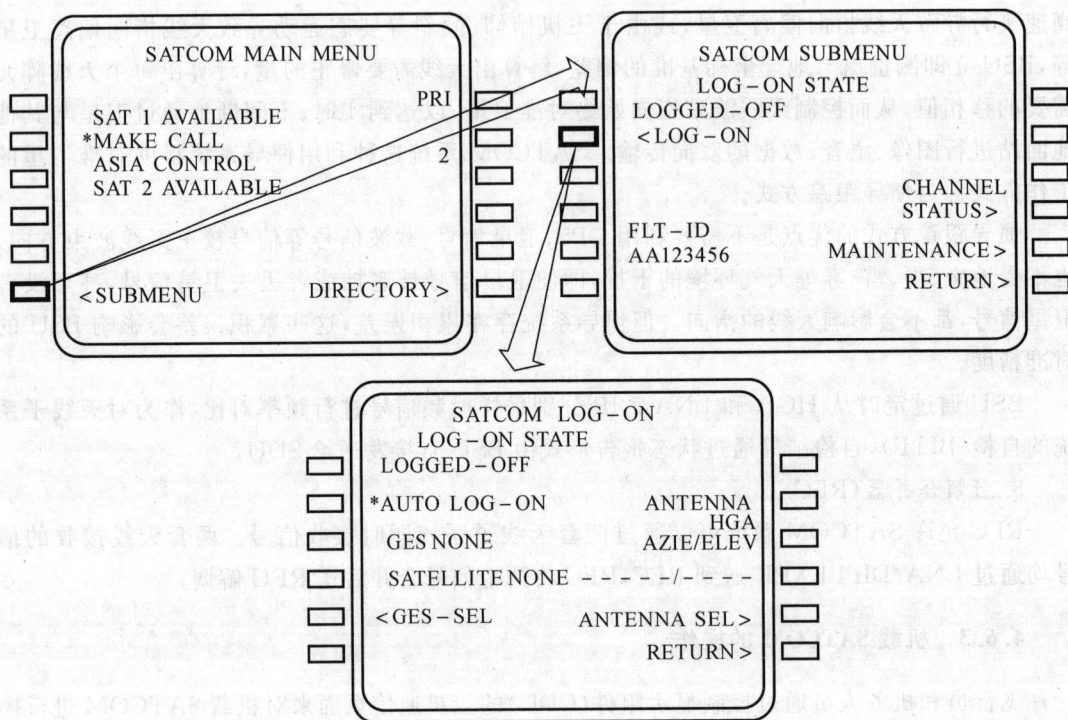

图 4.12　CDU 的 SATCOM 登录页面

1.自动登录

当系统启动时候可以自动登录,卫星通信系统按照所存储的卫星频率查找卫星发射的信号,当机载系统从多个卫星频率中找到一个空闲的频率就会自动登录并锁定该频率。飞机登录之后,该飞机的地址码数据会自动传至所有卫星地面站网络,这样任何地面站都可以定位该飞机。

2.人工登录

如图 4.12 所示,进入 CDU 的 SATCOM 页面,查看"卫星通信主菜单",进入"卫星通信子菜单",按下"登录"对应的行选键,进入 SATCOM 的登录屏幕。

卫星通信登录屏幕显示以下信息:

(1)登录状态

(2)已登录的地面地球站(GES)

(3)使用中的卫星

3.其他操作

如果系统已经退出,可以选择"自动登录"的行选键使系统重新自动登录连接卫星或地面站;也可以按下"GES－SEL"的行选键显示地面站(GES)列表,从这个界面可以选择一个 GES 并登录。

一架飞机一次只能登录到一个 GES。飞机连接 GES 可以完成如下功能:

(1)与航空公司运行控制中心保持数据连接。

(2)通过登录地面站与空中交通管制(ATC)中心通话。

(3)通过不同的地面站管理旅客使用 SATCOM 的通话。

4.6.5　SATCOM 系统操作

SATCOM 系统操作即机组人员如何使用 SATCOM 系统,机组人员通过 CDU 和 ACP 两个面板来操作和控制机载 SATCOM 系统的工作。如图 4.13 所示。

1.语音操作

机组人员利用控制显示组件(CDU)和音频控制面板(ACP)来控制卫星通信系统的语音通信模式。飞行员在 ACP 上按下卫星通信(SAT)对应的方形按键,旋转下方的音量调节旋钮可以控制音量;然后在 CDU 上选择呼叫目的地的号码,部分型号的机载 SATCOM 上需要自己输入通话对象的联系号码,这类机载 SATCOM 对飞行员呼叫对象很少限制;另一部分型号的机载 SATCOM 会列出允许通话的电话号码,飞行员只能从列表中选择通话目标,不能自己输入号码通话,大多数航空公司选择这一类的系统,毕竟 SATCOM 的通话费用较高。

2.数据操作

数据操作目前主要用于为 ACARS 提供信道,飞行员从 CDU 主菜单中选择"管理"菜单,接着选择飞机通信寻址与报告系统(ACARS)菜单,利用 ACARS 菜单来选择卫星通信的数据通信功能。飞行员可以通过 CDU 的键盘和 CDU 的"FDCF"功能的 COMPANY 菜单来选择拟发送的数据信息。

当飞机通过卫星通信接收到数据信息时,会在 EICAS 显示器上显示相关通知信息,EICAS 会提示飞行员去新消息菜单下读取通信页面上刚收到的信息,EICAS 的打印机状态信息会通知飞行员这些信息都已在驾驶舱的打印机上打印出来或未打印。

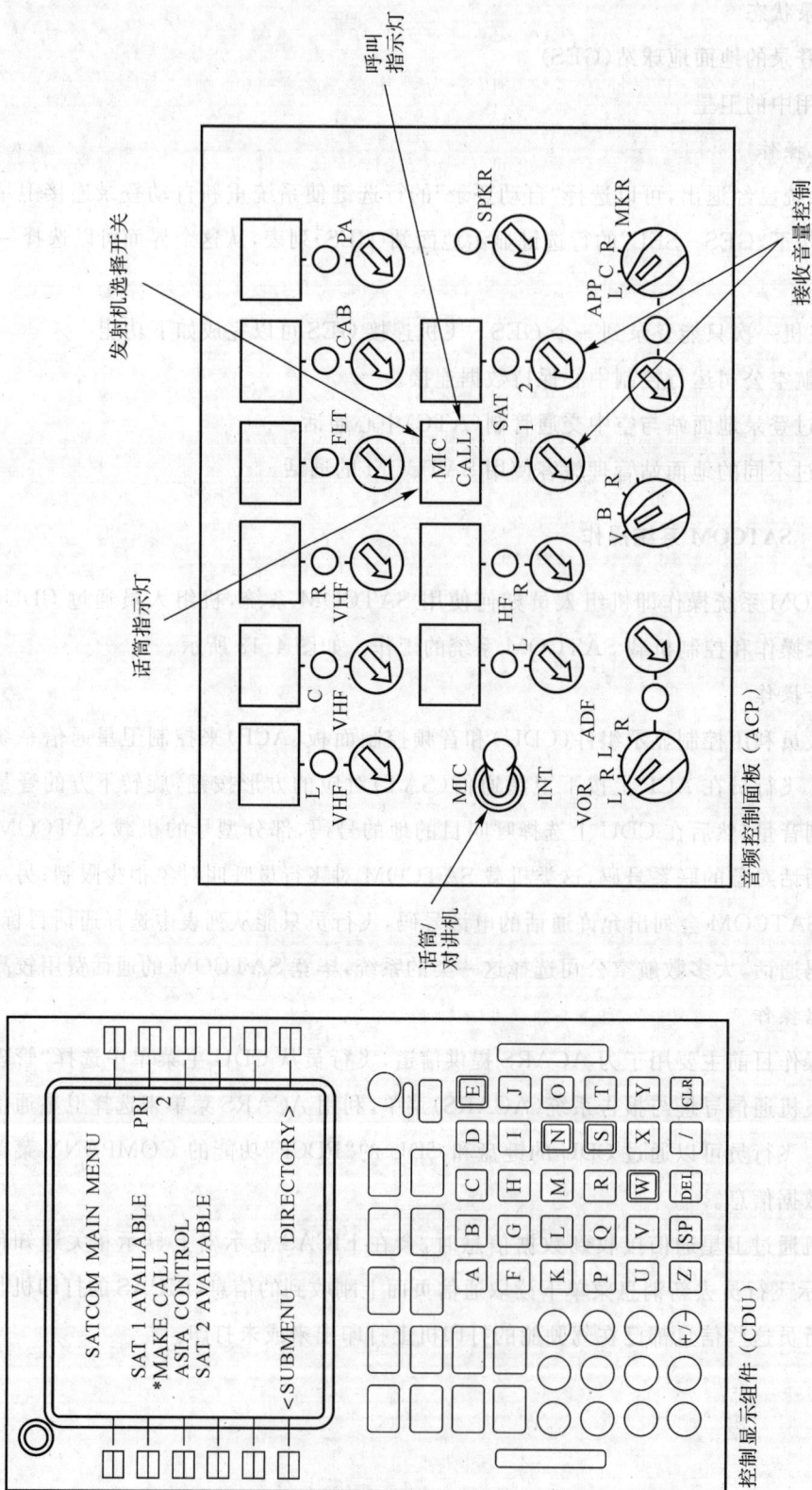

图4.13 机组使用SATCOM系统的操作控制面板

思　考　题

1. 按业务种类分，卫星通信系统可以分为哪几类？各举一个例子说明。
2. 什么是航空移动卫星业务（AMSS）？
3. INMARSAT 系统通信信号如何传递？这样传递为什么对信息安全有利？这样传递信号的缺点是什么？
4. 什么是卫星通信转发器？转发器分哪几种类型？
5. 通信卫星发射的全球波束、点波束各有什么特点？
6. INMARSAT 系统的需分多址（DAMA）技术如何实现？
7. 常用的信道分配制度有哪些？各分配制度有什么特点？
8. INMARSAT 系统的机载终端分很多种，各有什么特点？
9. 影响静止轨道通信卫星正常通信工作的星蚀和日凌现象分别是怎么产生的？
10. 铱星系统的星上处理技术如何实现？星际链路技术如何实现？
11. INMARSAT 系统与铱星系统各有什么优缺点？
12. 典型机载 SATCOM 系统组件有哪些？各有什么功用？
13. 什么是机载 SATCOM 的 BSU 组件的惯导跟踪方式？

第5章 机载事故调查通信设备

从统计学角度来看,航空运输是各类运输中最安全的。20 世纪 50 年代以前,航空运输的安全性不如火车和水运,自 20 世纪 70 年代以后,航空技术飞速发展,航空营运实行严格的科学管理,于是航空事故大为减少,使航空运输成为所有主要运输方式中最安全的一种。

1978 年全世界统计结果:公路运输中,每 1 亿千米死亡人数为 0.4,水路运输为 0.2,铁路运输为 0.08,航空为 0.04。进入 20 世纪 90 年代后已降至 0.02。根据国际航空运输协会ＩＡＴＡ 发布的统计数据,2008 年全球航空安全事故总体遇难人数下降至 502 人,每百万乘客的遇难率下降到 0.13 人;2013 年全球有 265 人在事故中遇难,是自 1945 年以来最安全的一年,虽然 2014 年死亡人数超过了一倍,但是相对于庞大的乘机人群,乘坐飞机出行每百万旅客的遇难率还是很低的。

从 20 世纪 90 年代到现在,随着科技进步,因机械故障、自然灾害等客观因素造成的民航飞机失事率一直在下降,而人为因素、恐怖袭击等原因成为近年民航飞机失事的主因。飞机失事后,比起追责,对事故的调查研究显得更重要。研究事故成因可以有效避免事故的再次发生,民航飞机上的许多新技术诞生,是来源于事故调查结果,例如空中防撞系统(TCAS)、近地警告系统(GPWS)等。

5.1 语音记录器

语音记录器(CVR)系统是用于航空事故调查的主要系统之一,在一些文献中也称为"话音记录器",或"舱音记录器"。CVR 可以连续地记录飞机工作最后 30 min 或者 2 h 内机长、副驾驶、观察员的通信语音,以及驾驶舱内的背景声音。现代民航飞机上的 CVR 基本上是固态存储器式的记录装置,其实就是一套用固态存储器作为语音存储介质的录音机系统。CVR 能够记录如下语音:用机载无线电通信系统发送或接收的通话音,驾驶舱内的各种背景声音,飞行机组之间通过飞行内话系统进行的通话,地面无线电导航装置发出的识别导航或者进近助航识别的音频信号,飞行机组使用旅客广播系统进行的广播话音等。

民航局对机载语音记录器管理的相关法规包括:CCAR - 396《民用航空安全信息管理规定》和《航空安全管理手册》MF/0309 - 4"飞行数据记录器和驾驶舱舱音记录器的管理"。根据相关规定,部分新型号的语音记录器的连续记录时间已从 30 min 扩展到 120 min。

CVR 在进行飞行安全事件调查以及日常航空安全管理中,经常需要对驾驶舱内的各类语音和环境音频进行分析,以提供事实证据,这样做也有利于规范飞行机组人员的飞行通话用语。但按照现役 CVR 的功能,读取数据需要将记录器组件拆下,通过专用的地面处理设备进行回放,数据不易快速解读和处理,且频繁地拆卸和安装 CVR 设备也容易造成损坏。因此,民航局正在组织制定"快速存取驾驶舱语音记录器(QACVR)"的行业标准,以期达到类似快速存取记录器(QAR)在快速读取飞行数据记录器(FDR)数据时所起的作用。

5.1.1　语音记录器系统的组成和功用

语音记录器系统(CVR)组成包括:语音记录器组件、控制盒、音频管理组件(或遥控电子组件)等组件,如图 5.1 所示。

1.控制盒

CVR 系统控制盒安装在驾驶舱顶板上,用来进行系统地面操作控制。控制盒的前面板为 CVR 系统控制面板,供飞行员和机务人员操作。

"区域麦克风"用来接收驾驶舱内的背景声音,这些背景声音在事故调查中很重要,在事故调查中可以听到的驾驶舱内各种背景声音包括:音响报警信号,如空速极限警告、轮舱火警、高度警告、近地警告、风切变警告、防撞系统警告、起落架形态警告、起飞形态警告、自动驾驶仪脱开音响等;还有发动机噪音、机组座位的移动声、风挡玻璃刮水器的马达声、各种开关操作声、襟翼、缝翼和起落架操纵手柄的操作声等;还有其他的异物撞击声等;这些声音往往意味着一些特殊的操作或事件,对于判断飞机系统故障、发动机转速、飞行速度、操作失误及当时的飞机外部环境或气象环境等都很有帮助。

"抹音(ERASE)"电门用来抹掉语音记录器的录音。

"测试(TEST)"电门用来自检语音记录器所有的录音通道电路是否正常。

2.音频管理组件(遥控电子组件)

不同时期的民航飞机,所使用的 CVR 系统部件略有不同,例如:B737 系列飞机,安装的是遥控电子组件(REU);B777 飞机,A320 飞机等,则安装的是音频管理组件(AMU)。

AMU(REU)安装在电子设备舱。机长、副驾驶、观察员的通话,均通过 AMU(REU)送到语音记录器记录,AMU(REU)对输入的音频信号进行筛选、优先权判断等操作,现代语音记录器均是数字式的,语音信号必须经过模/数转换、编码后才能记录。

3.语音记录器组件

CVR 组件安装在飞机尾部,通过固态存储器(slid - state memory)存储数据,固态存储器芯片密封装在一个坠毁防护组件(CSMU)内,见图 5.1。坠毁防护组件是一个高强度的箱壳结构组件,分为 4 层,最外层是特种钢外壳、中间是防撞减震层、防腐防油层以及恒温层,设计要求具有抗压能力高、抗冲击重载荷,能长时间耐受 20 000ft 海底深水的压力,还要能经受 1 000℃左右的高温火烧,以及耐受长时间海水、汽油等腐蚀性液体的浸泡。其中防腐防油层遇热会自动膨胀,切断内部存储芯片与外部信号交流的导线,将内部信息存储芯片保护在一个封闭的空间内,防止外部的油、水等的腐蚀;恒温层填充有胶状物,胶状物遇热后吸热融化为液体,不论外界温度多高,其内部温度将维持在 70℃的恒温,以保证内部芯片不会在高温中损毁。

CVR 除了坠毁防护组件外,还包括一些控制处理器组件、电源组件等,这些组件并不密封在坠毁防护组件内,这些组件完成接口(模数转换和数模转换)、自检、监控、控制功能。

固态存储器芯片是一种特殊的电擦除可编程只读存储器(EEPROM),俗称为闪存(Flash EEPROM)。闪存具备快速读写,掉电后仍能保留信息的特性,体积小、容量大,可靠性好,可反复擦写 100 万次,数据至少可保存 10 年;可以通过寻址方式存储数据,因此数据存取灵活方便,易于连接计算机。闪存产品现在已广泛应用在我们日常生活使用的电子产品中,例如:计算机的固态硬盘,数码相机和智能手机的存储卡等。

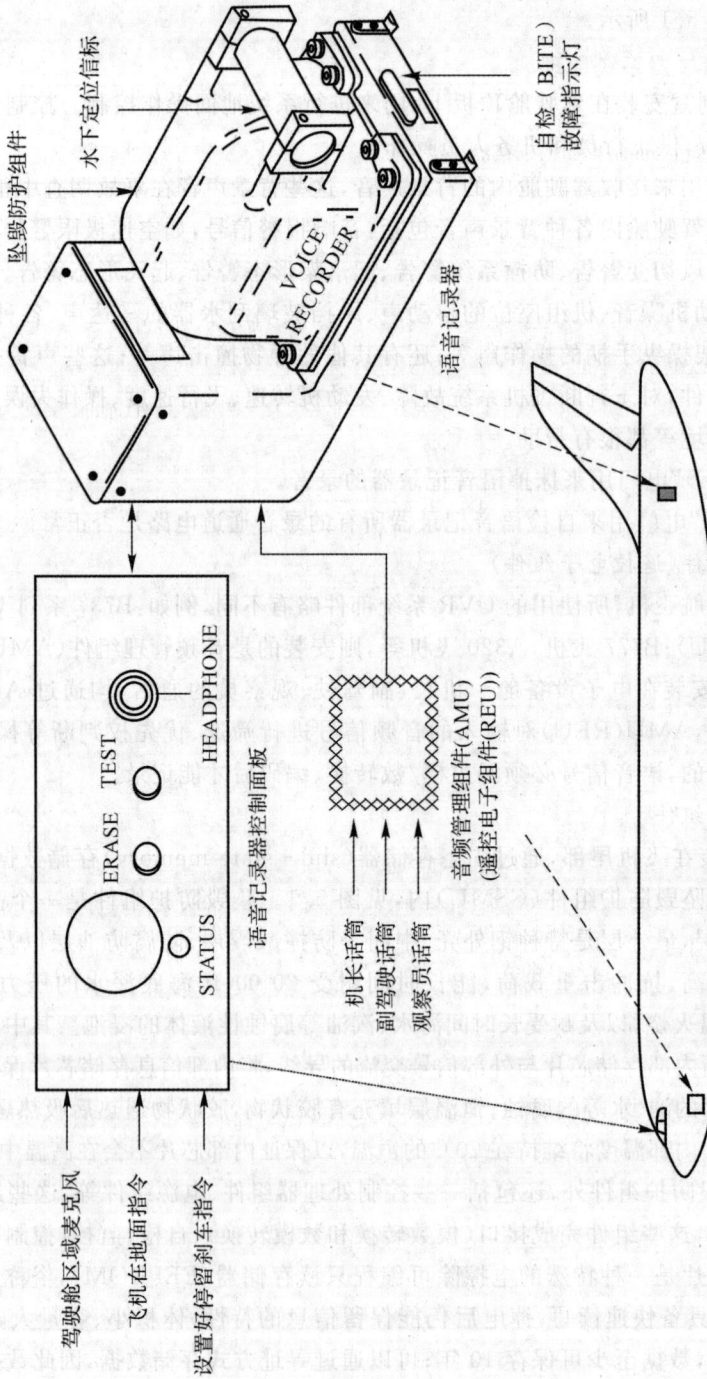

图5.1 语音记录器系统的组成

水下定位信标

坠毁防护组件

VOICE RECORDER

语音记录器

自检（BITE）故障指示灯

语音记录器控制面板

ERASE　TEST

HEADPHONE

STATUS

驾驶舱区域麦克风

飞机在地面指令

设置好停留刹车指令

机长话筒

副驾驶话筒

观察员话筒

音频管理组件(AMU)
(遥控电子组件(REU))

为使驾驶舱语音记录器受到损坏的可能性降至最小,CVR 通常安装在发生飞行事故时最不易受到冲击的飞机尾部,如图 5.1 所示,如客舱后部、后厨房、飞机尾舱、后货舱、后机组休息舱侧壁等。典型机型的记录器安装位置情况:B737,B757,B767 安装在客舱后部或后厨房;A300,A310,A340,A320 安装在飞机尾舱;B747 安装在后机组休息舱侧壁。

5.1.2　语音记录器系统原理

1. 系统原理图

语音记录器系统原理如图 5.2 所示。

2. 工作原理

(1)电源

115V/AC 电源通过语音记录器(VOX RCDR)电门向语音记录器组件供电,语音记录器组件向记录器控制面板提供 18V/DC 电源。

当飞机停留在地面时,空地电门(AIR/GND)接通,当飞机的停留刹车设置好,停留刹车电门(BRAKE ON)接通,这两个电门均接通后,语音记录器组件向控制面板的"抹音"电门提供 30V/DC 电源。

我们日常生活中,如果遇到突然停电,我们首先想到的就是检查电源总开关,看是否有跳闸,然后才检查其他用电设备,看是否有短路。机载电子设备的维修与此类似,大多数设备故障来自于电源电路或者供电电路故障。因此,掌握设备如何供电,对于查找故障原因很重要。

(2)正常工作模式

1)音频输入。当飞机发动机启动,飞机电源向 CVR 供电后,CVR 系统开始工作。CVR 系统工作期间所记录的音频来自两个部件,一个是音频管理组件,另一个是在驾驶舱的语音记录器区域麦克风。

音频管理组件(AMU)向语音记录器组件输送 CH1(对应观察员)、CH2(副驾驶)、CH3(机长)3 个音频通道的音频,3 个音频通道分别记录 3 名机组成员的语音,3 名机组成员的语音先送到内话系统,再由内话系统送到 AMU。每个音频通道所采集的音频输入包括:对于机组成员正在使用的麦克风输入音频;在音频控制面板(ACP)上所选择的通信设备的通话音频;通过内话系统的通话音频等。

区域麦克风用来记录驾驶舱内的背景声音,包括驾驶员的语音,各种电子仪表设备的警告、提示音频。区域麦克风所记录的音频首先送到语音记录器控制面板,进行信号预放大,然后通过音频通道 CH4,送给语音记录器组件存储。

2)音频处理。CVR 组件通过接口电路接收 4 个音频通道输入的音频信号,通过模/数转换和编码电路,转换为数字编码信号,然后再对数字编码信号进行压缩后,最后保存进固态存储器中。

对数字音频和视频编码信号进行压缩,可以节约存储空间,以便存储更多的数据,这是现代计算机处理数字音频信号和数字视频信号很常见的技术,例如我们用数码相机拍照,如果照片用未经图片压缩技术处理的 24 位位图(bmp)格式存储,一张照片需十几兆的存储空间,但如果用图片压缩格式,如 jpg 格式、gif 格式,在画质相近的情况下,仅需要 bmp 格式 1/5 左右的存储空间,就可以存入该照片,可以节约大量的存储空间;我们听音乐常用的 mp3 格式文件,就是一种典型的数字音频压缩技术压缩成的音频文件,mp3 播放器则是该类压缩文件的解压器及还原为音频的数/模转换器。

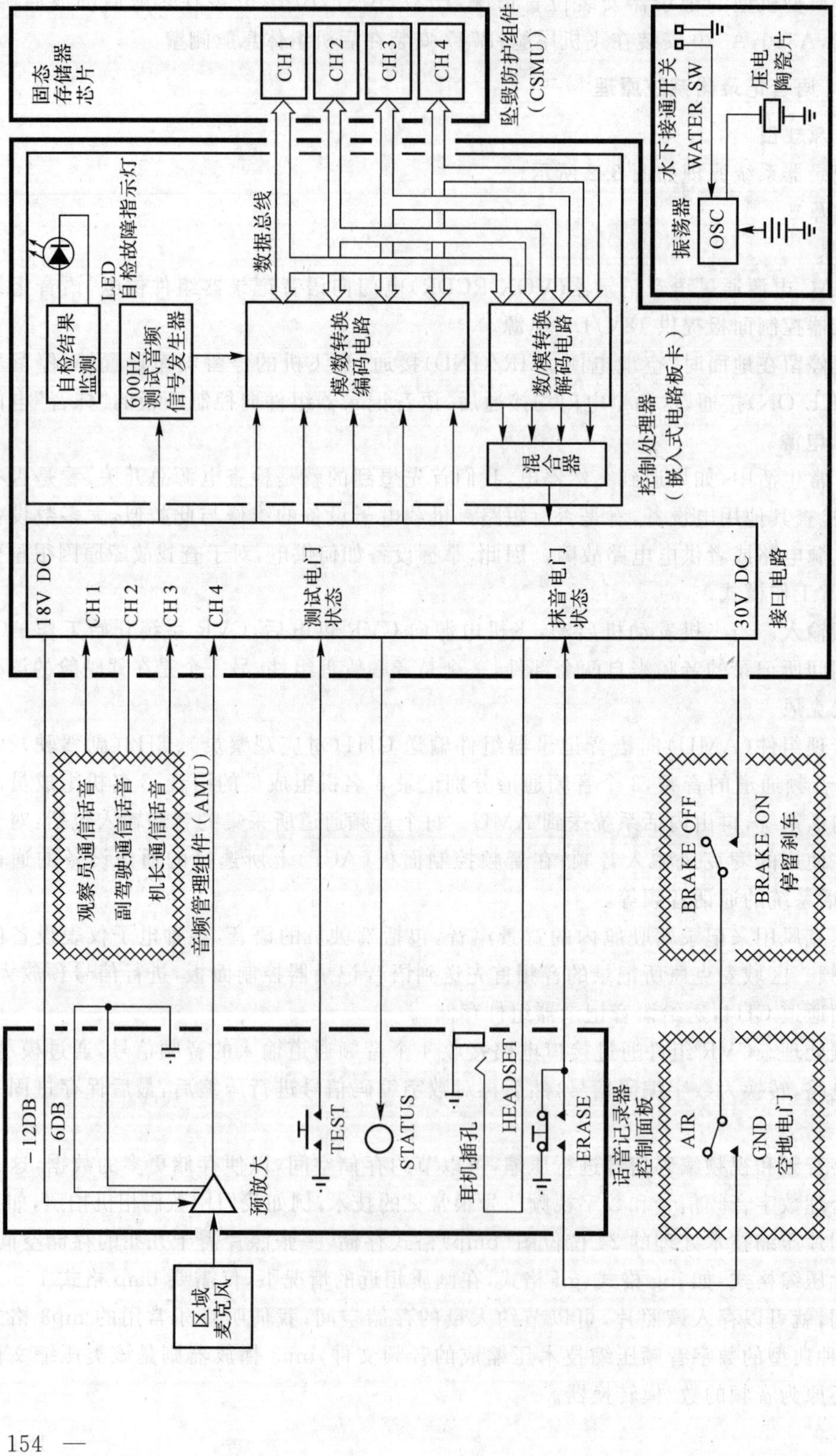

图5.2 语音记录器系统原理图

3)音频检测。存储在固态存储器中的数字音频信号,经过数/模转换电路,转换回音频信号,送回驾驶舱内的语音记录器控制面板或驾驶舱内 APU 关闭控制面板上的耳机插孔。

机务人员通过耳机上的插头,接入语音记录器控制面板或驾驶舱内的 APU 关闭控制面板上的耳机插孔,可以监听语音记录器所记录的音频,以此检查语音记录器的音频输入、音频处理、音频输出通道是否工作正常。

(3)测试操作模式

飞机地面维护期间,机务人员按压并保持住"测试(TEST)"电门,控制盒向语音记录器发送一个自检请求,语音记录器中的控制处理器收到自检请求后,产生一个 600 Hz 左右的测试音频,依次对 4 个记录器声道进行测试,检查测试音频能否被语音记录器有效记录。测试期间,CVR 前面板上的"状态(STATUS)"灯点亮,操作人员通过耳机连接控制面板的"HEAD-PHONE"耳机插孔,可以监听该测试音频。如果系统正常,"状态"灯保持点亮,耳机中能听到测试音频,直到操作员松开"测试"电门。如果测试中发现故障,则"状态"灯自动熄灭,监听耳机也听不到测试音频,语音记录器上的"自检(BITE)故障指示灯"点亮。

(4)抹音操作模式

对于固态存储器式语音记录器,当飞机停在地面,且停留刹车设置好,按压"抹音(E-RASE)"电门,保持超过 1/2 s 就可以抹掉记录器中所有记录的语音信号;对于磁带式语音记录器,因为从磁带上抹音需要一段时间,所以当飞机停在地面,且停留刹车设置好,按压"抹音(ERASE)"电门需要保持超过 10 s 以上时间,才能完成抹音操作。此外,不同公司、不同型号的语音记录器,按压抹音电门需要保持的时间不完全相同。

5.1.3　语音记录器系统在事故调查中的使用

CVR 最主要的用途是飞机失事后的事故调查,在事故调查中,首先由经过专业训练的事故调查人员,通过人耳辨听,获取驾驶员之间及其与地面塔台的对话内容,并由此判断当时飞机的状况。

此外,事故调查人员还通过一些专业的音频处理设备,对语音记录器中除了语音之外的其他声音进行分析,例如各种驾驶舱仪表的提示音和警告音、发动机噪音、座舱噪音、操纵各种开关所发出的声音、襟翼和起落架手柄操作声音、飞机遭遇恶劣气象环境(如雷电、大雨、冰雹)时的声音等。在这些声响中,有很多对于判断飞机当时状况是很有价值的,例如驾驶舱仪表的提示警告声,通过它可以获知当时飞机的一些飞行状态以及所遇到的紧急问题;还有开关操作声和手柄操作声,通过它可以分析飞行员进行了哪些操作,这些操作在当时情况下是否合理等。

由于 CVR 记录了飞行员的谈话内容,这其中可能会涉及飞行员的隐私及航空公司内部信息,因此按照国际惯例,不公布记录器中语言交谈部分的详情,而只公布事故调查人员认为与事故有关的且不涉及隐私的内容;由于 CVR 具有人工删除功能,在出现一些如重着陆等涉及机组责任的飞行事故或事故征候,个别飞行员为了逃避责任,会故意删除语音记录器的内容。因此,CVR 在实际使用中,还存在许多不足之处。

5.1.4　语音记录器的发展

根据 1996 年以来各国民航飞机事故调查部门针对重大事故调查所提出的安全改进建议、美国和欧洲民航管理部门对民航重要法规的修改,以及国际民航组织(ICAO)对《国际民用航

空公约》航空记录器相关标准及建议措施的修订,对于语音记录器,有以下一些改进措施和趋势:

1.将记录时间由 30 min 延长到 2 h

由于 30 min 的录音无法为调查人员提供足够的事故信息,尤其涉及到空中起火、飞机结构或系统失效时间超过的 30 min 的事故或事故征候。因此,美国联邦航空局(FAA)在 2005 年 2 月 28 日发布的法规通告《驾驶舱语音记录器和数字式数据记录器的法规修订》中,提出了延长语音记录器的记录时间至 2 h;欧盟的联合航空局(JAA)所提出的联合航空规则(JAR)则要求 1998 年 4 月 1 日以后欧盟首次颁发单机适航证的民航飞机必须安装 2 h 的语音记录器。同时,国际民航组织也在《国际民用航空公约》附件 6《航空器的运行》中,要求 2003 年 1 月 1 日以后首次颁发单机适航证的民航飞机上安装的语音记录器至少能够保存最后 2 h 运行中所记录的信息。

2.记录器配备独立的电源

自 1983 年以来,超过 50 起民航飞机事故和事故征候是由于发动机或发电机失效,或者是飞行机组处置不当,导致记录器含飞机数据记录器(FDR)和语音记录器(CVR))失去供电而无法记录下关键的数据。美国联邦航空局(FAA)采纳了美国国家运输安全委员会(NTSB)建议,要求在所有外部电源中断的情况下,民航飞机的话音记录器可以自动切换至具有至少 10 min 供电能力的独立备用电源,以确保记录完整。

为此,美国民航电子工程委员会(AEEC)于 2006 年 6 月 1 日发布了 ARINC 777 规范最新增补;欧洲民用航空设备组织(EUROCAE)于 2003 年 3 月发布了 ED-112 规范,针对记录器配备独立的电源提出了相关的技术规范要求。

3.组合式记录器(CVDR — Combined Voice-Data Recorder)

1999 年 3 月 9 日,加拿大运输安全局(TSB)和美国国家运输安全委员会(NTSB)在瑞士航空公司 111 航班事故的调查报告中提出要求,希望所有 2003 年 1 月 1 日以后制造的、需要安装 FDR 和 CVR 的飞机,建议安装两套组合式记录器系统,一套安装在驾驶舱附近,另一套安装在飞机尾部的安全建议,在飞机前部和后部各安装一套组合式记录器,双余度的安装结构将大大提高记录器系统的生存性,可以保证在最坏的情况下,至少有一套记录器系统中存储的信息得到保护。

ICAO 在 2001 年第 8 版《国际民用航空公约》附件 6《航空器的运行》中建议,需要装备飞行数据记录器(FDR)和语音记录器(CVR)的、最大审定起飞质量超过 5 700 kg 的所有固定翼飞机,可以选择装备两台组合记录器(FDR/CVR);低于 5 700 kg(含)的所有多个涡轮发动机固定翼飞机,可以选择装备一台组合记录器(FDR/CVR)。

目前全球主要的记录器生产厂商都已依照 EUROCAE ED112 规范、ARINC777 规范等完成了组合式记录器的开发,欧盟 JAR 也增加了关于 CVDR 使用的条款,部分新开发的民航机型上也已采用该系统。

5.1.5 水下定位信标

语音记录器的前面板上安装有一个水下定位信标机(ULD),水下定位信标机是一个靠电池工作,自动发送超声波信号的设备,工作时不需要外接电源,用来为沉入水中的语音记录器、飞行数据记录器等设备提供位置坐标的辅助装置。信标机携带的电池电压为 9.6 V,电池需要根据维护手册要求定期更换,电池更换时间在信标机壳体的标签上。信标机上带有触水开关,当信标机沉入水中后,触水开关会自动打开,使信标机通电工作。信标机工作水深在 20 000 ft(1 ft=0.304 8 m)以内,声呐信号作用范围为 1.8～3.0 km,这个范围与探测方位和海水的状态有关,持续工作时间为 30 d。

因为水是导电介质,所以无线电波在水中传输很容易被吸收,会很快衰减,无法远距离传播。而声音为机械波,可以在水中较远距离传播,声呐是通过发出声波来实现信号传递与接收的,潜艇就是依靠声呐完成水下探路、避撞、搜索等工作。水下定位信标机是一个声呐发射装置,当飞机坠入水中后,信标机开始发送 37.5 kHz 的超声波脉冲,这种脉冲可以被声呐和声学定位仪探测到。水下定位信标机发出超声波脉冲的装置叫压电陶瓷片,我们在节日常用的音乐贺卡中发出音乐声的装置就是一种压电陶瓷片。

水下定位信标机要按规定时间检查和更换电池,操作不能在外场,应在干净的维修车间内进行,要根据维护手册中关于电池更换的细则进行。每次更换电池时,应更换新的"O"形密封圈,更换前需检查"O"形密封圈是否老化、变形,表面是否光洁,以防止漏水或电池受潮。除了规定的标签外,不允许把任何其他标签贴在水下定位信标机的壳体上。更换电池时应避免将电池极性装反,以防止损坏信标机。安装后盖时,应避免将油泥、沙子、纤维等弄入装配螺纹中,防止造成密封不严。日常维护过程中,为确保触水开关接触良好,必须保持开关清洁,一般用氟利昂除油添加剂加在清洁水中清洗开关,如图 5.3 所示。

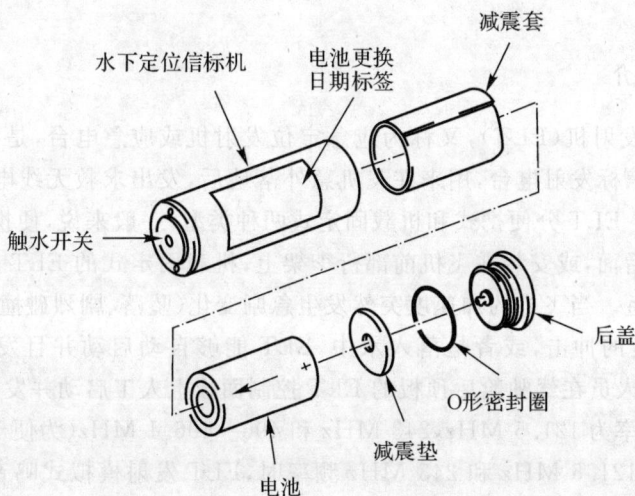

图 5.3　水下定位信标的分解结构示意图

机务人员完成水下定位信标机的电池更换、日常检查后,如果公司配备有测试仪,例如:DUKANE 公司的 PL-1,PL-3,42A12 系列测试仪,可以测试水下定位信标机是否安装好,测试时将测试仪放在距离信标机约 1～3 in 的范围内,用专用设备接通信标机电池,这时应在测试仪上听到 1/s 声的脉冲声,如听到该脉冲声,表示设备正常。检查完成后要断开信标机的通电状态,然后检查并清洁触水开关,如图 5.4 所示。

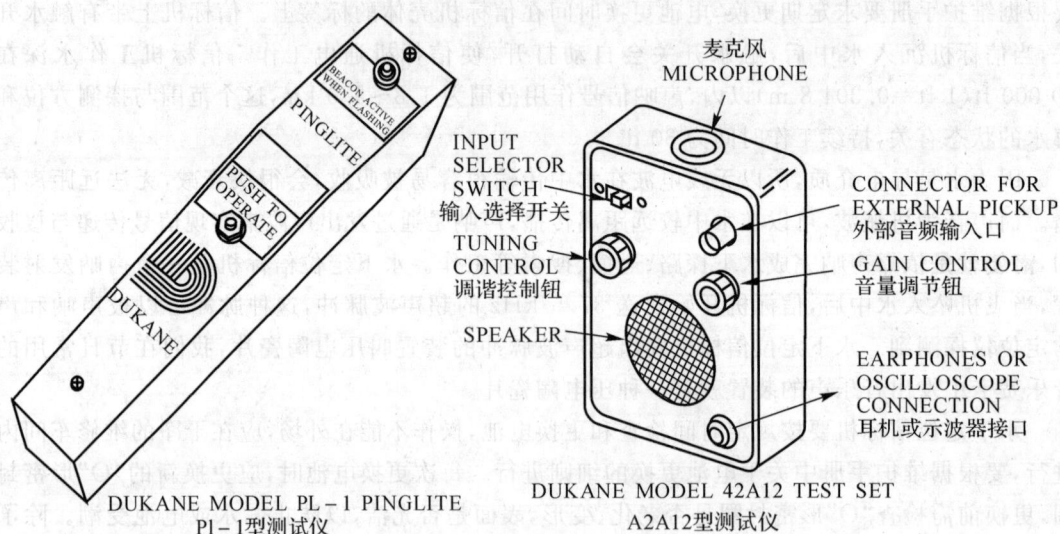

图 5.4　水下定位信标机测试仪

5.2　机载应急示位发射机

5.2.1　工作简介

机载应急示位发射机(ELT),又称为应急定位发射机或应急电台,是指设置在航空器上的应急示位无线电信标发射电台,用来在飞机意外落地后,发出求救无线电信号,以协助搜索和定位飞机的位置。ELT 分便携式和机载固定式两种类型,一般来说,便携式 ELT 通常安装在后舱乘务员座椅后面,或安装在飞机前部行李架上;机载固定式的 ELT 通常安装在后舱乘务员站位头顶板附近。当飞机的加速度突然发生急剧变化(坠落、剧烈碰撞等)时,一般是大于 6 倍地球重力加速度的冲击,或者是落入水中,ELT 能够自动启动并且发射应急定位信号,ELT 也可以由机组人员在驾驶舱后顶板的 ELT 控制面板上人工启动并发射定位信号。

ELT 的工作频率为 121.5 MHz,243 MHz 和 406～406.1 MHz(为便于说明,通常简化为 406 MHz),工作在 121.5 MHz 和 243 MHz 频率时,ELT 发射模拟式鸣音求救信号(swept-tone modulated signal),所有工作于这两个频率的 ELT 所发射的信号完全相同,求救信号连续不断发射,地面搜救部门接收到这两个频率的求救信号后,对信号进行初步定位并核实,核实后将派出搜救人员。卫星搜救只对工作在 406 MHz 频率的 ELT 有响应,406 MHz 频率的 ELT 发射数字式编码信号,每 50 s 发射一次,每次发射持续时间 440 ms,卫星接收到 406 MHz 频率的求救信号后,将此信号存储、解码、计算和分析出失事区域,再转发至对应区域的地面站以便于搜救。对于同时能发射 121.5 MHz 和 406 MHz 的 ELT,121.5 MHz 信号在 406 MHz 信号发射间隙发射,不会同时发射。

目前典型的机载 ELT 发射机均自带电池,如发射 406 MHz 信号,功率为 5 W,持续时间为 24 h;如发射 121.5 MHz,功率为 50～100 mW,持续时间为 50 h。

5.2.2 背景知识

美国的民航飞机从 20 世纪 60 年代开始逐步装备 ELT 设备,最初只使用 121.5 MHz 和 243 MHz 频率进行无线电信标呼救,通过搜索营救飞机进行定位和救援。20 世纪 80 年代,随着全球卫星搜救系统(COSPAS/SARSAT 系统)的逐步建立和使用,搜救的效率获得极大提高,该系统目前已成为航海、航空及陆地上最主要的搜救系统。

COSPAS/SARSAT 系统是由加拿大、法国、美国和前苏联联合开发的全球性卫星搜救系统,它是国际海事卫星组织推行的全球海上遇险与安全系统的重要组成部分。该系统使用低高度卫星为全球包括极区在内的海上、陆上和空中提供遇险报警及定位服务,以使遇险者得到及时有效的救助。陆用个人信标和船用信标的工作频率均为 406 MHz,民航信标的工作频率是 121.5 MHz,243 MHz 和 406 MHz。

COSPAS/SARSAT 系统有两种工作方式:一种是低高度近地轨道搜救卫星的工作方式,利用多普勒效应,即利用低高度近地轨道卫星和 ELT 之间相对移动,而使 ELT 求救无线电信号产生的相位差进行计算,可以初步进行定位信标发射机的大致区域,卫星再将求救信息发送到该区域的地面救援协调中心组织救援。另一种是静止轨道搜救卫星的工作方式,由于静止轨道卫星与地面相对静止,因此无法用检测多普勒频移的方法得到 ELT 的方位信息,这就要求 ELT 内部必须安装全球卫星导航系统(GPS)接收芯片或者能够与机载 GPS 进行数据交联,ELT 在求救信号中包含 GPS 测出的自身位置信息。

COSPAS/SARSAT 系统除了航空和航海两大主要用户外,还应用在政府的关键部门、军事机构、高科技领域、国家重要的经济部门、体育探险等领域。目前国外已开发出便于携带、使用方便、针对个人使用的便携式应急信标设备(PLB),美国、加拿大、德国、俄罗斯等国,都先后开展了个人信标业务。国外个人信标的用户只需在系统运行管理部门授权的公司,购买或短期租用便携 ELT,并交纳一定的 ELT 购置费和年度注册登记费或租金即可携带使用。

工作频率为 121.5 MHz 和 243 MHz 的 ELT,因开发时间较早,所发射的信号为模拟调幅信号,信号中不携带编码信息;工作频率为 406 MHz 的机载 ELT,发射的是数字编码信号,在设备开发期间就规定其编码必须带有和飞机身份对应的唯一编码,必须在当地民航局进行实名注册管理。因此,对于 121.5 MHz 和 243 MHz 的 ELT,地面系统在对信号进行分辨处理时,很难做到准确无误,加上频率干扰和误报警事件太多等原因,已经严重影响搜救系统正常运行,所以 1999 年国际搜救卫星组织、国际海事组织、国际民航组织和国际电联等有关组织和机构就逐步淘汰 121.5 MHz,243 MHz 信标的问题进行研究和讨论,并作出决定,在 2009 年 2 月 1 日后,COSPAS/SARSAT 系统中止航空应急定位发射机的 121.5 MHz,243 MHz 频率业务,即 COSPAS/SARSAT 系统只响应 406 MHz 的求救信号,而为了满足不断增加的用户需要,卫星系统在现有的 406.025 MHz 的基础上,再增加一个 406.028 MHz 卫星上行频率。中国民用航空规章 CCAR91 部第二版对此也有明确规定:2010 年 1 月 1 日后国内航空器装备的 ELT 必须能同时具备 121.5 MHz 和 406 MHz 的发射频率。

5.2.3 相关法规

我国民航局所颁布的民航飞机上机载 ELT 的执行标准包括:1983 年颁布的第一部 TSO

- C91 以及稍后颁布的 TSO - C91a,到 2006 年颁布的 TSO - C126,经过了 3 次较大的修订。以上三部标准均源自美国航空无线电委员会(RTCA)制定的 RTCA/DO - 183《121.5 MHz 和 243 MHz 的 ELT 最低性能标准》或者 RTCA/DO - 204《406 MHz 应急定位发射机最低性能标准》。

国际民航组织(ICAO)将 ELT 作为民航飞机取得适航资质认证的必备设备之一,是最低设备清单(MEL)中的一类设备,即机务外场工作对没有安装 ELT 的飞机不允许放飞。根据中国民航局 CCAR91.435R2 规章的相关规定,在 2008 年 7 月 1 日以后,任何批准载客 19 人以下民航飞机(例如中国产的运 12 等型飞机)必须安装 1 套 ELT 发射机;任何批准载客 19 人以上的民航飞机(例如中国产的新舟 60,ARJ21 等型飞机及座位数超过它们的机型)必须至少装备 1 套自动触发式的 ELT 发射机或者两套任何类型的 ELT 发射机。且根据中国民航局 CCAR121 规章,如果执行跨水航班的民航飞机,必须安装救生型 ELT 发射机(例如 ME406P 型和 RESCU406 型便携式 ELT)。

对于国内飞机制造商、航空公司和机务人员,在 ELT 的安装、使用和维护中需遵守 2010 年 8 月 13 日颁布的《民用航空机载应急示位发射机管理规定》(MD - TM - 2010 - 004),该管理规定对机载 ELT 设备的测试时间、测试程序、编码变更以及 ELT 设备的存放、运输、维护、飞行等环节均提出了具体要求。

5.2.4　406MHz 机载 ELT 的编码

工作频率在 406～406.1 MHz 的 ELT 发射的是数字编码信号,其编码是用来识别飞机身份,以便遇险时能够确认身份并得到及时、准确、有效地救助。COSPAS/SARSAT 系统为此制定了多种编码协议,每种编码协议根据编码信息不同也具有不同的数据格式,航空公司可以根据自身情况,选择适合自身机队运行的 ELT 编码协议。

406 MHz 机载 ELT 发射的数字编码信号是一段二进制数据串,每隔 50 s 向卫星发射一次,每次发射持续时间 440 ms。数据串有两种基本格式,长讯息格式和短讯息格式,长讯息格式为 144 个字节,短讯息格式为 112 个字节。不论采用哪种格式,ELT 发射的数据串第 26 位到第 85 位二进制数据区段都会用来存储 ELT 的身份标识编码等关键信息。

406 MHz 机载 ELT 是采用长讯息格式,还是短讯息格式,是由 COSPAS/SARSAT 系统的两种工作方式决定的,采用短讯息格式的 ELT 只能被动地通过近地轨道搜救卫星,使用多普勒定位技术来探测 ELT 发出的求救信号并确定失事区域。采用长讯息格式的 ELT 不但能通过近地轨道搜救卫星探测并定位,还能通过内置 GPS 芯片或与机载 GPS 设备数据交联的方法,获取当前失事飞机的位置信息并主动发送该位置信息给近地轨道搜救卫星或静止轨道搜救卫星。

406 MHz 机载 ELT 出厂时就已有身份标识编码,在装上飞机后,还可以根据当地民航管理部门的要求或航空公司的自身需要,重新写入新的身份标识编码,身份标识编码的格式需满足 COSPAS/SARSAT 系统所制定的编码协议,身份标识编码可以包含以下全部内容或其中部分内容:

(1)ELT 发射机序号,一般指 ELT 壳体上的"SN",是由 ELT 厂家分配的唯一的识别编码。个别厂家把 ELT 编码成 CSN 序号,CSN 序号是 COSPAS/SARSAT 系统分配给每个 ELT 或 ELT 的程序销钉组件序号,中国注册的航空公司一般不采用 CSN 序号。

(2)航空器注册国籍和注册号,一般指安装该 ELT 的民航飞机注册国家的国家代码,例如中国的国家代码为 412,美国的国家代码为 366。

(3)24 位航空器地址,一般指安装该 ELT 的民航飞机对应的 S 模式应答机地址码,用来识别飞机的机型、是否改装过、客机还是货机等信息。

(4)航空器营运人(航空公司)标识符和一个序列号(数值范围在 0001 到 4096),根据民航管理当局或航空公司的需求决定。

无论采用哪种编码协议,其编码数据串的第 27 位到第 36 位都应写入国际电联确定的国家代码,中国的国家代码是 412。

在对 ELT 重新写入身份标识编码信息前,机务人员要先咨询 ELT 生产厂家或查询维护手册,确认该型号的 ELT 是否具备自动编程功能,我国民航飞机上安装的 406 MHz 机载 ELT 大部分带有自动编程功能,设备成本较高,但维护简便。

带有自动编程功能的 ELT 一般分成两种类型:一种是 ELT 发射机自带自动编程功能,当更换 ELT 时,需要先在内场维护时给 ELT 发射机写入新的身份识别编码信息,设备才能正常工作,这种发射机的成本较低,但更换 ELT 的操作比较复杂,如图 5.5 所示。另一种是 ELT 发射机不带自动编程功能,自动编程功能由飞机识别模块和程序销钉组件(PROGRAM SWITCH MODULE / PROGRAMMING DONGLE)组合实现,如图 5.6 所示。程序销钉组件是一个带记忆存储功能的组件,在民航飞机上应用很广,例如:选择呼叫系统(SELCAL)的编码组件也是采用程序销钉组件。当 ELT 发射机与之连接好后,在飞机识别模块控制下,将程序销钉组件中的编码信息自动写入 ELT 发射机。因此带自动编程模块的飞机,更换 ELT 时无须先对 ELT 发射机进行编码,这种组合设备的成本较高,但更换 ELT 的操作比较简单。因为程序销钉组件存储有本架飞机的身份标识编码信息,所以不能够拆下来直接装到其他任何一架飞机上使用,除非重新写入与拟装飞机相同的身份标识编码。

按照民航局规定,当某架飞机的 406MHz 机载 ELT 需要更换,且机务人员完成了设备更换和身份标识编码重新写入后,应当在完成上述工作的下一个法定工作日内,将《民用航空器应急示位发射机(ELT)406 编码变更报告单》上报民航局无线电管理机构。更换下来的 ELT 必须先清除其内部保存的身份标识编码信息,完成清除后才能拿去维修或保存进航材库。

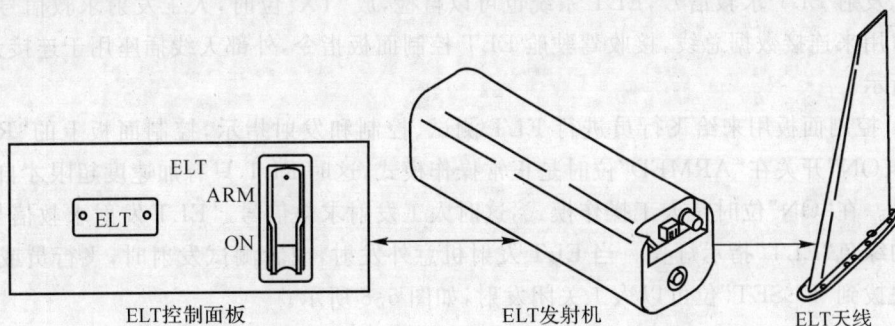

图 5.5　自带自动编程功能的 ELT 发射机

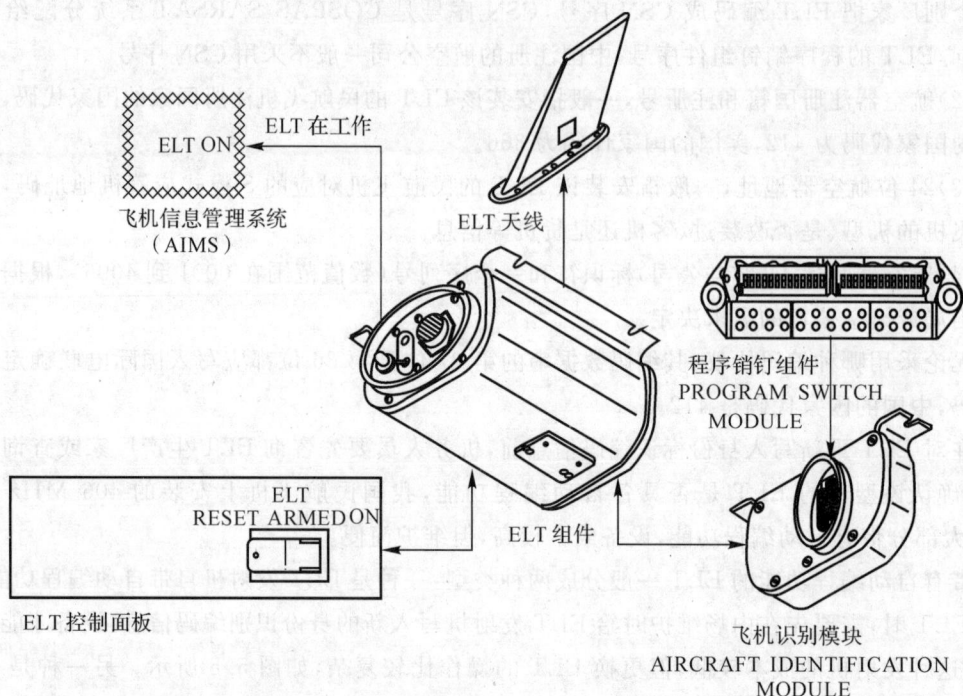

图 5.6　B777 飞机程序销钉组件与 ELT 发射机的连接示意图

图中标注：

ELT ON　ELT 在工作

飞机信息管理系统（AIMS）

ELT 天线

程序销钉组件 PROGRAM SWITCH MODULE

ELT RESET ARMED ON

ELT 控制面板

ELT 组件

飞机识别模块 AIRCRAFT IDENTIFICATION MODULE

5.2.5　ELT 系统组件

ELT 系统组件由 ELT 发射机、天线和 ELT 控制面板等部分组成。ELT 控制面板安装在驾驶舱内，发射机安装在飞机尾段。ELT 天线安装在飞机尾段背部，天线是垂直极化、全方向性的刀型天线，在工作频率范围内阻抗是 50 Ω。

ELT 收发机不用接外部电源，自带一个碱性电池组，可以保证 ELT 工作 50 h 以上。收发机前面板上有一个三位拨动开关（ARM，OFF，TX）、一个外部数据接口和一个外部天线插座，当拨动开关放"OFF"位时，电池断电，这时即使加速度传感器测出垂直加速度超限，ELT 也不会自动工作，且此时 ELT 也无法进行自检。拨动开关放"ARM"位时，为 ELT 正常工作开关位置，此时如果垂直加速度超限，ELT 会自动发射求救信号，也可以由驾驶舱的控制面板控制人工发射 ELT 求救信号，ELT 系统也可以自检，放"TX"位时，人工发射求救信号。外部数据接口用来连接数据总线，接收驾驶舱 ELT 控制面板指令，外部天线插座用于连接天线，如图 5.7 所示。

ELT 控制面板用来给飞行员进行 ELT 测试、控制和发射指示，控制面板上的"RESET、ARMED、ON"开关在"ARMED"位时是正常操作模式，这时 ELT 只有加速度超限才自动发射求救信号。在"ON"位时是人工操作模式，这时人工发射求救信号。ELT 发射求救信号期间，面板上的绿色"ELT"指示灯亮。当 ELT 发射机意外发射，或者测试发射时，飞行员或机务人员将开关拨到"RESET"位可以人工关闭发射，如图 5.8 所示。

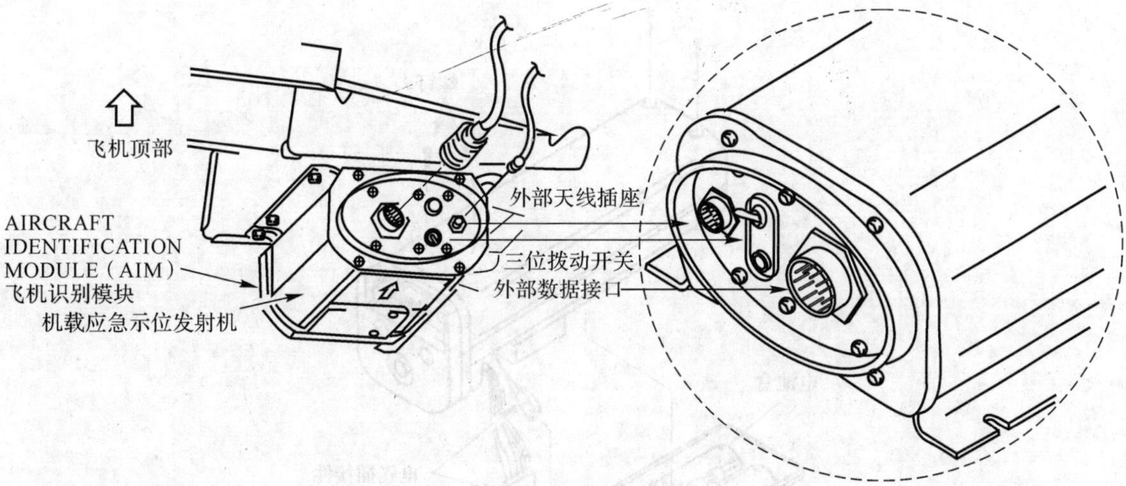

图 5.7　ELT 收发机及其前面板示意图

图中标注：飞机顶部、AIRCRAFT IDENTIFICATION MODULE（AIM）飞机识别模块、机载应急示位发射机、外部天线插座、三位拨动开关、外部数据接口

图 5.8　ELT 控制面板

5.2.6　ELT 更换电池组操作

我们以固定式 ELT 为例说明更换电池组的操作要求。给 ELT 供电的是 9V 碱性电池组，电池组安装在 ELT 发射机的底部，电池是不可充电的，在以下情况下要更换电池组。

（1）ELT 发射机在紧急发射后。

（2）ELT 发射机发生意外发射后。

（3）正常发射（含测试）超过 1 h 后。

（4）ELT 发射机上有可见的渗漏、腐蚀或其他电池连接不正常。

（5）如果 ELT 安装位置的环境温度经常超过 30℃，则在 12 月后应及时更换电池组。

更换电池组时，要将发射机上的开关放"OFF"位，并将天线和控制盒接头断开，然后从设备架上取下 ELT 发射机，按如下步骤更换，如图 5.9 所示。

（1）将组件上的 4 个螺钉取下，小心地拆开 ELT 发射机，断开电气插接件。

（2）将旧电池组取出后放入新电池组。

（3）天线没连接时不能将 ELT 电门从"OFF"位拨到其他位置，连接上天线后，将开关放"TX"位后立即放"OFF"位，以复位收发机。

（4）确保新电池、所有垫圈都安装完好，接上电气插接件，更换 4 个新螺钉后安装好发射机。

（5）将发射机安装在设备架上，然后进行功能测试。

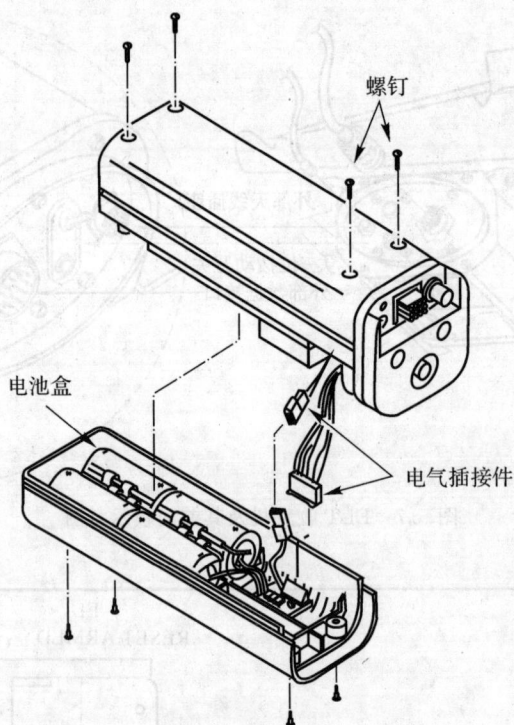

图 5.9　ELT 的电池组更换示意图

5.2.7　ELT 的自检和测试

ELT 的测试操作必须小心谨慎,只有确实有必要通过发送完整的遇险求救信号进行系统测试时才操作,操作需要严格遵守民航局颁发的《民用航空机载应急示位发射机管理规定》(MD‑TM‑2010‑004)。

在规定的时间段,121.5 MHz 和 243 MHz 求救信号发射测试是允许的,因为根据相关国际规章约定,这两个频率的告警仅限在国内使用。406 MHz 告警信号在任何时候都不允许进行发射测试,只能使用专用的测试仪进行测试,因为接收 406 MHz 求救信号的搜救卫星由COSPAS/SARSAT 系统控制,卫星只要一接收到 406 MHz 频率的求救信号,马上就会自动发出报警,引发周边国家及地区的国际救援联动。如果在该频段进行测试操作,会引发不必要的救援行动,造成恶劣影响,且每一台 406 MHz 机载 ELT 都有身份识别编码,只要接收到406 MHz 的求救信号,卫星和救援人员就能马上识别出是哪个国家的、哪个公司的设备发出的信号。

典型的 ELT 的自检和维护测试操作:

1. ELT 系统的自检操作

不同品牌、不同型号的 ELT 自检程序有一定差异,有些型号的 ELT 没有自检功能,我们以国内某航空公司的 KANNAD 406 AS 型便携式机载 ELT 的自检操作流程为例进行简要说明:

(1)把 ELT 前面板上的开关置于"OFF"位。

（2）把 ELT 上的触水开关（与水下定位信标上的类似）拆下，再将 ELT 发射机安装在编程模块上。

（3）正确连接好 ELT 天线。

（4）把 ELT 前面板上的开关从"OFF"位拨到"ARM"位。

（5）在整个自检过程中，应听到蜂鸣器工作，大约 3 秒钟后 LED 灯闪亮，不同的闪亮方式表示不同的测试结果。

（6）把 ELT 开关从"ARM"位拨到"OFF"位。

（7）把 ELT 从编程模块上拆下来，并装回其收藏架内。

（8）然后安装好触水开关，自检工作完成，自检过程不应超过 5s。

ELT 自检过程中，LED 灯不同的闪亮方式表示不同的结果，其对应的含义为：

（1）一个长闪亮：自检正常。

（2）出现短闪亮：自检故障。

1）3 次长闪亮后接着 1 次短闪亮（即 3＋1 flashes）：电池电压低；

2）3 次长闪亮后接着 2 次短闪亮（即 3＋2 flashes）：发射功率低；

3）3 次长闪亮后接着 3 次短闪亮（即 3＋3 flashes）：压控振荡器锁定（即频率故障）；

4）3 次长闪亮后接着 4 次短闪亮（即 3＋4 flashes）：ELT 内没有飞机身份标识编码信息。

如在系统自检中出现上述短闪亮故障，机务人员需查阅故障隔离手册进行排故。

2.ELT 测试前的准备工作

（1）对 ELT 进行例行维护测试前的准备工作

1）维修单位（例如广州飞机维修公司（GAMECO）、南方航空公司机务工程部等）的计划部门应提前通知相应的质量部门适航联络员。质量部门适航联络员需根据当地民航管理局或安监办（简称局方）的相关规定，向对应的主管单位申请 ELT 测试许可。如果当地空管部门规定进行 ELT 测试前要向其发送航行通告，则由维修单位的计划部门（或维修单位内部工作程序指定的部门）向运营人（飞机所属航空公司）的运控部门提前申请颁发航行通告。维修单位计划部门需在实施 ELT 测试前，确认测试工作已获得局方和空管部门的批准。

2）实施 ELT 测试的机务人员在测试前，须先征得塔台的同意，测试前还须监听求救频率（ELT 的 3 个频率），在确认周边地区没有求救信号发射的情况下才能开始测试工作。

（2）因排故等原因需要对 ELT 进行非例行测试发射前的准备工作

1）维修单位安排工作的部门在安排发射测试前，应第一时间通知相应的质量部门适航联络员，质量部门需根据局方相关规定向当地的主管部门申请 ELT 测试许可。安排工作的部门需在实施 ELT 发射测试前，确认测试工作已获得局方和空管部门的批准。

2）实施 ELT 测试的机务人员在测试前，须先征得塔台的同意，测试前还须监听求救频率（ELT 的三个频率），在确认周边地区没有求救信号发射的情况下才能开始测试工作。

3.测试操作

测试时要通过本机或附近飞机上的 VHF 接收机监听测试 ELT 信号，要将接收频率设置在 121.5 MHz 频率上，如果附近没有可用的 VHF 接收机，可以采用满足"FAA/DOT"规范的设备去监听。

测试时,在驾驶舱操作控制面板上将开关到"ON"位大约 1 秒后(最多不超过 10 s),转回"ARMED"位,这时 ELT 发射机应发射求救信号,通过 VHF 接收机应听到独特的 ELT 信号,且控制面板上的"ELT"灯将点亮。如果没有听到声音或"ELT"灯没有亮,则可能是以下问题:

(1)ELT 发射机与外部天线的连接不正常。

(2)ELT 发射机与控制面板的连接不正常。

(3)电池失效。

4.测试期间的注意事项

(1)确保只在每个小时的前 5 min 内完成 ELT 的测试程序。在每一个小时的前 5 min 之内,测试时间不超过 10 s。

(2)一旦 ELT 被激活,发射机会立即发射 121.5 MHz 以及 243 MHz 的信号,而 406 MHz 的信号在 ELT 激活后 50 s 左右才会发射,因此进行测试时,务必不能激活 ELT 超过 50 s。

(3)如果在每个小时的前 5 min 之外意外激活了 ELT,或者激活时间过长导致 406 MHz 信号被发射,必须立即告知塔台或者汇报有关机构避免不必要的搜救。

(4)如果 ELT 误触发,需要对 ELT 进行复位。在驾驶舱 ELT 控制面板将电门设置到 ON 位大约 1 s 后重新设置电门到 ARM 位可完成复位,如果电门已经在 ON 位,将其设置到 ARM 位即可完成复位。若出现特殊情况:驾驶舱无法复位 ELT,可通过循环拨动一次 ELT 组件本体上的电门进行复位,若仍然无法复位 ELT,迅速拆除 ELT 组件上的天线同轴电缆。

(5)尽量使用机身腹部的 VHF 通信系统天线监听 ELT 测试信号。因为如果使用机身顶部的 VHF-1 通信系统天线,由于 ELT 天线在机身顶部,那么即使 ELT 的天线故障,VHF 通信系统还是有可能接收到信号,造成测试不准确。

5.2.8　预防 ELT 误发射

机务人员在实施 ELT 维护期间,可能出现 ELT 误发射情况,ELT 如果发生误发射,后果很严重,首先会干扰遇险的航空器正常发送遇险报警信号,影响搜救行动的实施;其次是压制 121.5MHz 频率,使飞行中的机组无法在紧急情况下与地面航空管制人员取得联系;第三是误导工作在 406 MHz 频段的全球卫星搜救系统发出错误的救援指令;还有就是如果时常发生误发射,将直接影响空中交通管制部门或运行单位对航空器是否发生遇险情况的判断。

因此,应依靠严格地工作管理预防 ELT 误发射事故发生,机务维修人员应严格按照维护手册程序与测试要求对 ELT 设备进行维护,特别注意手册与设备的适用性。若在 ELT 设备附近区域进行维护操作时,应做好警示标志设置、加设保护装置等预防措施。

5.3　现代机载事故调查通信设备的不足及改进措施

2009 年 6 月 1 日的法航 AF447 航班事故,机型为空中客车公司 A330 飞机,历时 3 年,耗资近 1 亿欧元,才搜寻到飞机主残骸和"黑匣子",初步了解事故原因。2014 年 3 月 8 日,从吉隆坡飞往北京的马来西亚航空公司 MH370 航班在空中失去联系,渺无音讯。几起发生在远离陆地的海上坠机事故,损失惨重,而现有的机载事故调查通信系统在事故搜救过程中都未能发挥出应有的作用,有鉴于此,国际民航组织(ICAO)提出了解决类似航空事故的快速定位和搜寻方法,目前正在按照正常程序逐步推广,并将在近几年形成国际标准。

这个新的国际标准在以下三方面做了规定:第一、27 t 以上的跨洋飞行民航飞机,每 6 n mile 需报告一次位置信息;第二、这些飞机需要安装一个可自动弹出的"黑匣子";第三、这些飞机的主结构上应安装一个 8.8 kHz 的水下定位信标。

飞机每 6 n mile 自动报告一次位置,如发生意外,有助于极大地缩小搜寻范围,报告飞机位置可以用飞机通信寻址报告系统(ACARS)实现,但对于跨洋飞行的飞机,因为没有地面通信网络支持,还需要加装卫星通信系统(SATCOM)作为信号通道;可自动弹出漂浮在海面并自动发射无线电波的"黑匣子",使用无线电定位技术很容易找到;发射 8.8 kHz 声波信号的水下定位信标可以在大洋深处将声波发送到 40 n mile 外,使用水下探测器就能定位。可自动弹出的"黑匣子"和 8.8 kHz 的水下定位信标目前已广泛应用于英美国家的航母舰载战斗机。

上述几项措施可以较有效改善当前民航飞机失事后的搜救条件,但该方案在推广中面临较大的困难:首先经济原因,ACARS 系统每增加一条自动报文,就需要多交纳一定的通信费用,类似于我们日常使用手机发短信,每多发送一条短信,就需要多交纳一笔费用,而飞机每 6 nmi 发一条报文,累计起来的需多交的费用是很可观的,如果通过卫星通信系统来发送该报文,所需要的费用就更高了。如果每架飞机都加装上可自动弹出的新型"黑匣子"和 8.8 kHz 的水下定位信标,安装和使用维护也是一笔不小的开支。现代民航飞机失事的概率仅仅百万分之一,为了解决如此低概率的突发事件,而需要增加大量的成本支出,很多航空公司从自身效益出发,不愿积极采纳上述措施是可以理解的。

卫星通信系统存在的诸多不足之处,也阻碍了上述措施的推广,除了使用成本高,带宽不足的问题之外,还存在以下一些问题:飞机与卫星通信期间,飞机必须保持一定的飞行姿态,以保证在飞机背部的卫星通信天线能够与卫星保持在接通位置,但飞机在失事前,往往无法保持固定的飞行姿态,这会导致卫星通信天线无法始终与卫星保持接通;其次,飞机往往在暴风雨等恶劣天气条件下才容易出事,但暴风雨会对卫星信号产生很大的衰减,往往使卫星通信无法保持接通,导致关键信息传输出现缺失。

思　考　题

1. CVR 可以连续记录哪些音频信号?

2. CVR 和 FDR 记录的数据有什么区别?

3. CVR 组件如何在飞机失事后保护语音信息存储器不受外界高温、高压等环境因素破坏?

4. 在事故调查过程中如何使用 CVR?

5. 水下定位信标是如何工作的?

6. 水下定位信标更换电池时应注意什么?

7. 机载 ELT 的求救工作频率有哪些?

8. 406 MHz 的机载 ELT 发射的求救信号有什么特点?

9. 当收到 406 MHz 求救信号后,全球卫星搜救系统如何工作?

10. 406 MHz 机载 ELT 的数字编码信号有什么特点?

11. 406 MHz 机载 ELT 的身份识别编码可以包含哪些内容?

12. 机务人员在拆装自带自动编程功能的 406 MHz 机载 ELT 与不带自动编程功能的 406 MHz 机载 ELT 时,在操作上有什么差别?

13. 机务人员在拆下 406 MHz 机载 ELT 后需要经过什么处理才能拿去维修或存放?

14. 什么情况下机载 ELT 需要更换电池?

15. 机载 ELT 测试时的基本操作流程是什么? 测试时需要注意什么问题?

附　录

缩　写	全　拼	中文释义
A/C	Aircraft	飞机
A/D	Analog to Digital	模拟/数字
AAU	audio accessory unit	音频附件盒（装置）
ACARS	Aircraft Communications Addressing and Reporting System	飞机通信寻址和报告系统
ACMF	Airplane Condition Monitoring Function	飞机状态监控功能
ACMS	Aircraft Condition Monitoring System	飞行状态监控系统
ACP	Audio Control Panel	音频控制面板
ADF	Automatic Direction Finder	自动定向机
ADIRS	Air Data Inertial Reference System	大气数据惯性基准系统
ADIRU	Air Data Inertial Reference Unit	大气数据惯性基准组件
ADL	Airborne data loader	机载数据装载器
AEP	Audio Entertainment Player	音频娱乐收音机
AIM	Aircraft Identification Module	飞行器识别模块
AIMS	Airplane Information Management System	飞机信息管理系统
AM	Amplitude Modulation	调幅
AM/FDM	Amplitude Modulated/Frequency Division Multiplexed	调幅/频分多路复用
AME	Amplitude Modulation Equivalent	调幅等效
AMI	Airline Modifiable Information	航空公司可修改信息
AMU	Audio Management Unit	音频管理组件
AMUX	Audio Multiplexer	音频多路选择器
ANNUN	Annunciator	信号器
ANS	Ambient Noise Sensor	外界噪音传感器
ANT	Antenna	天线
AOC	Airline Operations Control	航空运营管理
APL	Airplane	飞机
APM	Airplane Personality Module	飞机个性化模块

续表

缩 写	全 拼	中文释义
APU	Auxiliary Power Unit	辅助动力装置
ARINC	Aeronautical Radio Incorporated	航空无线电公司
ASG	ARINC Signal Gateway	ARINC 信号网关
ASP	Attendant Switch Panel	乘务员开关面板
ATC	Air Traffic Control	空中交通管制
ATE	Automatic Test Equipment	自动测试设备
ATIS	Automatic Terminal Information Service	机场终端信息服务
ATS	Air Traffic Services	空中交通服务
ATSU	Air Traffic Service Unit	空中交通服务组件
AVLAN	Avionics Local Area Network	航空电子局域网
BFE	Buyer Furnished Equipment	买方装备的设备
BGM	Boarding Music	机上音乐
BITE	Built – in Test Equipment	内装测试设备
BPCU	Bus Power Control Unit	汇流条电源控制组件
BSU	Beam Steering Unit	波束操纵组件
C	Celsius	摄氏度
CAB	Cabin	客舱
CACP	Cabin Area Control Panel	客舱区域控制面板
CAH	Cabin Attendant Handset	客舱服务员手提电话
CAPT	Captain	机长
CCD	Cursor Control Device	光标控制驱动器
CCP	Cabin Control Panel	客舱控制面板
CCR	Credit Card Reader	信用卡读取器
CCS	Cabin Communication System	客舱通信系统
CD	Compact Disk	压缩磁盘,光盘
CDB	Configuration Data Base	布局数据库
CDG	Configuration Database Generator	布局数据库发生器
CDS	Common Display System	通用显示系统
CDU	Control Display Unit	控制显示组件
CEPT	Conference Europeenne des Administrations des Postes et des Telecommunications	欧洲邮政电信会议
CFDIU	Centralized Fault Display Interface Unit	中央故障显示接口组件

续表

缩　写	全　拼	中文释义
CFDS	Centralized Fault Display System	中央故障显示系统
CIC	Cabin Interphone Controller	客舱内话控制器
CIS	Cabin Interphone System	客舱内话系统
CKT	Circuit	电路
CMC	Central Maintenance Computer	中央维护计算机
CMCF	Central Maintenance Computing Function	中央维护计算功能
CMCS	Central Maintenance Computing System	中央维护计算系统
CMS	Cabin Management System	客舱管理系统
CMT	Commissioning and Maintenance Terminal	客舱管理终端
CMU	Communications Management Unit	通信管理单元
CONT	Control	控制
CP	Core Partition	核心分区
CPI	Communication Program Interface	通信程序接口
CPM	Core Processor Module	核心处理器组件
CSCP	Cabin System Control Panel	客舱系统控制板
CSI	Coaxial Serial Interface	同轴串行接口
CSMA	Carrier – Sense Multiple Access	载波侦听多路访问
CSMU	Cabin System Management Unit	客舱系统管理组件
CSMU	Crash Survivable Memory Unit	坠毁可保全存储器装置
CSS	Cabin Services System	客舱服务系统
CTU	Cabin Telecommunication Unit	客舱无线电通信组件
CVR	Cockpit Voice Recorder	驾驶舱语音记录器
D	Day	白天
D/A	Digital – to – Analog	数字/模拟
DB	Data Base	数据库
DCAS	Digital Control Audio System	数字控制音频系统
DCGF	Data Conversion Gateway Function	数据转换网关功能
DCMF	Data Communication Management Function	数据通信管理功能
DCMS	Data Communication Management System	数据通信管理系统
DEMUX	Demultiplexer	信号分离器
DEU	Display Electronics Unit	显示电子装置

续 表

缩　写	全　拼	中文释义
DFCS	Digital Flight Control System	数字飞行控制系统
DFDAF	Digital Flight Data Acquisition Function	数字式飞行数据采集功能
DIP	Dual Inline Package	双列直插式封装技术
DLGF	Data Load Gateway Function	数据装载网关功能
DME	Distance Measuring Equipment	测距机
DP	Display Partition	显示分区
DSP	Display Select Panel	显示选择板
DTMF	Dual Tone Multi-Frequency	双音多频
ECS	Environmental Control System	环境控制系统
EE	Electronic Equipment	电子设备
EEC	Electronic Equipment Compartment	电子设备舱
EEPROM	Electrically Erasable Programmable Read Only Memory	电可擦可编程只读存储器
EICAS	Engine Indication and Crew Alerting System	发动机指示和机组警告系统
ELMS	Electrical Load Management System	电气负载管理系统
ELT	Emergency Locator Transmitter	紧急定位器信号发射器
EMC	Entertainment Multiplexer Controller	娱乐多路控制器
ENTMT	Entertainment	娱乐
ETA	Estimated Time of Arrival	预计到达时间
EXT	External	外部的
F/O	First Officer	副驾驶
F/OBS	First Observer	观察员
FAX	Facsimile	传真
FCC	Flight Control Computer	飞行控制计算机
FCR	Flight Crew Rest	机组休息室
FDAU	Flight Data Acquisition Unit	飞行数据采集组件
FDCF	Flight Deck Communication Function	驾驶舱通信功能
FDDI	Fiber Digital Data Interface	光纤数字数据接口
FDH	Flight Deck Handset	驾驶舱手机
FDR	Flight Data Recorder	飞行数据记录器
FDRS	Flight Data Recorder System	飞行数据记录器系统
FMC	Flight Management Computer	飞行管理计算机

续表

缩　写	全　拼	中文释义
FMCF	Flight Management Computing Function	飞行管理计算功能
FMCS	Flight Management Computer System	飞行管理计算机系统
FMGCs	Flight Management and Guidance Computers	飞行管理制导计算机
FSEU	Flap/Slat Electronics Unit	襟翼/缝翼电子组件
FTX	Fast Transmit	快速传送
GBST	Ground Base Software Tool	地面软件工具
GHz	Gigahertz	千兆赫
GMT	Greenwich Mean Time	格林尼治时间
GPS	Global Positioning System	全球定位系统
GPWC	Ground Proximity Warning Computer	近地警告计算机
GSHLD	Glare Shield	遮光板
GSP	Ground Service Provider	地面服务提供者
H	Hour	小时
H/W	Hardware	计算机硬件
HF	High Frequency	高频
HGA	High Gain Antenna	高增益天线
HPA	High Power Amplifier	大功率放大器
HPR	High Power Relay	大功率继电器
Hz	Hertz	赫兹
I/C	Interphone Communication	对讲机通信
I/O	Input/Output	输入/输出
I/S	Inter – System	系统间
I/S BUS	Inter-system BUS	系统总线
IC	Integrated Circuit	集成电路
ICAO	International Civil Aviation Organization	国际民用航空组织
ID	Identification	识别
IF	Intermediate Frequency	中频
IFE	In – Flight Entertainment	机载娱乐系统
IHC	Integrated Handset Controller	手机综合控制器
ILS	Instrument Landing System	仪表着陆系统
INT	Interphone	对讲机

续 表

缩 写	全 拼	中文释义
INTFC	Interface	接口
IOM	Input/Output Module	输入/输出组件
IR	Infrared	红外
ISO	International Standards Organization	国际标准化组织
LAN	Local Area Network	局域网
LCD	Liquid Crystal Display	液晶显示器
LED	Light Emitting Diode	发光二极管
LGCIU	Landing Gear Control and Interface Unit	起落架控制和接口组件
LNA/DIP	Low Noise Amplifier/Diplexer	低噪声放大器/天线分离滤波器
LRM	Line Replaceable Module	航线可更换组件
LRU	Line Replaceable Unit	航线可更换件组件
LSK	Line Select Key	行选择键
M	Month，Minute	月，分钟
MAT	Maintenance Access Terminal	维护访问终端
MB	Marker Beacon	指点信标
MCC	Mission Control Center	任务控制中心
MCDU	Multi-function Control Display Unit	多功能控制显示组件
MCP	Mode Control Panel	方式控制板
MCU	Modular Concept Unit	模块式概念组件
MD&T	Master Dim and Test	主明暗和测试
MEC	Main Equipment Center	主设备中心
MFD	Multi-Function Display	多功能显示
MHz	Megahertz	兆赫
MKR	Marker	标记
MMRs	Multi-Mode Receivers	多模式接收机
MPP	Multiple Personality PROM	多用途可编程只读存储器
MSEC	Milli-Second	毫秒
MTF	Maintenance Terminal Function	维护终端功能
MU	Management Unit	管理组件
NORM	Normal	正常的
NOTAMS	Notice to Airmen	航行通告

续 表

缩 写	全 拼	中文释义
NTSC	National Television Standards Committee	美国全国电视标准委员会
NVM	Nonvolatile Memory	非易失存储器
OBS	Observer	观察员
OEU	Overhead Electronics Unit	顶板电子组件
OLAN	Onboard Local Area Network	机载局域网
OMF	Onboard Maintenance Function	机载维护功能
OMS	Onboard Maintenance System	机载维护系统
OPAS	Overhead Panel ARINC 629 System	顶板 ARINC629 系统
OPBC	Overhead Panel BUS Controller	顶板总线控制器
OPC	Operational Program Configuration	操作程序配置
OPCF	Overhead Panel Card File	顶板插件卡
OPIC	Overhead Panel Interface Card	顶板接口卡
OPS	Operational Program Software	操纵程序软件
OSI	Open Systems Interconnection	开放系统互连
P/N	Part Number	部件号码
PA/CI	Passenger Address/Cabin Interphone	旅客广播/客舱内话
PAC	Passenger Address Controller	旅客广播控制器
PAL	Phase Alternate Line	逐行倒相制
PARAMS	Parameters	因素
PAS	Passenger Address System	旅客广播系统
PAX	Passengers	旅客
PCM	Power Conditioning Module	动力(电源)调节组件
PCMCIA	Personal Computer Memory Card International Association	PC 机内存卡国际联合会
PCU	Passenger Control Unit	旅客控制组件
PDCU	Panel Data Concentrator Unit	面板数据连接器组件
PDF	Primary Display Function	主显示功能
PDS	Primary Display System	主显示系统
PES	Passenger Entertainment System	乘客娱乐系统
PES – AUDIO	Passenger Entertainment System – Audio	乘客娱乐系统-音频
PES – VIDEO	Passenger Entertainment System – Video	乘客娱乐系统-视频

续 表

缩 写	全 拼	中文释义
PGM	Program	程序
PIIC	Passenger Inflight Information Computer	旅客飞行信息计算机
PIS	Passenger Information Sign	旅客信息牌
PLA	Programmed Logic Array	可编程的逻辑阵列
PLAN	Planenet Local Area Network	平网局域网
PMAT	Portable Maintenance Access Terminal	便携式维护存取终端
PPD	Portable Plug-in Device	便携式插入装置
PPSSP	Pre-pre-sync Sync Pulse	预同步前置脉冲
PRAM	Prerecorded Announcement Machine	预录通知放音机
PREFLT	Preflight	起飞
PROC	Processor	处理器
PROM	Programmable Read Only Memory	可编程只读存储器
PSCU	Programmable System Control Unit	可编程系统控制组件
PSEU	Proximity Switch Electronics Unit	接近电门电子组件
PSIGA	Pounds per Square Inch Gage Absolute	绝对表压（磅/平方英寸）
PSM	Programmable Switch Module	可编程开关模块
PSS	Passenger Service System	旅客服务系统
PSSP	Pre-sync Sync Pulse	同步前置脉冲
PSU	Passenger Service Unit	旅客服务组件
PTT	push-to-talk	按压通话（按钮）
PVSCU	Programmable Video System Control Unit	可编程视频系统控制组件
R/T	Receive/Transmit	收/发
RAM	Random Access Memory	读写存储器
RCP	Radio Communication Panel	无线电通信控制面板
REU	Remote Electronics Unit	遥控电子组件
RF	Radio Frequency	无线电频率
RFC	Radio Frequency Combiner	无线电频率合成器
RFU	Radio Frequency Unit	射频组件
RMP	Radio Management Panel	无线电管理面板
ROM	Read Only Memory	只读存储器
RTP	Radio Tuning Panel	无线电调谐板

续表

缩　写	全　拼	中文释义
RV	Rated Voltage	额定电压
RXI	Receive input line 1	接受导线1输入
RXN	Receive input line 2	接受导线2输入
S	Second	第二
S/OBS	Second Observer	第二观察员
SARSAT	Search and Rescue Satellite Aided Tracking	搜索和救援卫星辅助跟踪
SAT	Satellite	卫星
SATCOM	Satellite Communications	卫星通信
SDM	Speaker Drive Module	扬声器驱动组件
SDU	Satellite Data Unit	卫星数据组件
SEB	Seat Electronics Box	座椅电子盒
SECAM	Sequential Color and Memory	调频行轮换彩色制式
SELCAL	Selective Calling	选择呼叫系统
SENS	Sensor	传感器
SEU	Seat Electronics Unit	座椅电子组件
SFE	Seller Furnished Equipment	卖方配置设备
SG	Sync Gap（ARINC 629）	同步间隙（ARINC 629）
SIM	Serial Interface Module（ARINC 629）	串行接口组件
SSB	Single Side Band	单边带
SSFDR	Solid State Flight Data Recorder	固态存储器式飞行数据记录器
SSSV	Solid State Stored Voice	固态存储语音
SVD	Seat Video Display	座椅视频显示器
SVU	Seat Video Unit	座椅视频组件
SW	Soft Ware	计算机软件
TCAS	Traffic Alert and Collision Avoidance System	空中交通报警和防撞系统
TDU	Telephone Distribution Unit	电话分配组件
TEL	Telephone	电话
TELECOM	Telecommunications	电讯
TG	Terminal Gap（ARINC 629）	脉冲间隔
TI	Transmit Interval（ARINC 629）	发送间隔
TIU	Telephone Interface Unit	电话接口组件

续 表

缩 写	全 拼	中文释义
TXN	Transmit output line 1	第一行发射输出
TXO	Transmit output line 2	第二行发射输出
UHF	Ultra High Frequency	特高频
ULB	Underwater Locator Beacon	水下定位信标
USB	Upper Side Band	传送带
VAC	Volts Alternating Current	交流电压
VDU	Video Distribution Unit	视频分配组件
VEP	Video Entertainment Player	视频娱乐放像机
VHF	Very High Frequency	甚高频
VHS	Video Helical Scan	视频螺旋扫描
VIU	Video Interface Unit	视频接口组件
VMU	Video Monitor Unit	视频调制器
VOR	VHF Omnidirectional Range	甚高频全向指标
VR	Video Reproducer	播放视频节目
VRMS	Voltage Root Mean Square	电压平方根
VRU	Video Reproducer Unit	播放视频节目组件
VSCU	Video System Control Unit	视频系统控制组件
VSCU	Voice System Control Unit	Voice 系统控制组件
VSWR	Voltage Standing Wave Ratio	电压驻波比
VTR	Video Tape Reproducer	(录音,录影的)播放装置
WES	Warning Electronic System	警告电子系统
WEU	Warning Electronic Unit	警告电子组件
WMT	Wall Mounted Telephone	壁挂式电话
XCVRs	transceivers	收发机
XPP	transmit personality PROM	发送可用编程只读存储器
Y	Year	年
ZMU	Zone Management Unit	区域管理组件
ZPC	Zone Power Converter	区域功率变换器
AC	Alternating Current	交流电
ACT	active	活跃的,起作用的
ALT	alternate	备用的

续　表

缩　写	全　拼	中文释义
AMP	amplifier	放大器
ANNCT	announcement	通告
APP	approach	接近
APPL	application	应用
ATT	Attendant	乘务员
ATTN	Attenuator	衰减器
缩写	全拼	中文释义
aud	audio	音频
auto	automatic	自动的
bat	battery	电池；电瓶
bc	broadcast	广播
bps	bits per second	比特每秒
ckts	circuit	电路
cm	centimeter	厘米
comm	communication	通信
ctrl	control	控制
curr	current	电流
db	decibel	分贝
dc	direct current	直流电
deg	degree	度，度数
disc	discrete	分离的，非连续的
dr	door	门
elec	electric	电，电的，电源
eng	engine	发动机
ent	entertainment	娱乐
flt	flight	飞行
freq	frequency	频率
fwd	forward	向前
gnd	ground	地
hndst	handset	手提电话听筒，遥控器
in	inch	英寸

续表

缩　写	全　拼	中文释义
ind	indication	指示
info	information	信息
inph	interphone	对讲机
inst	instrument	仪表
intph	interphone	内话
kg	kilogram	千克
lb	pound	磅
lts	lights	信号灯
mA	milliampere	毫安
mW	milliwatt	毫瓦
maint	maintenance	维护,维修
mic	microphone	麦克风
min	minute	分钟
misc	miscellaneous	杂项
modem	modulator/demodulator	调制解调器
msg	message	信息
mux	multiplexer	多路的,多路调制器
nav	navigation	导航
oxy	oxygen	氧气
pnl	panel	面板
pri	primary	主的,初级的
proj	projector	投影仪
rcv	receiver	接收机
rec	receive	接收
repr	reproducer	复制
req	request	要求
rly	relay	继电器
sec	secondary	第二的或第二秒
sens	sensitivity	灵敏度
seq	sequence	顺序
sq	squelch	静噪

续　表

缩　写	全　拼	中文释义
sql	squelch	压扁
sta	station	站位
stbd	starboard	右舷
svc	service	服务
sw	switch	电门,开关
tx	transmit	传送
typ	type; typical	类型,典型的
v	volt	伏特
v dc	volts direct current	直流电压
vid	video	视频
vol	volume	数量
warn	warning	警告
wxr	weather radar	气象雷达
xfr	transfer	转换
xmtr	transmitter	发射机
xpdr	transponder	应答机

参 考 文 献

[1] 寇明延,赵然.现代航空通信技术.北京:国防工业出版社,2011.

[2] 金德琨,敬忠良,王国庆,等.民用飞机航空电子系统.上海:上海交通大学出版社,2011.

[3] 支超有.机载数据总线技术及其应用.北京:国防工业出版社,2009.

[4] B777-200 Aircraft maintenance manual.

[5] B737-600/700/800 Aircraft maintenance manual.

[6] 樊昌,曹丽娜.通信原理.7版.北京.国防工业出版社,2012.

[7] 周其焕.民用飞机电子设备标准发展刍议.航空电子技术,2007(01):47-53.

[8] 曹全新.新一代民机航电系统初探.民用飞机设计与研究,2010(01):1-4.

[9] 中国民航局飞行标准司.航空运营人使用地空数据通信系统的标准与指南,2008.

[10] 马辰,丁同堂,武小威,等.ACARS通信安全分析.科技展望,2014(17):2-3.

[11] 吴志军.ACARS地-空数据链中数字证书的应用研究.中国民航大学学报,2013(03):23-26.

[12] 丁一波,等.ACARS及其在空管系统中的应用.现代电子工程,2005(04):17.

[13] A380 AIRCRAFT TECHNICAL TRAINING MANUAL.

[14] 任仁良,张铁纯.涡轮发动机飞机结构与系统.北京:兵器工业出版社,2010.

[15] 尤海峰,刘煜.大型民用飞机IMA系统应用分析及发展建议.电讯技术,2013(01):110-116.

[16] (美)C R 斯比第著.数字航空电子技术.谢文涛,等,译.北京:航空工业出版社,2010.

[17] A320 TECHNICAL TRAINING MANUAL.

[18] 郑连兴,任仁良.涡轮发动机飞机结构与系统.AV(下册).北京:兵器工业出版社,2006.

[19] 中国民航局.航空公司运行控制卫星通信实施政策,2012.

[20] 柴勇.卫星通信在民用航空领域应用需求分析.卫星应用,2014(12):46-50.

[21] 郭丞.机载卫星通信系统——铱星系统和海事卫星系统之比较.中国高新技术企业,2012(23).

[22] 王毅.从法航空难看航空运输的安全性.交通管理,2009(07):57-60.

[23] 王伟.飞行数据记录器的发展.科技向导,2013(18):250.

[24] 杨琳,舒平.航空记录器的过去和未来,2006(10):60-64.

[25] 全球卫星搜救系统COSPAS/SARSAT.百度百科.

[26] 陈强.航空406MHZ应急定位发射机编码及选择策略.中国民航飞行学院学报,2010(3).

[27] 柳邦声.全球卫星搜救系统(COSPAS-SARSAT)的发展与应用.世界海运,2006(5):4-6.